鲸类动物被动声学监测

〔德〕沃尔特·齐默(Walter M. X. Zimmer)　著

刘凇佐　乔　钢　青　昕　李松海　译

科学出版社

北　京

图字：01-2020-1106

内 容 简 介

本书的内容分为水声学、信号处理和被动声学监测三个部分。全书共 10 章，主要内容有水声学原理、鲸类动物叫声、声呐方程、检测方法、分类方法、定位与跟踪、被动声学监测系统与应用等。此外，本书评估了现有和未来被动声学监测系统所需的相关技术和工具，并提供 MATLAB 源代码以便读者重现仿真结果，进一步分析数据与算法性能。

本书是关于鲸豚动物被动声学监测系统的一部译著，适合海洋生物学、海洋保护、渔业管理、水声环境监测、生态系统监测、水生动物保护等领域的研究人员阅读使用。

图书在版编目（CIP）数据

鲸类动物被动声学监测 / (德) 沃尔特·齐默(Walter M. X. Zimmer) 著; 刘淞佐等译. —北京：科学出版社，2023.11
书名原文: Passive Acoustic Monitoring of Cetaceans
ISBN 978-7-03-076874-2

Ⅰ. ①鲸… Ⅱ. ①沃…②刘… Ⅲ. ①鲸目 – 水体声学 – 被动声纳 – 声学监测 Ⅳ. ①Q959.841②O427

中国国家版本馆 CIP 数据核字（2023）第 211622 号

责任编辑：王喜军 纪四稳 / 责任校对：崔向琳
责任印制：徐晓晨 / 封面设计：无极书装

科学出版社 出版
北京东黄城根北街 16 号
邮政编码：100717
http://www.sciencep.com
北京中石油彩色印刷有限责任公司 印刷
科学出版社发行 各地新华书店经销
*
2023 年 11 月第 一 版 开本：720×1000 1/16
2023 年 11 月第一次印刷 印张：22 3/4
字数：459 000
定价：208.00 元
（如有印装质量问题，我社负责调换）

《鲸类动物被动声学监测》出版说明

被动声学监测(passive acoustic monitoring，PAM)越来越多地被科学界用来研究、调查和普查海洋哺乳动物，特别是对于鲸类动物，比起被看到，它们更容易被听到。被动声学监测还被用来减轻人类活动(如船舶航行、军事、民用声呐及近海勘探等)所带来的负面影响。

本书中 Walter M. X. Zimmer 结合物理原理、对技术工具的讨论和面向应用的操作知识，提供了一种综合的 PAM 方法。此外，还介绍了评估现有和未来 PAM 系统所需的相关信息和工具，并使用 MATLAB 代码生成图片和结果，以便读者可以重现数据和修改代码，分析变化的影响。这样可以在研究原理的同时发现潜在的困难和副作用。本书以研究生和研究人员为对象，提供了全面了解这一跨学科课题所需的多维度信息和工具。

Walter M. X. Zimmer 拥有德国雷根斯堡大学理论物理学博士学位。他目前是意大利拉斯佩齐亚北约海底研究中心应用研究部的科学家、美国马萨诸塞州伍兹霍尔海洋研究所生物部的客座研究员。

译 者 序

21 世纪是海洋的世纪，随着科技水平的不断进步，人类不断探寻着海洋的奥秘，渴望了解大洋深处的神奇生灵。鲸豚类生物作为一种古老的终生生活在水中的哺乳类动物，吸引着人类的目光。在漫长的历史长河里，人类从一开始对生灵的好奇与敬畏，一步步地走向为获取经济利益而对其进行残害与捕杀，现如今，世界范围内的鲸豚资源被严重破坏，部分物种已经走向濒危的边缘。每一种生灵都值得保护与尊重，鲸豚类生物作为一种生存环境特殊、观察研究相对困难的生物，值得人类给予更多的关注与爱护。

PAM 作为一种隶属于被动声学科目范畴的技术手段，可以用来观察与研究鲸豚类生物。通过 PAM 系统，人类可以对鲸豚类生物进行远程监测，最大限度地减少对海洋哺乳动物的潜在负面影响。PAM 是一个跨学科的课题，结合了物理学、生物学等方向的知识，本书也是从水声学、信号处理以及生态学三方面来对该系统进行综合讲述。

《鲸类动物被动声学监测》(Passive Acoustic Monitoring of Cetaceans)全书共 10 章，分别论述水声学原理、鲸类动物叫声、声呐方程、检测方法、分类方法、定位与跟踪、被动声学监测的应用、检测函数、仿真采样策略、被动声学监测系统。本书内容全面、原理推导细致，在每一节的论述后都附上了相应的程序代码与数据来源，以供读者分析参考。

译者深感被动声学监测系统设计和评价的重要性，也深知被动声学监测系统设计的难度，但是至今国内未见一部较好的书籍能够较为系统地介绍该方面的内容。因此，译者长期关注国外出版的相关著作，仔细阅读了本书原版之后，收获颇丰，萌发了将该书翻译出来，为国内研究被动声学领域以及从事鲸豚动物保护与研究的工作人员提供更多契机的想法。翻译是一个看似简单实际复杂的工作，需要经过对原著内容以及作者思路的深刻理解，再重新写作加工呈现给读者。回顾整个翻译过程，译者自己有许多感触，对被动声学监测这一方向也有了新的认识。其间反反复复，经历数次修订，终将此书呈现给读者。

由于译者水平有限，本书所涉及的知识领域与专业范围也甚是广泛，不足之处在所难免，烦请读者见谅。同时，读者也可以提供修改建议，以便再版时更正。希望本书的出版能使被动声学监测系统的设计与评价更趋于理性，为鲸豚类生物研究与保护事业添砖加瓦。

致　谢

本书使用的部分数据来自 Gianni Pavan(意大利帕维亚大学，http://www.unipv.it/cibra)、Carmen Bazua-Duran(墨西哥国立自治大学)、Denise Risch(美国东北水产科学中心，美国国家海洋与大气局(NOAA))、Robert Dziak、Sharon Nieukirk 和 Dave Mellinger(美国俄勒冈州立大学和 NOAA)、Douglas Gillespie(英国圣安德鲁斯大学)、Chris Clark(美国康奈尔大学)、Anna Moscop(国际爱护动物基金会，http://www.ifaw.org/sotw)和 Peter L. Tyack(美国伍兹霍尔海洋研究所)。

1998 年，当我对鲸类动物研究产生兴趣时，我曾在水下研究领域工作过一段时间，但对鲸类和海豚知之甚少。如果没有 Gianni Pavan 和整个意大利帕维亚大学团队、美国伍兹霍尔海洋研究所的 Peter L. Tyack 和 Mark Johnson 以及 Peter T. Madsen(丹麦奥尔胡斯大学)与我分享他们关于鲸类和海豚的知识，并进行了持续的、极富成效的合作，我就不可能对这些神奇而非凡的生物有如此多的了解。

我还要感谢 Arnold B-Nagy(NURC)、John Harwood、Len Tomas 和 Tiago Marques 就种群估计、一般生态逻辑模型和距离采样进行的讨论。Piero Guerrini、Vittorio Grandi 和 Luigi Troiano(北约海底研究中心(NURC))积极与我讨论水听器、电子学和系统实施问题。

特别感谢 David Hughes(NURC)和 Peter L.Tyack，他们承担了阅读和评论整个书稿的巨大任务；Tiago Marques 和 Gianni Pavan 对书稿的部分内容提供了中肯的意见。

最后，我要感谢文字编辑 Lynn Davy、剑桥大学出版社编辑，以及制作团队的 Martin Griffiths、Lynette Talbot 和 Abigail Jones，感谢他们帮助我实现了一个酝酿了很久的想法。

导　　论

　　自古以来，人们就对鲸类和海豚很感兴趣，它们会出于好奇心以及社交行为和人们频繁互动，这引起了人们极大的兴趣，特别是对于行为不同于其他海洋生物的大型鲸类。即使早期对鲸类的研究可能是由捕鲸业的经济利益所驱动，但鲸类、海豚和江豚是海洋哺乳动物这一认识极大地改变了科学研究的现状。事实上，鲸类(鲸类、海豚和江豚)和海牛类(海牛和儒艮)动物是唯一终生生活在海里的哺乳动物，而人类难以像海洋哺乳动物那样在海里生活，所以它们值得我们尊重和保护。因此，不仅仅出于对未知生物奥秘探索的目的，更多是通过对海洋哺乳动物的科学研究进一步加强对其保护。

　　研究海洋哺乳动物的生活对科学家来说是一个挑战，他们可能更喜欢实验室的环境，而不是复杂的海洋环境。过去的大部分研究仅限于对水面行为的观察，只有少数科学家具备研究海洋哺乳动物水下行为的条件。研究鳍足类动物(海豹、海狮和海象)和海牛类动物在某种程度上比较容易，因为这些动物有时可以在岸边接触到：鳍足类动物会在陆地上停留一段时间，海牛类动物则生活在很浅的水中或河流中。然而，占据了海洋广大区域的是鲸类动物。由于终生生活在水中，鲸类动物不仅适应了水下的生活，而且还改变了它们相互之间与环境的互动方式。特别是，鲸类动物的发声系统和听觉系统也在不断进化和适应新的环境，它们的日常生活主要是以声学为基础。这种对声音的利用除了对鲸类动物至关重要，还使研究人员能够从远处监听和研究鲸类动物的行为。

　　虽然在所有海域中都发现了鲸类动物，但它们的迁移性很强，环境保护特别关注的或公众关注的大多数物种都往往难以被发现。传统的鲸类动物调查采用目测方法来探测动物，但人们越来越认识到，许多人们感兴趣的物种比起被看到，它们更容易被听到。由于技术的进步，生物学界现在越来越认识到 PAM 对研究鲸类动物的作用。PAM 是调查和研究鲸类动物的有效技术，这不仅是因为鲸类动物经常利用声音进行日常活动，还因为声学是迄今为止唯一可以不通过视觉来研究水下动物的工具，而且如果操作得当，它不会干扰动物的行为。PAM 将有望提高研究人员监测鲸类动物时间和空间行为的整体能力，从而改善对栖息地的利用。

　　对鲸类动物进行声学监测，要求对其进行声学探测。对于鲸类动物的声学探测，不仅可以通过监听动物发出的声音(被动声学探测)实现，而且还可以使用鲸类探测声呐系统监听动物回声(主动声学探测)。鲸类探测声呐系统不要求鲸类发声，但它们必须产生大量的声能以获得可探测的回声，这是因为声音从声呐到鲸类的距离要增加一倍，并且鲸类只将一部分声能传回主动声呐。虽然有报告称用主动声呐探测须鲸取得了一些成功，如 Lucifredi 和 Stein(2007)所做的工作，但主动声呐探测深潜鲸的可行性尚未得到证实，探测这些物种所需要的更多声能可能会对动物的健康产生危害。另外，PAM 要求在不干扰鲸类行为的情况下监听鲸类的声音。

PAM 不仅对海洋哺乳动物的调查和普查很重要，而且也有助于减轻人类活动(船舶航行、近海勘探、军事和民用声呐等)对海洋哺乳动物所产生的负面影响。为了有效保护海洋哺乳动物，人们期望 PAM 能成为一种价格可接受的技术，这样就可以或多或少地对有声学活动的鲸类动物进行持续调查，特别是在偏远或恶劣的海洋环境中。

成功地应用 PAM 需要适当的技术和操作知识。虽然很容易评估技术或系统参数(如白噪声、阵列增益、处理带宽和增益)的影响，但操作上的影响较难量化，因为它取决于鲸类、海豚和江豚的行为以及环境特征。其他操作上的限制因素包括 PAM 系统的移动性(锚定、漂流或拖曳)。一系列生物和海洋学参数将影响获得成功率和置信度所需的传感器数量。声呐系统的设计也将取决于 PAM 的目标：为丰度估计而设计的系统与为降低风险而设计的系统可能有非常不同的要求。在丰度估计中，如果不能探测到存在的鲸类，则为此设计的 PAM 就是失败的。

撰写本书的最初动机是作者参与了对深潜齿鲸，特别是喙鲸的被动声探测/监测，以帮助降低人类活动所带来的风险。虽然 PAM 在鲸类动物研究中的应用是相当新的技术，但被动声学在海洋工程中的应用已经很成熟。作为一个跨学科的课题，PAM 结合了物理学、信息技术和生物学，因此需要综合的介绍。

撰写本书的目的是提供一种综合的 PAM 方法，将所需的物理原理与对现有技术工具的讨论和对面向应用的操作知识的分析结合起来。本书的读者应该能够理解 PAM 背后的物理基础知识、技术实现和操作使用。本书的读者对象是对鲸类动物感兴趣并希望了解 PAM 背后的概念，或者可能需要实施 PAM 的学生、研究人员和相关专业人士。因此，本书提供了评估现有和未来 PAM 系统所需的多维度信息和工具。本书综述了 PAM 系统，可以作为其他新方法的框架。

本书共 10 章，分为三部分，大致对应三大学科，即水声学、信号处理、被动声学监测。

水声学是一个有据可查的学科(Urick，1983；Medwin and Clay，1998；Lurton，2002；Medwin et al.，2005)，本书试图通过与 PAM 相关的介绍来综述该学科。

信号处理方面有大量书籍和出版物，Au 和 Hastings(2008)出版的关于生物声学的书中讨论了一些关键方法。本书试图综述与 PAM 相关的信号处理技术，并聚焦于最近提出的用于海洋哺乳动物监测和分类的技术。书中以样例音频为基础，讨论了不同的信号处理算法。关于其他技术或个性化的信号处理方案，请读者自行查阅相关文献。

应用 PAM 来探测鲸类动物是生态学的一部分，本书对 PAM 的描述紧跟领域内发表的内容。特别有帮助的是 Southwood 和 Henderson(2006)关于生态学方法的教科书，Thompson(2004)关于稀有物种采样的教科书，以及 Buckland 等(2001，2004)关于距离采样的教科书。在此，本书介绍一些与 PAM 应用相关或可能相关的方法。

本书所有章节的一个共同特点是使用 MATLAB(MATLAB 7.5.0 版)代码来生成各种图形和结果。虽然这不是一本关于 MATLAB 编程的书，但还是试图在书中加入 MATLAB 代码，目的是用实用的例子来补充所提供的信息(纯文本、方程、图像)。事实上，读者不仅要能够重现所介绍的结果，而且还要能够修改代码并分析其变化的影响。这种"边做边学"的方式可以让读者研究原理，并发现所介绍方法的潜在困难和副作用。为了方便这种实践方法，书中转载的数据和 MATLAB 代码，以及一些额外的脚本，都可以从本书的网站下载(http://www.cambridge.org/9780521193429)。因此，读者在阅读本书的某一章节时，请找到相关的 MATLAB 脚本，尝试理解不同的 MATLAB 指令，并将其与数学公式进行比较；在面对新的 MATLAB 指令时，最好能利用内置的 MATLAB 帮助系统。读者可以进一步查看 http://www.wmxz.eu，了解更多信息、新的数据集、更新的 MATLAB 脚本，以及讨论 PAM 的未来发展。

本书中使用的数据由不同的海洋哺乳动物研究人员依本书需要提供。任何对数据的进一步使用都需要得到数据提供者的同意。

目　　录

第二部分　信号处理（设计工具）

第三部分　被动声学监测（集成应用）

第一部分　水声学（物理基础）

　　本部分提供了其他两部分所需的水声学基本知识。虽然声学这个词汇最初与室内的声音特性有关，但在本书中，它的概念被扩展到包含空气在内的其他介质中的波动现象，以及人耳可听频率范围以外的频率。

　　第 1 章概述水下声音的变量符号和基本概念，为后续各章提供理论基础。第 2 章包含两个重要的部分：描述不同鲸类动物发出的声音，并介绍不同声音之间的分类。第 3 章介绍并讨论声呐方程的所有组成部分，它是声呐设计和性能分析的重要环节，其中重点介绍与 PAM 密切相关的被动声呐方程。

第1章 水声学原理

本章介绍水声学的基本理论，为理解鲸类动物叫声以及声呐方程奠定理论基础。同时覆盖水声学原理的全部内容，但未对内容做细节性论述，主要对水声学原理中的基本物理量以及基本概念进行论述，以此支撑后续章节的展开。此外，本章综合各种涉及水声学的教材，在被动声学监测(PAM)系统背景下，介绍水声学基本理论，主要包含以下内容：

(1) 以压力波形式存在的声音及其波动方程；
(2) 水下声音测量(单位为分贝(dB))；
(3) 声速模型和声速剖面；
(4) 声传播理论；
(5) 声音作为一种载体、干扰或噪声。

1.1 以压力波形式存在的声音

"声音"一词最早用来描述空气中的压力波，指可以被人听到的声音(Randall，1951)。本书将遵循水声学的基本定义，使用"声音"一词表述所有由压力波动产生的压力波，而不考虑声波的传播频率和传播介质。

1.1.1 波动方程

波动方程属于物理学中较重要的方程之一，它非常重要，值得详细推导。事实上，几乎所有物理学教科书以及大多数海洋学书籍中均对波动方程做过推导(Randall，1951；Medwin and Clay，1998；Kinsler et al.，2000)。从基础物理学原理推导波动方程主要取决于波的传播介质，由于传播介质的特殊性，波动方程的推导可能很简单，也可能会比较复杂。然而，波动方程的神奇之处在于其最终表示的物理量不受物理现象(如声波、海洋表面波、电磁波等)以及波传播介质(气体、液体、固体等)的影响。

波的传播理论与物理学的一个基本原理(牛顿第二定律)相关，该定律指出物体的运动变化与作用力成正比，且运动方向与作用力方向相同(Crease，2008)。

物体运动方程的数学形式可由式(1.1)给出：

$$\frac{\mathrm{d}}{\mathrm{d}t}(mu) = F \tag{1.1}$$

式中，m 为物体的质量(kg)，原则上讲，m 是会随时间变化的(如火箭)；u 为物体的速度(m/s)；F 为作用在物体上的总作用力(kg·m/s^2)。$\frac{\mathrm{d}}{\mathrm{d}t}(mu)$ 表示质量 m 和速度 u 乘积的时间变化。乘积 mu 也称为物体的动量。对于恒定的 m，牛顿第二定律一般表达式为 $ma = F$，方程中 $a = \frac{\mathrm{d}u}{\mathrm{d}t}$ 表示速度相对于时间的导数，即物体的加速度。

方程(1.1)中 u 和 F 均为简单的数字或标量，如力 F 可用一个数字进行表述。通常，当力作用于现实世界的单个维度(垂直或单一水平方向)时，通常使用此标量符号。在力的"任意三维描述"下，即当用 x、y、z 方向的分量组合描述力时(在笛卡儿坐标系中)，应有一组 3 个不同的方程。在这种情况下，通常采用将所有方向方程组合在一起的向量表示法，假设质量 m 恒定，则方程(1.1)可写为

$$\frac{\mathrm{d}}{\mathrm{d}t}u = \frac{1}{m}F \tag{1.2}$$

式中，u_x、u_y、u_z 与 F_x、F_y、F_z 分别为速度向量 u 和作用力向量 F 的 x、y、z 分量。

方程(1.2)是用来描述物体受力的 3 个运动方程，该表达式在笛卡儿坐标系中可表示为

$$\frac{\mathrm{d}}{\mathrm{d}t}u_x = \frac{1}{m}F_x$$
$$\frac{\mathrm{d}}{\mathrm{d}t}u_y = \frac{1}{m}F_y \tag{1.3}$$
$$\frac{\mathrm{d}}{\mathrm{d}t}u_z = \frac{1}{m}F_z$$

当在球坐标中描述力时，即沿方位角和仰角 (θ, φ)：$F = (F_R, F_\theta, F_\varphi)$ 测量径向 R 上的力，可以得到

$$\frac{\mathrm{d}}{\mathrm{d}t}u_R = \frac{1}{m}F_R$$
$$\frac{\mathrm{d}}{\mathrm{d}t}u_\theta = \frac{1}{m}F_\theta \tag{1.4}$$
$$\frac{\mathrm{d}}{\mathrm{d}t}u_\varphi = \frac{1}{m}F_\varphi$$

通过调整方程(1.2)中的向量，可以得到一个更为简洁的方程，而且此方程不

依赖于实际中对力和速度的测量。

牛顿第二定律适用于所有运动物体。同样，此定律也适用于在环境条件保持不变的情况下，给定介质中因某些力而发生位移的小质点的运动。为了能够按此方式移动质点，介质必须是可被压缩的。气体是可压缩的，液体、固体也是可压缩的，当然，气体比液体或固体更容易被压缩。

在未对质点施加任何作用力的情况下，根据牛顿第二定律，气体中的质点是不会改变其速度的。从经验得知在没有任何力的情况下，实际的气体是不可能存在的，因为一定体积内的气体分子会由于碰撞而不断改变它们的方向，而且不仅有作用力作用于气体，还有作用力作用于气体分子之间，使气体保持在一起。气体分子间的碰撞通常由气体的压力来描述，高气压代表高碰撞率。因此，实际的气体特征被压力、体积和温度等物理量所概括描述。这些压力、体积和温度等物理量又构成了热力学这一物理学科的基础。

为了产生声波，必须通过施加额外的压力 P 来打破压力平衡，P 的单位是 N/m^2(牛顿每平方米)。外力导致介质(如气体)中的质点移位时，通常会造成气体压力局部发生改变，也就是说，在介质中产生了一种声压梯度。假设使质点位移的外力消失，则气体质点恢复其(动态)平衡。

声压梯度的恢复力表示为

$$F = -V\nabla P \tag{1.5}$$

式中，$V = m\rho$ 为声压梯度 ∇P 作用于密度为 ρ 的一块气体的体积。算子 ∇ 称为纳布拉(Nabla)微分算子，描述的是空间梯度。在假设的示例中，它说明了声压 P 如何在 x、y、z 方向上变化，即 $\nabla P = \left(\dfrac{\mathrm{d}P}{\mathrm{d}x}, \dfrac{\mathrm{d}P}{\mathrm{d}y}, \dfrac{\mathrm{d}P}{\mathrm{d}z} \right)$。

根据方程(1.5)，牛顿第二定律变为声压梯度的函数：

$$\frac{\mathrm{d}}{\mathrm{d}t}u = -\frac{1}{\rho}\nabla P \tag{1.6}$$

即质点振速 u 与声压梯度 ∇P 方向相反。

将运动方程(1.6)与连续性方程合并，在笛卡儿坐标系中可表示为

$$\frac{1}{\rho}\frac{\mathrm{d}}{\mathrm{d}t}\rho + \frac{\mathrm{d}}{\mathrm{d}x}u_x + \frac{\mathrm{d}}{\mathrm{d}y}u_y + \frac{\mathrm{d}}{\mathrm{d}z}u_z = 0 \tag{1.7}$$

得到气体密度变化与气压变化相关联的方程：

$$\frac{\mathrm{d}^2}{\mathrm{d}t^2}\rho = \frac{\mathrm{d}^2}{\mathrm{d}x^2}P + \frac{\mathrm{d}^2}{\mathrm{d}y^2}P + \frac{\mathrm{d}^2}{\mathrm{d}z^2}P \tag{1.8}$$

式中，$\dfrac{\mathrm{d}}{\mathrm{d}t}\rho$ 为密度因外力作用而发生变化的速率；$\dfrac{\mathrm{d}}{\mathrm{d}x}P$ 为沿 x 轴的声压梯度。方程(1.8)表示密度速率对时间求导可由声压梯度的空间变化表示。

方程(1.8)是在笛卡儿坐标系中给出的，与方程(1.5)类似，通过以下方程引入了一个新的物理量：

$$\nabla^2 P = \frac{\mathrm{d}^2}{\mathrm{d}x^2}P + \frac{\mathrm{d}^2}{\mathrm{d}y^2}P + \frac{\mathrm{d}^2}{\mathrm{d}z^2}P \tag{1.9}$$

式中，∇^2 为拉普拉斯算子。因此

$$\frac{\mathrm{d}^2}{\mathrm{d}t^2}\rho = \nabla^2 P \tag{1.10}$$

对波动方程进行推导，需要知道压力和密度的关系。在不考虑不同介质(气体、液体)特性的情况下，可以将介质中的压力表示为密度 ρ 的函数：

$$P = f(\rho) \tag{1.11}$$

假设压力的变化(用符号 δ 表示)与密度的变化呈线性关系，即

$$\delta P = c^2(\delta \rho) \tag{1.12}$$

c^2 表明比例常量是正数，即压力始终随密度增加而增大。因此，可以得到

$$\frac{\mathrm{d}^2}{\mathrm{d}t^2}P = c^2 \frac{\mathrm{d}^2}{\mathrm{d}t^2}\rho \tag{1.13}$$

将方程(1.13)代入方程(1.10)中，可以得到波动方程的声压表示：

$$\frac{\mathrm{d}^2}{\mathrm{d}t^2}P = c^2 \nabla^2 P \tag{1.14}$$

方程(1.14)是常规的波动方程，该方程将局部压力的时间变化与周边压力场的空间差异相关联。拉普拉斯算子 ∇^2 给出了空间差异，其形式取决于使用时所选取的坐标系。

对于研究目标存在完全球对称的情况，可以在球坐标系中使用拉普拉斯算子，只保留关于半径向量 r 的导数，该方程可表示为

$$\nabla^2 = \frac{\partial^2}{\partial r^2} + \frac{2}{r}\frac{\partial}{\partial r} \tag{1.15}$$

经过化简后，可得到球面波波动方程：

$$\frac{\mathrm{d}^2(rP)}{\mathrm{d}t^2} = c^2 \frac{\partial^2(rP)}{\partial r^2} \tag{1.16}$$

球面波波动方程在水声学中发挥着重要作用，与一般声源相比，海洋尺度在

空间上要比它大得多，因此在一定距离上完全符合球对称条件。除此之外，球面波波动方程是一个一维波动方程(仅取决于半径 r)，极大地简化了分析过程。

1.1.2　波动方程的解

为求解波动方程，可以参考以下球面波波动方程：

$$\frac{\mathrm{d}^2(rP)}{\mathrm{d}t^2} = c^2 \frac{\partial^2(rP)}{\partial r^2} \tag{1.17}$$

对于完全依赖于参数 $ct \pm r$ 的函数 f ，其通解由以下方程给出：

$$rP = f(ct \pm r) \tag{1.18}$$

方程(1.18)是方程(1.17)的解，可以通过将函数 f 分别对时间 t 和半径 r 求导两次进行验证：

$$\frac{\mathrm{d}^2}{\mathrm{d}t^2} f(ct \pm r) = c^2 f(ct \pm r)$$

$$\frac{\partial^2}{\partial r^2} f(ct \pm r) = f(ct \pm r) \tag{1.19}$$

将其代入方程(1.17)后，可以求出此方程的解。

该通解(方程(1.18))包括行波(−)和驻波(+)。仅考虑行波或驻波的方程，压力 P 可表示为

$$P = \frac{1}{r} f(ct - r) \tag{1.20}$$

由式(1.20)可知，压力 P 与函数 f 无关，压力 P 的降低与距离 r 成反比。

波动方程的解通过常量 c 将距离 r 与时间 t 联系起来，表明这个常量 c 是振动在声学介质中传播的速度。因此，一般把 c 称为波速或声速，引入 c 的方程(1.12)可视为声速的定义方程。

注意：方程(1.14)中给出的波动方程描述了振动在声介质中的传播，但是并没有描述声音产生的过程以及发声器与声介质的耦合。从数学角度来讲，波动方程应增加一个描述振动声介质的外力附加项。换句话说，波动方程(1.14)描述的仅仅是停止外力作用后，压力波所呈现出的物理属性。

实例 1.1　在本实例中，展示了自由振动如何通过声介质进行传播。假设压力振动 f 可由高斯函数近似计算出，即

$$f(ct - r) = P_0 \exp\left\{-\frac{1}{2}\left(\frac{ct - r}{\sigma}\right)^2\right\} \tag{1.21}$$

式中，P_0 为最大振幅；σ 为高斯振动宽度的度量。为了了解振动是如何通过声介

质进行传播的，可以在计算机上仿真整个过程。对于此次仿真，使用 MATLAB 代码对方程(1.20)和方程(1.21)的传播动力学系统进行建模。

MATLAB 代码

```
%Scr1_1
r=1:0.1:100; % 单位：km
t=10:10:50; % 以秒为单位的时间步长
c=1.5; %声速(km/s)
%
P0=1;
s=2;
%
P=zeros(length(r),length(t)); %预分配压力向量
%
for ii=1:length(t)
    P(:,ii)=P0*exp(-0.5*((c*t(ii)-r)/s).^2)./r;%Eq 1.21
end
%
figure(1)
plot(r,P,'k')
xlabel('距离/km')
ylabel('相对压力')
text(20,0.065,'t=10 s')
text(30,0.036,'t=20 s')
text(45,0.025,'t=30 s')
text(60,0.020,'t=40 s')
text(75,0.016,'t=50 s')
```

代码首先定义了距离向量 r，该向量范围为 1～100km 并以每 0.1km 步进。该代码还进一步定义了时间变量 t，可以用它画出振动压力随时间变化的曲线。分别以 km 和 s 为单位衡量距离和时间，所以接下来将波速的单位定义为 km/s。这里将 c 的值设为 1.5km/s，这是海水中声速的典型值。

在定义单位范围(1km)的峰值并设置高斯函数的 sigma(代码中为"s")后，为不同压力向量分配了存储空间。下一步通过所有时间步长进行循环后，可以得到所有范围的压力。该代码用于绘制结果并标记坐标轴和曲线。

执行名称为"Scrl_1"的代码，得到图 1.1 中的结果。

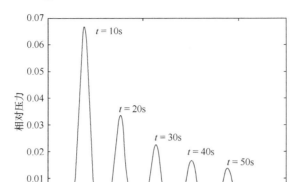

图 1.1　高斯球面波振动的距离-相对压力函数

从图 1.1 中可以看出，不同高斯曲线在 15km 的规则空间间隔达到峰值，这对于在两个连贯的曲线间声速 1.5km/s 和 10s 的间隔时间是可预测的。通过观察可知，曲线的峰值振幅随着时间的推移或距离原点越远越小。虽然根据定义，1km 范围的峰值振幅为 1.0(这个数值过大无法被描绘到图 1.1 上)，20s 后，该峰值振幅减小到大约 0.033，此时位于 30km 范围。66s 后，峰值振幅将会进一步减小到 0.013，此时其处在 100km 范围，这种压力的减小与球面波方程(1.20)中 $1/r$ 项有关。

1.1.3　波动方程周期解

在前面章节中，波动方程将环境压力的单一振动表达为时间函数。接下来，将介绍波动方程的周期解。该周期解适合描述波动过程，如空气和水中的声波。描述周期解的标准方法是引入周期函数，如在以下方程中引入余弦函数：

$$f(r-ct) = A(ct-r)\cos\left(2\pi\frac{ct-r}{\lambda}\right) \tag{1.22}$$

式中，λ 描述周期性，也就是说 λ 测量了函数 $f(r-ct)$ 自重复的距离，因此称为周期函数的波长。因子 $A(ct-r)$ 是压力波的振幅，也是 $ct-r$ 的函数。

例如，Gabor(伽博)脉冲的特征是高斯振幅函数：

$$A(r-ct) \equiv P_0 \exp\left\{-\frac{1}{2}\left(\frac{ct-r}{\sigma}\right)^2\right\} \tag{1.23}$$

因此周期函数可写为

$$f(r-ct) \equiv P_0 \exp\left\{-\frac{1}{2}\left(\frac{ct-r}{\sigma}\right)^2\right\} \cos\left(2\pi\frac{ct-r}{\lambda}\right) \tag{1.24}$$

MATLAB 代码

```
% Scr1_2
r=0:0.1:35;
c=1.5;
lam=10; %波长(km)
sig=4;
t=10;
P0=exp(-1/2*((c*t-r)/sig).^2);
p=P0.*cos(2*pi*(c*t-r)/lam);

figure(1)
plot(r,p,'k')
grid on
xlabel('范围/km')
ylabel('相对压力')
```

此段代码与之前代码的不同之处在于，它不仅对压力函数有不同的表达式，同时它只估计了在 $t=10$s 时刻不同距离的声压。

图 1.2 是用高斯(钟形)函数调制的余弦波。压力振荡并且在15km 处达到了最

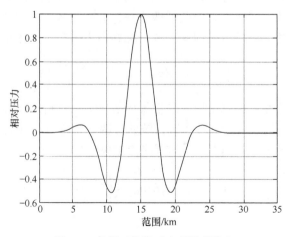

图 1.2　高斯函数波动方程的周期解

大值。两个负峰间的距离接近9km，略短于标称波长，这是由于高斯振幅函数改变了余弦波形。由于所有的距离单位都是km，所以建模的波长λ为10km。

Gabor 脉冲在水下生物声学中起着重要作用，因为瓶鼻海豚(*Tursiops truncatus*)发出的回声定位嘀嗒声与其具有相似的形状，Gabor 脉冲是比较合适的模型(Au, 1993)，只是波长不同。

1.1.4　波长-频率关系

当对方程(1.22)进行进一步推导时，注意到余弦项的参数是无量纲的，但是此方程中余弦项被当成波长，作为除数存在。另一种表达式是用乘法代替除法：

$$f(r-ct) = A(ct-r)\cos(\omega t - kr) \tag{1.25}$$

式中，$k = \dfrac{2\pi}{\lambda}$ 称为波峰数，m^{-1}；$\omega = 2\pi(c/\lambda)$ 称为角频率，rad/s。一般情况下，角频率ω表达式中的2π会被去掉，用$f = c/\lambda$定义波长频率，单位为s^{-1}或 Hz。

方程(1.25)给出了波动方程的解，对遇到的一维问题(包括仅依靠一个维度的球面波，即与声源的距离)是有效的。在更为广义的解中，k和r为矢量(如笛卡儿坐标系的k_x、k_y、k_z和r_x、r_y、r_z)，也就是说，可以用下面的方程来替换方程(1.25)：

$$f(ct-r) = A(ct-r)\cos(\omega t - kr) \tag{1.26}$$

方程中$kr = k_x r_x + k_y r_y + k_z r_z$(同样在笛卡儿坐标系中)或者$r$为距离向量，其长度$r = |r| = \sqrt{r_x^2 + r_y^2 + r_z^2}$。通常在数学上，使用复矢量表示法描述周期波的解更简洁，即

$$f(ct-r) = A(ct-r)\exp\{\mathrm{i}(\omega t - kr)\} \tag{1.27}$$

式中，声压P由$f(ct-r)$解的实部得到。

1.1.5　声阻抗

考虑沿x轴方向出射平面波传播的通解，即假设波动方程中y轴和z轴分量为零。进一步假设局部质点振速u满足波动方程，即$u = u(ct-x)$，再对波动方程解的时间和距离分别进行微分，联立上述两方程，可以得到

$$\frac{\mathrm{d}}{\mathrm{d}t}u(ct-x) = -c\frac{\mathrm{d}}{\mathrm{d}x}u(ct-x) \tag{1.28}$$

方程(1.6)的一维形式可写为

$$\rho\frac{\mathrm{d}}{\mathrm{d}t}u = -\frac{\partial}{\partial x}P \tag{1.29}$$

可以得到

$$\frac{\partial}{\partial x}P = \rho c \frac{\mathrm{d}}{\mathrm{d}x}u \tag{1.30}$$

对以上方程进行积分, 有

$$P = Zu \tag{1.31}$$

这里定义 $Z = \rho c$。

类比于欧姆定律, 用质点振速代替电流, 压力代替电压, Z 值可称为声阻抗, 单位为 $N \cdot s/m^3$。

声阻抗通常是复数, 并且只有在压力和质点振速同相时才是实数, 也就是说, 压力的变化立即引起质子振速的变化。$P = (\rho_0 c)u$ 平面波就是这类的典型情况, 因此

$$Z_0 = \rho_0 c \tag{1.32}$$

式中, Z_0 为特性阻抗, 描述平面波传播介质的特性; ρ_0 为传播介质的平均密度。

实例 1.2　空气和海水是两种常见的声传播介质。在 20℃ 的空气中, 特性阻抗为 $Z_{0\_air} = 415N \cdot s/m^3$; 在 13℃ 的海水中, 特性阻抗 $Z_{0\_water} = 1.540 \times 10^6 N \cdot s/m^3$。也就是说, 海水的特性阻抗约是空气的 3710 倍。

就方程(1.31)而言, 对于给定的质点振速, 海水中的声压大约是空气中的 3710 倍, 或者说达到同样的声压, 海水中的质点振速是空气中质点振速的 1/3710。空气是软介质, 而海水是硬介质, 再次用电来对比, 水比空气更适合声波的传播。

1.1.6　平面波近似于球面波

回顾方程(1.6), 并将其通过公式 $p = \frac{A}{r}\exp\{\mathrm{i}(\omega t - kr)\}$ 应用于球面波, 通过对质点振速进行积分, 可以得到

$$u = \frac{1}{\rho_0}\left(\frac{1}{r} + \mathrm{i}k\right)\frac{P}{\mathrm{i}\omega} = \frac{1}{\rho_0 c}\left(1 - \frac{\mathrm{i}}{kr}\right)P \tag{1.33}$$

声阻抗表示为复数, 当 $kr \gg 1$ 时, 虚部忽略不计, 表明 r 明显大于波长 λ, 球面波也具有平面波的特征, 因为质点振速与声压成正比。

1.1.7　声强

声强用 I 表示, 是指通过与流速方向垂直的单位面积的声功率, 声强是声压和质点振速的乘积, 单位为 W/m^2。对于一维波动方程, 声强为

$$I(x,t) = P(x,t)u(x,t) \tag{1.34}$$

声压和质点振速随位移 x 和时间 t 的变化而变化, 声强也是如此。

如果仅考虑平面波，则可用方程(1.31)来代替质点振速，得到

$$I(x,t) = \frac{P(x,t)^2}{\rho_0 c} \tag{1.35}$$

由于海水中的声阻抗是空气中声阻抗的 3710 倍，由方程(1.35)可知，在相同的压力下，平面波在水中产生的声强为在空气中产生声强的 1/3710。

1.1.8　声能流

声能流是指垂直流过单位面积的声能，单位为 $W \cdot s/m^2$，该值通过声强 $I(x,t)$ 与声波持续时间的积分得到。利用声强方程(1.35)，可以得到声能流为

$$F(x) = \frac{1}{\rho_0 c} \int_{-\infty}^{+\infty} P^2(x,t)\mathrm{d}t \tag{1.36}$$

声能流一般指到声源距离 x 的函数，并且积分范围通常从负无穷到正无穷。方程(1.36)有适用条件，如果研究信号被限定在某个时间范围内，如 $t_1 < t < t_2$，则将积分限制在这些时间范围内是有意义的，因为这些时间窗口之外的信号根据定义会变为零。在这种情况下，积分是有限积分，声能流也能得到很好的定义。然而，在研究信号连续的情况下，积分通常会趋于无穷大，也就是说，方程(1.36)所做的声能估计变得毫无用途。

实例 1.3　在声波瞬变的情况下，如高斯脉冲(方程(1.24))，通过对时间积分可以估计出声能流(从负无穷到正无穷)：

$$F(x) = \frac{P_0^2}{\rho_0 c} \int_{-\infty}^{\infty} \exp\left\{ -\left(\frac{ct-x}{\sigma} \right)^2 \right\} \cos^2\left(2\pi \frac{ct-x}{\lambda} \right) \mathrm{d}t \tag{1.37}$$

利用 $\cos^2 x = \frac{1}{2}[1 + \cos(2x)]$，方程(1.37)中的积分可以用闭合形式估计，式(1.37) 中的积分可表示为

$$\int_{-\infty}^{\infty} \exp\left\{ -\left(\frac{ct-x}{\sigma} \right)^2 \right\} \cos\left(4\pi\left(\frac{ct-x}{\lambda} \right) \right)\mathrm{d}t = \frac{\sqrt{\pi}\sigma}{c} \exp\left\{ -\left(\frac{\lambda}{8\pi\sigma} \right)^2 \right\} \tag{1.38}$$

写出 S_0 的表达式：

$$S_0 = \int_{-\infty}^{\infty} \exp\left\{ -\left(\frac{ct-x}{\sigma} \right)^2 \right\}\mathrm{d}t = \frac{\sqrt{\pi}\sigma}{c} \tag{1.39}$$

联立可以得到声能流表达式为

$$F(x)=F_0 = \frac{P_0^2}{2\rho_0 c} S_0 \left[1 + \exp\left\{ -\left(\frac{\lambda}{8\pi\sigma} \right)^2 \right\} \right] \qquad (1.40)$$

S_0 的单位是 s，它是对波形的形状因数(振幅平方)的积分，即与脉冲持续时间呈比例关系。

1.1.9 平均声强

如上所述，由于声音的连续性，时间积分变为无穷大，声能流未得到很好的定义。在这种情况下，用时间平均下的平均声强比用能量值在概括声音特征方面更加方便。利用长度为 T 的时间窗，平均声强值估计为

$$\bar{I}(x) = \frac{F(x)}{T} = \frac{1}{\rho_0 c} \frac{1}{T} \int_0^T A^2(ct - x)\cos^2(\omega t - kx)\mathrm{d}t \qquad (1.41)$$

其中，压力的平方在时间 T 的范围内进行积分，平均声强 $\bar{I}(x)$ 通常为距离 x 的函数。

实例 1.4 现在假设声波以正弦波形式传播，即假设振幅函数 $A(ct - x) = P_0$ 恒定，

$$P(x,t) = P_0 \cos(\omega t - kx) \qquad (1.42)$$

声波为周期函数，在波形的一个周期 $t = [0, 2\pi]$ 内进行积分，并除以周期 $T = 2\pi$，

$$\bar{I}(x) = \bar{I}_0 = \frac{P_0}{\rho_0 c} \frac{1}{2\pi} \int_0^{2\pi} \cos^2(\omega t - kx)\mathrm{d}t \qquad (1.43)$$

积分后，可以得到

$$\bar{I}_0 = \frac{1}{2} \frac{P_0^2}{\rho_0 c} = \frac{P_{\mathrm{RMS}}^2}{\rho_0 c} \qquad (1.44)$$

正弦波的平均声强不受距离 x 的影响，其等于峰值强度的一半，P_{RMS} 为压力值的均方根(RMS)。

通过以下方程可知高斯脉冲(方程(1.40))的声能流与正弦波(方程(1.44))的平均强度相关：

$$F_0 = \bar{I}S_0 \left[1 + \exp\left\{ -\left(\frac{\lambda}{8\pi\sigma} \right)^2 \right\} \right] \qquad (1.45)$$

也就是说，高斯脉冲声能流在数量上略大于正弦波的平均声强乘以高斯脉冲有效持续时间 S_0，尤其是对于 σ 与波长 λ 同阶或大于波长 λ 的情况。

数学公式

在之前实例中，用到了以下积分公式：

$$\int_{-\infty}^{\infty} \exp\left\{-a^2 x\right\} \mathrm{d}x = \frac{\sqrt{\pi}}{a} \tag{1.46}$$

$$\int_{-\infty}^{\infty} \exp\left\{-a^2 x\right\} \cos(bx) \mathrm{d}x = \frac{\sqrt{x}}{a} \exp\left\{-\frac{a^2}{4b^2}\right\} \tag{1.47}$$

1.1.10　总辐射声能

发射声音需要能量，总辐射声能是产生声音所耗费能量的指标，该指标是通过在声源持续时间内积分得到的能流中得出的：

$$E_A = \int_0^{2\pi} \mathrm{d}\varphi \int_0^{\pi} F(\varphi,\vartheta,r) \sin\vartheta \mathrm{d}\vartheta \tag{1.48}$$

方程中 $F(\varphi,\vartheta,r)$ 是根据球面坐标 φ、ϑ、r (方位角、深度和半径)测量的声能。对于恒定能流 $F(\varphi,\vartheta,r) = F_0$，可以得到

$$E_A = 4\pi F_0 \tag{1.49}$$

1.2　水下声音测量

分贝刻度是声学研究中的一个重要工具,它被用来描述自然发生的声音强度。事实上，人类能听到的声强范围是从人耳略微能听到的 $10^{-12}\,\mathrm{W/m^2}$ 到令人耳疼痛的 $10\,\mathrm{W/m^2}$。此外，以球面波波动方程的解为例，可以发现声强应随距离平方的增加而减小，即

$$I(r,t) = \frac{I(1,t)}{r^2} \tag{1.50}$$

或者

$$\frac{I(r,t)}{I(1,t)} = r^{-2} \tag{1.51}$$

当距离从1m增加到1km后，以球面形式传播声波的强度则应是初始值的一百万分之一。因此，引入对数刻度是一种更方便描述声强的方法，该刻度避免了科学符号中指数的使用。

1.2.1　分贝刻度的正式定义

1dB 是 1 贝尔(Bel)的十分之一，贝尔是声强比值中以 10 为底的对数，即

$$[\mathrm{dB}] = 10\lg\left(\frac{I}{I_{\mathrm{ref}}}\right) \tag{1.52}$$

同样，反过来可写为

$$I = I_{\mathrm{ref}}10^{[\mathrm{dB}]/10} \tag{1.53}$$

从定义中可知,分贝刻度只有在参考压强也给出的情况下才能正确地下定义。然而，对于参考强度的选择没有确切规则。此外，虽然使用声强作为参考与分贝（"分"代表十分之一)刻度的正式定义相对应，一般还是会把分贝刻度作为参考声压。尽管已知该规则存在不一致的情况，但对实际结果没有影响，因为从声强比到压力比的转变很容易实现，如方程(1.54)所示：

$$10\lg\left(\frac{I}{I_{\mathrm{ref}}}\right) = 10\lg\left(\frac{P^2}{P_{\mathrm{ref}}^2}\right) = 20\lg\left(\frac{P}{P_{\mathrm{ref}}}\right) \tag{1.54}$$

空气中声音的标准参考值是$10^{-12}\,\mathrm{W/m^2}$，这是一个几乎听不见的1000Hz纯音的强度，可以用大约$2\times10^{-5}\,\mathrm{N/m^2}$或$20\mu\mathrm{Pa}$的等效(RMS)参考压力表示。

在空气中，一般把$20\mu\mathrm{Pa}$作为参考声压；在水声领域，一般选择$1\mu\mathrm{Pa}$作为参考声压。

由于声在空气和水两种不同介质中传播有不同的参考声压，需要注意不能混淆空气和水不同介质传播的分贝值。此外，将分贝刻度与压力关联时，由于声阻抗密度和声速的关系，相同的数值会产生不同的声强。

1.2.2 声压级

使用分贝刻度，可以将声压表示为声压级(SPL)，即分贝刻度上的声压：

$$\mathrm{SPL} = 20\lg\left(\frac{P}{P_{\mathrm{ref}}}\right) \tag{1.55}$$

对于水下声音，一般用[dB re 1μPa]作为单位表示声压，即 1 dB 相对于$1\mu\mathrm{Pa}$均方根压力，在水中相当于$6.5\times10^{-19}\,\mathrm{W/m^2}$的声强。

使用参考压力和传播介质参数的重要性举例如下：$120\mathrm{dB}/\mu\mathrm{Pa}$的声压在水中等同于$6.5\times10^{-7}\,\mathrm{W/m^2}$，但是$120\mathrm{dB}/20\mu\mathrm{Pa}$的声压在空气中等同于$1\mathrm{W/m^2}$。同样的分贝值($120\mathrm{dB}$)在水中的声强是在空气中声强的$6.5\times10^{-5}\,\%$。

也可以说，$1\mathrm{W/m^2}$的声强在空气中等同于$120\mathrm{dB}/20\mu\mathrm{Pa}$的声压，在水中等同于$182\mathrm{dB}/\mu\mathrm{Pa}$的声压。

例如，在比较或讨论声音在水和空气不同介质中传播时，要产生相同的声压，海水介质比空气介质需要更多的能量，换句话说，水中的压力波比空气中相同的压力波携带更多的能量。这种差异主要由不同阻抗对质点运动的阻力造成。

1.2.3 强度比和分贝值转换

以 dB 为单位需要遵循以下规则：

(1) 以 dB 为单位的加法对应于比值的乘法；

(2) 以 dB 为单位的减法对应于比值的除法。

对于大多数实际情况，只需要记住以下示例即可：

(1) 0dB 相当于强度比为 1；

(2) 10dB 相当于强度比为 10；

(3) 3dB 相当于强度比为 2；

(4) 5dB 相当于强度比约为 3.2。

表 1.1 为典型的从 dB 变换到强度比的示例。

表 1.1 从 dB 变换到强度比

dB	0	1	2	3	4	5	6	7	8	9	10
强度比	1	1.25	1.6	2	2.5	3.2	4	5	6.4	8	10

表 1.2 为典型的从强度比变换到 dB 的示例。

表 1.2 从强度比变换到 dB

dB	1	2	3	4	5	6	7	8	9	10
强度比	0	3	4.8	6	7	7.8	8.5	9	9.5	10

所有其他值都可以通过加法/乘法的基本规则或直接插值法轻松构造。

其他强度比变换为 dB 的示例如下：

(1) 强度比 16 可以表示为 $16 = 2^4$ ，等于 $4 \times 3dB = 12dB$ 。

(2) 强度比 2.5 可以表示为 $2.5 = 10 / 4$ ，等于 $10dB - (2 \times 3)dB = 4dB$ 。

(3) 20dB 等同于强度比 10^2 。

(4) 33dB 等同于强度比 $2 \times 10^3 (33dB = (3 + 30)\ dB)$ 。

(5) 37dB 等同于强度比 $5 \times 10^3 (37dB = (-3 + 40)\ dB$ 或 $1 / 2 \times 10^4)$ 。

1.3 声   速

声速定义为声传播介质中，将压力变化与密度变化相关联的一个常数(方程(1.12))：

$$c^2 \equiv \frac{\partial P}{\partial \rho} \tag{1.56}$$

若介质密度改变需要很大的压力，如在液体或固体中，则声速较高。相反，若仅需要很小的压力就能改变介质密度，如在气体中，则声速较低。

1.3.1 空气中的声速

陆地声学主要研究声音在空气中的传播，空气中的声速是物理学的一个经典示例，对声速方程的推导很有意义。

气体的密度取决于它的压力和温度，即

$$\rho = \frac{P}{RT} \tag{1.57}$$

式中，R 为气体常量。

在温度 $T = \mathrm{const}$ 的条件下，Boyle-Mariotte 定律成立，即

$$PV = \mathrm{const} \tag{1.58}$$

然而，由于压力变化太快，无法与周围的气体交换热量，所以声音的传播并不能使温度保持恒定，即这个过程不是等温的，而是绝热的，下面的泊松方程成立：

$$PV^\gamma = \mathrm{const} \tag{1.59}$$

利用泊松方程，通过以下方程可以得到声速的表达式：

$$\frac{\mathrm{d}}{\mathrm{d}\rho}(PV^\gamma) = 0 \tag{1.60}$$

即

$$\frac{\partial P}{\partial \rho} + P\gamma \frac{1}{V} \frac{\partial V}{\partial \rho} = 0 \tag{1.61}$$

且

$$\frac{\partial V}{\partial \rho} = \frac{\partial}{\partial \rho} \frac{m}{\rho} = -\frac{1}{\rho} \frac{m}{\rho} = -\frac{V}{\rho} \tag{1.62}$$

所以

$$c^2 \equiv \frac{\partial P}{\partial \rho} = \frac{\gamma P}{\rho} = \gamma RT \tag{1.63}$$

对于 0℃ 的干燥空气，代入值($\gamma = 1.4$，$R = 287\mathrm{J/(kg \cdot K)}$，$T = 273\mathrm{K}$)之后，得到 $c = 331.2\mathrm{m/s}$，这与空气中声速的经验测量值基本一致。

1.3.2　海水中的声速

为了得到海水中的声速，还需要知道压力和密度之间的关系。一般来说，对于包括液体在内的所有可压缩材料，体积 V 与微小的压力变化呈如下比例关系：

$$dV = -\kappa V dP \tag{1.64}$$

式中，κ 代表有限的可压缩性。

对密度求导后，利用方程(1.62)，可以得到

$$\frac{\partial V}{\partial \rho} = -\frac{V}{\rho} = -\kappa V \frac{\partial P}{\partial \rho} \tag{1.65}$$

或

$$c^2 \equiv \frac{\partial P}{\partial \rho} = \frac{1}{\kappa \rho} \tag{1.66}$$

对于 20℃的纯水，有 $\kappa = 0.4610^{-9}\,\text{Pa}^{-1}$，$\rho = 1000\,\text{kg/m}^3$，计算可得 $c = 1474\text{m/s}$，与水中实际测量到的声速值相近。

由于没有完备的理论来描述关于实际海水中的声速，需要采用经验方法获得声速的实际值。声速可以用可重复使用或消耗型的声速仪直接测量，也可以代入测量的温度、盐度、深度等物理量利用经验公式计算得到。这些公式均为测量结果的近似值，可在海洋声学等相关教科书中找到此类公式。

Leroy 等(2008，2009)给出了一个新的适用于所有海洋情况的声速计算公式，除了温度、盐度和深度参数，该公式还包括地理纬度，可表示为

$$
\begin{aligned}
c = {} & 1402.5 + 5T - \left(\frac{T}{4.288}\right)^2 + \left(\frac{T}{16.8}\right)^3 \\
& + \left[1.33 - \frac{T}{81.3} + \left(\frac{T}{107.2}\right)^2\right] S \\
& + \frac{Z}{64.1} + \left(\frac{Z}{1980.3}\right)^2 + \left(\frac{Z}{5155}\right)^3 \\
& + \frac{Z}{18519}\left(\frac{\Phi}{45} - 1\right) - \left(\frac{T}{10172}\right)^3 T \\
& + \left[\left(\frac{T}{57.74}\right)^2 + \frac{S}{69.93}\right]\frac{Z}{1000}
\end{aligned} \tag{1.67}
$$

式中，T 为温度，℃；S 为盐度，PSU (盐度单位)；Φ 为地理纬度，(°)；Z 为深度，m。

　　同时，通过测量不同深度的温度和盐度可得到声速值，基于此原理测量声速的设备称为声速剖面仪(conductivity-temperature-depth profiler，CTD)。在通常情况下，只有温度通过可扩展深海温度测量器(expandable bathythermograph，XBT)测量，盐度在数据库中获取，通常假设盐度为一个常数。如果在精度要求有限或研究者只关注典型海洋声场的情况下，使用数据库中的温度和盐度数据才较为合理。

　　实例 1.5　本例使用美国国家海洋学数据中心和世界海洋地图集 2009 气候学数据集的温度和盐度数据，数据库可从 http://www.nodc.noaa.gov 网站下载。选择 8 月份北纬 41°东经 5°的数据，即西地中海科西嘉岛以西的某个地方作为位置坐标，可得到图 1.3。

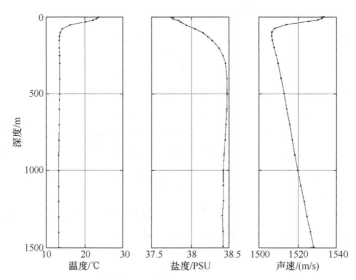

图 1.3　对于所选择的时刻位置点的温度、盐度和声速

　　可以注意到，温度从海洋表面到最大深度(1500m 深处)不断降低，而盐度从 38PSU 开始逐渐稳定。海洋表面声速可以达到将近1535m/s，在100m 深度取得了所定义的最小值，之后随深度增加，在1500m 时，升高到1530m/s。

　　这种靠近海面的温度下降的一层称为温跃层。温跃层的下端一般与最低声速有关，最低声速的深度也称为声道轴的深度。

　　从这个例子可以得出，声速在世界范围海洋中并非恒定不变。从 Leroy 等的声速方程中可以发现，即使在恒定的温度和盐度下，声速也会随着深度的增加而增加，大约每64m 增加1m/s。当假设声速不恒定时，可以很容易地认识到，一般来说，海水是水平分层的，除了一些特殊情况，可以假设声速有一个显著的垂直梯度。靠近海面时，声速主要受温度变化影响；温度本身趋向于水平分层，温度较高的海水更接近海面。海面水温是太阳光直接照射的结果，因此会展示出极强的随着进入海洋中的太阳能量变化的特性。在深层，海水温度变化趋势较为平稳，声速更多是水深的函数。尽管垂直声速梯度占主导地位，但也可能存在一些较小的水平声速梯度，如海面温度变化导致的情况。表 1.3 为世界海洋的典型盐度。后续章节中为方便分析，假设声速仅受深度影响，即 $c = c(z)$。

表 1.3　世界海洋的典型盐度(Urban，2002)

海洋	盐度/PSU
北海	35.4
波罗的海	13
地中海	38
黑海	22
大西洋	35
太平洋	34.5
北冰洋	33

以下函数假定 NODC 数据集已经加载到本地目录 "./climatology" 中。如果还没有加载，该函数从包含气候数据的文件中提取温度和盐度，并将其存储在一个临时的 MATLAB 数据文件中。这里使用 Leroy 等的公式来估计选定地点的声速。

MATLAB 代码

```
function [sv,T,S]=getSoundSpeed(month,lat0,lng0)
%month=8;
%lat0=41;
%lng0=5;
%
root0='../climatology/';
%
Leroy=@(T,S,Z,L) ...
       1402.5 + 5*T -(T/4.288).^2 +(T/16.8).^3 ...
       +(1.33 -(T/81.3) +(T/107.2).^2).*S ...
       +(Z/64.1) +(Z/1980.3).^2 -(Z/5155).^3 ...
       +(Z/18519).*(L/45-1)-T.*(Z/10172).^3 ...
       +((T/57.74).^2 +(S/69.93)).*(Z/1000);
%
lfn=sprintf('ts_%02d_1d',month);
```

```
if exist([lfn '.mat'],'file')～=2
    %
    temp=[];
    root1=sprintf('t_%02d_1d/',month);
    dirs=dir([root0 root1 '*.csv']);
    %
    for ii=1:length(dirs)
        fname=[root0 root1 dirs(ii).name];
        fprintf('loading %s\n',fname)
        temp(ii).dat=xlsread(fname,'A:D');
    end

    sal=[];
    root1=sprintf('s_%02d_1d/',month);
    dirs=dir([root0 root1 '*.csv']);
    %
    for ii=1:length(dirs)
        fname=[root0 root1 dirs(ii).name];
        fprintf('loading %s\n',fname)
        sal(ii).dat=xlsread(fname,'A:D');
    end
    % 将数据存为本地文件
    save(lfn,'temp','sal')
end
%
%加载本地文件以访问数据
load(lfn)
%
% 提取温度和盐度向量
T=zeros(length(temp),1);
D=0*T;
S=0*T;

for ii=1:length(temp)
    data=temp(ii).dat;
```

```
        gd=find(abs(data(:,1)-lat0)<=1& abs(data(:,2)-lng0)<=1);
        %
        % 温度
        T(ii)=mean(data(gd,4));
        % 深度
        D(ii)=mean(data(gd,3));
        % 盐度
        S(ii)=mean(sal(ii).dat(gd,4));
end
%声速估计
sv=[D,Leroy(T,S,D,lat0)];
```

这里给出了声速的 Leroy 公式，也称为匿名函数。如果该函数在不同的函数或代码中使用，那么将该函数作为常规 MATLAB 函数进行编程就很方便。代码会使用存储在 MATLAB 数据文件中的气候数据；如果这个文件不存在，代码将生成该文件。

下面的代码加载了声速模型，并生成了如图 1.3 所示的温度、盐度、声速随深度变化的梯度表示曲线。

```
%Scr1_3
month=8;
lat0=41;
lng0=5;
%
[sv,T,S]=getSoundSpeed(month,lat0,lng0);
%
figure(1)
subplot(131)
plot(T,sv(:,1),'k.-')
axis ij
grid on
ylabel('深度/m')
xlabel('温度/℃')

subplot(132)
plot(S,sv(:,1),'k.-')
```

```
set(gca,'yticklabel',[])
axis ij
grid on
xlabel('盐度/PSU')

subplot(133)
plot(sv(:,2),sv(:,1),'k.-')
set(gca,'yticklabel',[])
axis ij
grid on
xlabel('声速/(m/s)')
```

1.4　声　传　播

波动方程的解(球面波波动方程(1.2))描述了声音在声介质(如水)中的传播。可以推断出，在声速恒定、没有边界的理想条件下，球面波的扩展半径将会不断增大。本节将介绍在实际声速不恒定、存在边界的环境中声音是如何传播的。

1.4.1　斯内尔定律

这里考虑声呐方程 $f(ct-r)$ 在 $r=ct$ 条件下的特解，可以把此方程当成描述传播声波的中心位置。由方程可知，声波的传播距离率由与当前深度相关的声速给出：

$$\frac{\mathrm{d}r}{\mathrm{d}t}=c(z) \tag{1.68}$$

假定声速仅在垂直方向发生变化，不在水平面变化。因此，距离率仅在垂直方向变化，而不在水平面变化。图 1.4 给出了 $\mathrm{d}r=c\mathrm{d}t$，声波传播的方向是向下的，它的传播方向与垂直声速梯度形成一定角度 ϑ。

在水平分层介质中，声波的水平增量是常数，即

$$\mathrm{d}x=\frac{\mathrm{d}r}{\sin\vartheta}=\mathrm{const} \tag{1.69}$$

根据 $\mathrm{d}r=c(z)\mathrm{d}t$ 与 $\vartheta=\vartheta(z)$，可以得到斯内尔定律(Snell law)：

$$\frac{c(z)}{\sin\vartheta(z)}=\mathrm{const} \tag{1.70}$$

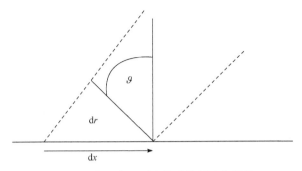

图 1.4　水平声速层中的波传播几何结构

ϑ 是声波传播方向的角度，会根据声速变化而变化，具体如下：

$$\sin \vartheta(z) = \frac{c(z)}{c(z_0)} = \sin \vartheta(z_0) \tag{1.71}$$

式中，z_0 为声源的深度；$\vartheta(z_0)$ 为声传播的初始角度。

1.4.2　界面的反射现象

图 1.4 给出了声波到达时声速不连续的特殊情况。这种声速的不连续性可能发生在海洋表面或者海底。如图 1.5 所示，声波在介质 1 中以入射角 ϑ_1 传播到介质 2 中，一部分在介质交界面以 ϑ_1 的角度反射回介质 1，另一部分穿过界面，并以 ϑ_2 的入射角度继续在介质 2 中传播。

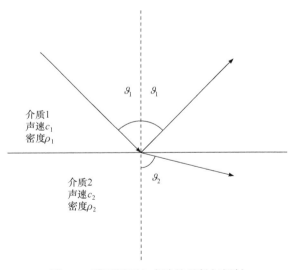

图 1.5　平面界面上声波的反射与折射

通常，在两种介质的分界面处，不同波的总压力一定是相同的，即

$$P_i + P_r = P_t \tag{1.72}$$

式中，P_i 是入射波的压力；P_r 是界面反射波的压力；P_t 是界面折射波的压力。

此外，垂直于界面的质点速度之和必须在界面两侧相等，即

$$u_{zi} - u_{zr} = u_{zt} \tag{1.73}$$

式中，u_{zi}、u_{zr} 和 u_{zt} 分别为入射波、反射波和折射波的垂直质点速度。由此可知，反射波的垂直质点速度分量与入射波的质点速度反向。

由图 1.4 可知 $u_z = u \cos \vartheta$，由方程(1.31)中 $u = \dfrac{p}{\rho c}$ 可得

$$\frac{P_i}{\rho_1 c_1} \cos \vartheta_1 - \frac{P_r}{\rho_1 c_1} \cos \vartheta_1 = \frac{P_t}{\rho_2 c_2} \cos \vartheta_2$$

$$\frac{P_i}{\rho_1 c_1} \cos \vartheta_1 - \frac{P_r}{\rho_1 c_1} \cos \vartheta_1 = \frac{P_i + P_r}{\rho_2 c_2} \cos \vartheta_2$$

联立可得

$$P_i \left(\frac{\cos \vartheta_1}{\rho_1 c_1} - \frac{\cos \vartheta_2}{\rho_2 c_2} \right) = P_r \left(\frac{\cos \vartheta_1}{\rho_1 c_1} + \frac{\cos \vartheta_2}{\rho_2 c_2} \right)$$

由反射波与入射波压力之比得到反射系数 R 为

$$R = \frac{P_r}{P_i} = \frac{\rho_2 c_2 \cos \vartheta_1 - \rho_1 c_1 \cos \vartheta_2}{\rho_2 c_2 \cos \vartheta_1 + \rho_1 c_1 \cos \vartheta_2} \tag{1.74}$$

定义折射系数 $T = 1 + R$，折射系数 T 是指声波通过界面的相对压力，并将方程(1.72)和方程(1.74)代入，可得

$$T = \frac{2\rho_2 c_2 \cos \vartheta_1}{\rho_2 c_2 \cos \vartheta_1 + \rho_1 c_1 \cos \vartheta_2} \tag{1.75}$$

斯内尔定律给出了 ϑ_2 和 ϑ_1 的关系：

$$\sin \vartheta_2 = \frac{c_2}{c_1} \sin \vartheta_1 \tag{1.76}$$

如果介质 2 中的声速满足下列关系，就可能发生全反射：

$$c_2 > \frac{c_1}{\sin \vartheta_1} \tag{1.77}$$

等价地，若入射波的入射角满足：

$$\sin \vartheta_1 > \frac{c_1}{c_2} \tag{1.78}$$

则方程(1.76)中的 ϑ_2 不存在实解。

全反射发生时的临界角可由声速比计算得到，即

$$\sin \vartheta_C = \frac{c_1}{c_2} \tag{1.79}$$

根据以下关系式可导出全反射导致反射声波的相移：

$$\tan \varphi = \frac{\rho_1}{\rho_2} \frac{\sqrt{\sin^2 \vartheta_1 - \sin^2 \vartheta_C}}{\cos \vartheta_1} \tag{1.80}$$

它从开始发生全反射的临界角处的 0°，变化到入射角为 90°处的 90°相位角。在了解了更多典型的底部特征后，将在 1.4.3 节讨论海底反射声的相移问题。

垂直入射实例： 垂直入射是方程(1.75)的一种特殊情况，当适用于空气-水交界面时，可以得到具有指导意义的结果。当 $\cos \vartheta = 1$ 时，图 1.4 中入射波会变为垂直入射，假设在水平界面上，由方程(1.75)得到

$$T = \frac{2\rho_2 c_2}{\rho_2 c_2 + \rho_1 c_1}$$

声波从空气中跨越空气-水介质传输到水中，声压比为

$$T_{\text{A2W}} = 2 \times \frac{1.54 \times 10^6}{1.54 \times 10^6 + 415} \approx 2$$

即垂直入射时，水中的声压大约是空气中声压的 2 倍。

声波从水中跨越水-空气介质传输到空气中，声压比为

$$T_{\text{W2A}} = 2 \times \frac{415}{1.54 \times 10^6 + 415} \approx \frac{1}{2000}$$

即垂直入射时，空气中的声压约为水中声压的 1/2000。

因此，海洋生物(如鲸类和海豚)比人类更容易听到空气中的声音。因为声音几乎不从水中传播到空气中，所以可以说，在空气中，水的声压几乎为零。

水-空气界面也因此被称为降压界面或软界面。假设 $P_t = 0$，方程(1.72)表明 $P_r = -P_i$，即表面反射波的压力函数相对于入射信号是反向的(相位相差 180°)。

1.4.3　海底界面

海水中的声传播一般受到海面、海底界面的限制。然而海面在大多数情况下被当成"真空"或全反射界面，海底界面需要根据具体情况进行分析。

一般来说，海底特征用海底密度、海底声速、压力衰减以及横波(表 1.4)来描述。对于固体材料，横波是比较典型的特征，固体材料中声波的传播也可能是由传播方向横向振动产生的，在液体和气体中不存在横波。

需要注意的是，表 1.4 中给出的参数值仅具有参考性。当长距离传输声音时，

声传播过程与海底的交互越来越多，应充分结合地面真实信息建立特定的地声模型。

表 1.4　典型海底特征类型(Jensen et al., 2000)

类型	密度 ρ/(kg/m³)	纵波速度 c_p /(m/s)	纵波衰减系数 a_p / (dB/λ_p)	横波速度 c_s /(m/s)	横波衰减系数 a_s / (dB/λ_p)
淤泥	1700	1575	1	$80\,z^{0.3}$	1.5
砂砾	2000	1800	0.6	$180\,z^{0.3}$	1.5
石灰岩	2400	3000	0.1	1500	0.2
玄武岩	2700	5250	0.1	2500	0.2

注：z 为淤泥和砾石层的厚度；衰减系数与波长有关，反映了其频率依赖性。

实例 1.6　方程(1.80)表明在某些情况下界面会产生全反射和相移。利用石灰岩的底部特征，对确定全反射的发生和相移具有指导意义。

MATLAB 代码

```
%Scr1_4
th1=0:90;
%水
rho1=1000;
c1=1500;
% 石灰岩
rho2=2400;
c2=3000;
%
arg1=real(rho1*sqrt((c2*sin(th1*pi/180)).^2-c1.^2));
arg2=rho2*c2*cos(th1*pi/180);
phi=atan2(arg1,arg2)*180/pi;

figure(1)
plot(th1,phi,'k')
xlabel('入射角/(°)')
ylabel('相移/(°)')
title('石灰岩')
```

从图 1.6 中可以看出，入射角(图 1.4 中的 ϑ)大于 30°时会发生全反射，入射角为 70°时发生 45°的相移。当入射角小于 30°时，部分入射声音被反射，余下声能作为透射波进入第二层。在此情况下，反射波没有相移，但是随着全反射的产生(入射角大于 30°)，反射波开始产生相移。由于临界角与临界距离有关，若距离超出该临界距离，则反射波的相移会发生变化，导致任意的初始确定性信号会越来越随机化。

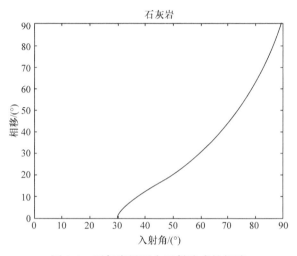

图 1.6　石灰岩界面全反射造成的相移

1.4.4　声吸收

声波在海洋中传播时总会遭受吸收损失，即声能从机械能转变为其他形式的能，海水中的吸收损失主要是由于实际流体响应压力波所需的时间有限。这个过程称为弛豫，可能是由于水的剪切黏度和化学分子（硫酸镁和硼酸）在盐水中的离子解离共同作用产生的。

学术界针对海洋中的声吸收进行了广泛的研究，把声吸收的经验公式写成随着频率、盐度、酸度、水深变化的函数。此类公式中最为完备的是 François 和 Garrison(1982a，1982b)建立的一个经典公式，方程中声吸收的单位是 dB/km，公式如下：

$$\alpha_f = A_1 P_1 \frac{f_1 f^2}{f_1^2 + f^2} + A_2 P_2 \frac{f_2 f^2}{f_2^2 + f^2} + A_3 P_3 f^2 \tag{1.81}$$

式中，频率 f 的单位是 kHz。方程中硼酸 $(B(OH)_3)$ 部分表示为

$$A_1 = \frac{8.86}{c} 10^{0.78pH-5}$$

$$P_1 = 1$$

$$f_1 = 2.8 \sqrt{\frac{S}{35}} 10^{4 - \frac{1245}{273+T}}$$

硫酸镁(MgSO$_4$)部分表示为

$$A_2 = 21.44 \frac{S}{c}(1 + 0.025T)$$

$$P_2 = 1 - 1.37 \times 10^{-4} z + 6.2 \times 10^{-9} z^2$$

$$f_2 = \frac{8.17 \times 10^{8 - \frac{1990}{273+T}}}{1 + 0.0018(S - 35)}$$

纯水黏滞系数表示为

$$A_3 = 4.937 \times 10^{-4} - 2.59 \times 10^{-5}T + 9.11 \times 10^{-7}T^2 - 1.50 \times 10^{-8}T^3, \quad T \leqslant 20℃$$

$$A_3 = 3.964 \times 10^{-4} - 1.146 \times 10^{-5}T + 1.45 \times 10^{-7}T^2 - 6.6 \times 10^{-10}T^3, \quad T > 20℃$$

$$P_3 = 1 - 3.83 \times 10^{-5} z + 4.9 \times 10^{-10} z^2$$

被动声学监测系统关注的一些频率是 100Hz、1kHz、15kHz、40kHz 和 100kHz，对应的衰减系数分别是 0.0007dB/km、0.05dB/km、1.6dB/km、9.5dB/km、41dB/km(Scr1_5 MATLAB 代码)。

MATLAB 代码

```
%Scr1_5
f=[0.1 1 15 40 100]; %frequency in kHz
%
T=20; % 温度，单位为℃
S=38; % 盐度，单位为 PSU
Z=0; % 深度，单位为 m
L=42; % 纬度，单位为°
pH=8; % 海水的 pH 值
%
% 声速(m/s)
c=Leroy(T,S,Z,L);
%
% 单位为 dB/km
FrancoisGarrison(f,T,S,Z,c,pH)
```
给定盐度、温度、深度后，可以得到一个仅随频率变化的简单声吸收公式。

例如，盐度为 38PSU 、深度为 0m、温度为 20℃时，可得出如下公式：

$$\alpha_f = \frac{0.27f^2}{2.7+f^2} + \frac{106f^2}{17400+f^2} + 2.2\times10^{-4}f^2 \tag{1.82}$$

式中，频率 f 的单位为 kHz 。

1.5　信号、噪声及干扰

到目前为止，可以将声音信号看成一种独立的信号。然而，在被动声学监测系统中，声音可能由信号、噪声和干扰组成。

通过被动声学监测系统接收通过声音传递的信息。噪声和干扰是不想收到的声音信号，通常噪声和干扰会降低识别目标信号的能力。干扰是像信号一样的声音，但这种声音却不是被动声学监测系统所关心的。信号和干扰的区分依赖于具体应用场景。

对于鲸类动物的被动声学监测系统，可以将所有鲸类动物的声音(如嘀嗒声、哨声、叫声)视为目标信号，将所有非鲸类动物的声音(如捕虾声)或人为声音(回声测深仪)视为干扰信号。

噪声一词在声学书籍中没有合适的定义，一般指不需要的声音。本书噪声一词仅用来描述随机变化的声音，与干扰不同。这种区分是合理的，因为使用不同的信号处理技术来检测信号与噪声，并在干扰信号存在的情况下对信号进行分类，随机噪声一直存在，但干扰不一定一直存在。干扰有时会成为一个主要影响因素，根据被动声学监测系统的性能，鲸类动物的声音也可能被视为干扰信号。例如，在海豚嘀嗒声干扰下，喙鲸的探测分类性能会下降。一些被动声学监测系统甚至会把来自同种个体的声音当成干扰，以此导致系统性能下降，这种系统固有的模糊性导致需要仔细区分接收的信号和干扰。

1.5.1　信号

去除波动函数中的距离相关项，可以把平面波声压公式写为

$$P(t) = A(t)\cos\{2\pi f(t)t + \varphi(t)\} \tag{1.83}$$

信号是携带信息的声波，这些信息可编码在振幅 $A(t)$ 、频率 $f(t)$ 或者相位 $\varphi(t)$ 函数中。

一般来说，$A(t)$ 在时间上是有限的，一般情况下假设：

$$A(t) = 0, \quad t < 0 \ \text{或} \ t > T \tag{1.84}$$

信号频率 $f(t)$ 也可能携带信息，假设频率为正且有上限，则

$$f(t) > 0 \text{ 且 } f(t) < F_{\max} \tag{1.85}$$

式中，$F_{\max}$ 为信号的最大频率。

信号相位 $\varphi(t)$ 范围为 $0 \sim 2\pi$，可用于信息相关的相位调制。

信息用幅度 $A(t)$ 编码称为幅度调制(amplitude modulation，AM)，调制后的信号称为调幅信号；信息用频率编码称为频率调制(frequency modulation，FM)，调制后的信号称为调频信号。尽管人造声呐实现了 AM 或 FM，但对于生物信号，这样并不容易区分，因为在几乎所有的生物信号中，AM 和 FM 的情况均存在。鲸类声音涵盖多种 AM 和 FM 信号，第 2 章将详细介绍。对信息进行编码的另一种方案是相位调制，它也可以用频率调制进行表示。

1.5.2　噪声

噪声被认为是随机变化的声音。噪声可通过随机变化信号的振幅 $A(t)$、频率 $f(t)$ 或相位 $\varphi(t)$ 波动产生。通常自然噪声的一个重要特征是它并非来源于单一声源，而是由大量不同频率、不同幅度、不同相位的声波构成的。噪声起伏的原因主要有大量噪声源、海洋中声波与海洋边界的反复相互作用以及声速分布的空间变化。噪声可以被随机过程进行描述，用基本的统计分布可以对它进行直观描述。高斯分布可写为

$$f(a) = \frac{1}{\sqrt{2\pi}\sigma} \exp\left\{-\frac{1}{2}\left(\frac{a - a_0}{\sigma}\right)^2\right\} \tag{1.86}$$

在一般统计学中，这种分布对噪声现象的描述很有意义，即使它的优点更多地与它的易于使用有关，而不是与它对噪声过程的准确描述有关。经验上，一般噪声从来都不是真正完美的高斯噪声。

关于窄带噪声，其幅度的统计分布可由随机相位调制后的一系列正弦波之和表示：

$$P(t) = A_0 \exp\{\mathrm{i}(\omega t + \varphi_0)\} = \sum_{n=1}^{N} A_n \exp\{\mathrm{i}(\omega t + \varphi_n)\} \tag{1.87}$$

这里使用复指数形式表示声波，并将 φ_n 看成 $0 \sim 2\pi$ 均匀分布的随机相位。

通过设定 $t = 0$，去除时间项 $\exp\{\mathrm{i}\omega t\}$，可以得到

$$P(0) = P_1 + \mathrm{i}P_2 \tag{1.88}$$

式中，P_1、P_2 分别为

$$P_1 = \sum_{n=1}^{N} A_n \cos\varphi_n$$

$$P_2 = \sum_{n=1}^{N} A_n \sin\varphi_n \tag{1.89}$$

当信源数 N 取无穷大时，P_1 和 P_2 逐渐变成均值为 0、方差为 $\sigma^2 = \sum_{n=1}^{N} A_n^2$ 的高斯变量。

变量 $P_2 = |P(0)|^2 = P_1^2 + P_2^2$ 遵循卡方分布，具有两个自由度，因此幅度 $P = \sqrt{P_1^2 + P_2^2}$ 的分布可以写为

$$f(P) = \frac{P}{\sigma^2} \exp\left\{ -\frac{1}{2}\left(\frac{P}{\sigma}\right)^2 \right\} \tag{1.90}$$

方程(1.90)也可以称为瑞利分布。

振幅值(瑞利分布的峰值) $P_{\text{peak}} = \sigma$；平均幅度 $\langle P \rangle = \sigma\sqrt{\dfrac{\pi}{2}}$；振幅的方差 $\text{var}(P) = \sigma^2\left(2 - \dfrac{\pi}{2}\right)$，可以得到变异系数 CV 为

$$\text{CV} = \frac{\text{var}(P)}{\langle P \rangle^2} = \frac{4 - \pi}{\pi}$$

瑞利分布在水声领域被广泛用于描述噪声的振幅起伏变化，在提升被动声学监测系统的检测性能上发挥着重要的作用。

第 2 章　鲸类动物叫声

本章包括两方面内容：一方面介绍本书的研究对象，即不同鲸类动物的叫声；另一方面介绍描述不同类型声音的方法。本书提供了 MATLAB 脚本程序，读者可通过调整参数，观察结果的差异，进而学习信号表征和信号处理方法。

鲸类动物叫声按功能可分成两大类，就被动声学监测而言，通常将鲸类动物叫声分为回声定位嘀嗒声和通信信号。

典型的回声定位嘀嗒声是齿鲸在觅食时发出的，这种声音是高强度的短脉冲，具有很强的指向性，用于食物定位。典型的通信信号是海豚、须鲸等发出的哨声或复杂叫声序列，通信信号一般是调频信号或脉冲信号，其频谱多维变化，且指向性一般较低。然而，这两类信号是从主要功能的角度进行区分的，某些时候回声定位信号也可以用于通信。

下面主要介绍鲸类动物嘀嗒声的时域和频域表征方法、调频和脉冲叫声等的时频联合分析方法，以及回声定位信号的指向性和鲸类动物叫声的声源级。

2.1　鲸类动物分类

鲸类动物由齿鲸亚目(Suborder Odontoceti)和须鲸亚目(Suborder Mysticeti)构成，包括鲸类、海豚和鼠海豚，进一步按科分类，如海豚科(Delphinidae)或喙鲸科(Ziphiidae)。在科类，鲸类动物又被分成属、种。例如，常见的瓶鼻海豚又称宽吻海豚(*Tursiops truncatus*)，属于海豚科，齿鲸亚目。尽管分类学尝试把相关种群分组并关联起来，但是遗传学等学科的发展又不断地给鲸类动物的分类带来新的难题。有关基因分类的研究工作可以参考相关文献(Henshaw et al., 1997; Dalebout et al., 2001; Arnason et al., 2004; Morisaka and Connor, 2007)。

在多数情况下，对鲸类动物进行目测就足以实现到种属层次的分类，有时甚至可以进一步实现对个体的识别，识别出以前检测到的特定个体。这种识别要求个体有便于后期重复识别的独特特征或标记，大多通过摄影文件记录实现(照片ID)。然而，分类到种的层次很难，一般仅分类到属或科的层次(如喙鲸科)。

2.2　鲸类动物叫声分类

基于不同的需求，鲸类动物会发出各种不同类型的叫声。虽然鲸类动物分类一直受到新科学发现(如遗传分析)的挑战,但整体上已逐渐形成了分类体系。然而,鲸类动物叫声的分类却仍旧很难。它们会发出呜咽声(moan)、嘟哝声(grunt)、尖叫声(shriek)、敲打声(knock)、重击声(thump)、短枪声(shot-gun)、咯吱声(creak)、嗡嗡声(buzze)、嘀嗒声(click)、脉冲声(pulse)、上扫频或下扫频呼叫声(up or down call)、嗒嗒声(ratchet)、喇叭声(trumpet)等,这些声音类型是人们根据听觉的直观感受定义出来的,并不是严格的声音分类。虽然各类叫声的名称并不重要,但是鲸类动物叫声往往具有种群特征,各类叫声都需要单独进行分析。

首先,可以通过功能或声学特征来对鲸类动物叫声进行分类。从功能上看,最直观的就是通信声音,用于同一种群或不同种群间的沟通;此外,鲸类还利用声音做回声定位,用于探测附近的猎物或其他水下目标。从声学特征上看,声音可分为周期性的信号,如调频信号;或者是非周期性的信号,如类似脉冲的信号。然而,鲸类动物叫声的功能和声学特性并不是一一对应的,既有脉冲用作通信的情形,也有短哨声用作回声定位的情形。

2.2.1 回声定位信号的一般特征

回声定位是利用动物声音的回波来估计目标的位置、距离和方向。回声定位的概念于 20 世纪 50 年代由 Griffin(1958)提出,用于描述蝙蝠对超声波嘀嗒声的应用现象,现在也适用于鲸类动物。到目前为止,只有齿鲸具有公认的回声定位能力。

用于回声定位的声音应满足一些基本要求,回声定位声音必须支持对目标距离的估计,同时支持对目标角度进行估计(包括方位角和仰角),基于这些必要的角度才能定位目标。

回声定位要求物体能够将入射的声信号反射回声信号的发送者,回波的能量主要取决于目标尺寸、声学特性和所用频率。一般来说,只有少部分入射的声能从目标反射到发射回声定位信号的动物,反射声波与入射声波的强度比称为目标强度。

目标距离的估计一般通过测量声脉冲从动物到目标之间往返所需要的时间来实现,动物必须能够接收返回的声音,并且需要在回声从目标返回之前一直保持静默。然而,菊头蝠是个例外,菊头蝠会发出恒频(constant frequency,CF)的回声定位信号,该信号的持续时间很长,即使在接收回声时,也依旧在发声。但是,目前还没有发现鲸类动物具有这种边听边发的能力,当目标距离超出两次连续嘀嗒声的间隔时,鲸类动物就无法准确估计出距离。

角度的估计可以通过三种方式实现:使用一个全向发送器和一个定向接收器、使用一个定向发送器和一个全向接收器或者使用一个定向发送器和一个定向接收器。鲸类动物和所有哺乳动物一样是双耳动物,具有一个定向接收器,耳朵的角分辨率受两耳间距离限制。因此，所有能够回声定位的鲸类都通过发出窄带声束来提高系统的角分辨率，分辨能力会受到鲸类动物头部尺寸的限制。

2.2.2　通信信号的一般特征

直观地说，通信是声音最明显的用途。一般来说，通信是从一个个体向另外一个个体传递有利于发送者、接收者或对双方都有利的信息。虽然在声通信中，信息是编码在声音信号中的，但是鲸类是否理解声音中传递的信息量仍饱受争议。信号传输的环境和动物的行为状态都会影响传递的信息，信号发送者或接收者的目的也会进一步影响信息的内容。

在嘈杂或复杂的环境中，动物需要增加发送信号的复杂度，获得足够的冗余，才能将信息传送到接收方。对于远程通信，则需要降低通信速率，长时间传送简单的信号，减少通信信道所需的带宽，才能保证通信质量。

对于被动声学监测系统，无法预知通信信号的类型。信号类型可能有仅适合判定目标是否存在的短脉冲、用以提升种群凝聚力的固定哨声以及多功能的歌声。因此，为识别所有类型的鲸类动物通信信号，基于通信信号来检测和监控鲸类动物的被动声学监测系统必须足够灵活和稳健。

从声学角度来看，由于强指向性的信号只适用于发送者和接收者间的私人点对点通信，而海洋中，发送者和接收者的相对位置并不是固定的，因此通信信号的指向性一般比较弱，这样才能保证通信效果。动物头部产生的声音在通过动物的身体向后传播的过程中会逐渐衰减，因此后向的指向性一般更弱(如低于 6dB，强度比为 4)。如 1.5.1 节所述，用作通信信号的声音必须方便进行信息编码，而一个具有恒定频率和振幅的连续单频信号就不满足这个要求。

2.2.3　鲸类动物声音的一般表示

鲸类动物声音的类型丰富，没有一种方法可以表征所有鲸类动物的声音。仅从信息传递的角度，可以将方程(1.83)表示为

$$P(t) = A(t)\cos\{2\pi f(t)t\} \tag{2.1}$$

方程中省去了相位 $\varphi(t)$，统一用频率 $f(t)$ 表示。

第 1 章通过指定函数 $A(t)$ 和 $f(t)$，构建出声压函数 $P(t)$，得到了声音的一般表示(如方程(1.24)描述的伽博脉冲)。与此相反，要想将鲸类动物声音的录音描绘出来，就是在已知 $P(t)$ 的情况下，分析声音中的 $A(t)$ 和 $f(t)$。

2.3　鲸类动物声音的时域特性

描述鲸类动物声音最简单的方法是直接绘制声压测量结果，也就是如图 1.2

中对高斯脉冲的描述方式一样，将 $P(t)$ 按时间序列进行显示。这种形式最常见，适用于振幅变化较大的信号，所有鲸类动物嘀嗒声都属于这类信号。

2.3.1　喙鲸嘀嗒声

本书作者在地中海海域录制了一组鲸类动物嘀嗒声序列，如图 2.1 所示。图中展示了柯氏喙鲸(Cuvier's beaked whale)声音的声压随时间变化的函数。

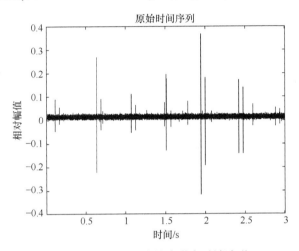

图 2.1　一组柯氏喙鲸嘀嗒声时域波形

这段录音由带有轻微直流偏置的连续噪声组成，同时噪声中多次出现明显的正负偏移量，表明存在一系列短瞬态现象，这些就是伴随着一系列表面反射的柯氏喙鲸回声定位嘀嗒声。轻微直流偏置是声音接收器的设置问题所导致的，通常在数据分析阶段会被消除。

图 2.1 绘制的声音数据长达 3s，无法展示单个嘀嗒声的细节。图 2.2 展示了局部放大后单个柯氏喙鲸嘀嗒声的声压函数。

图 2.2 表明，柯氏喙鲸嘀嗒声是由一系列的调幅振荡构成的，整个嘀嗒声持续长达约 200μs，包含 6 个强振荡。

MATLAB 代码

```
%Scr2_1
[xx,fs] = wavread('../Pam_book_data/zifio Select Scan.wav');
%
% 构造时间向量
```

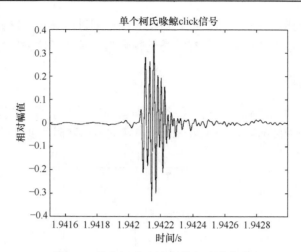

图 2.2　单个柯氏喙鲸嘀嗒声时域波形

```
tt = (1:length(xx))/fs;

figure(1)
clf,
plot(tt,xx,'k');
set(gca,'fontsize',12)
xlabel('时间/s')
xlim(tt([1 end]))
title('原始时间序列')

% 数据局部放大
tsel=tt>1.9415 & tt<1.9430;
tt1=tt(tsel);
xx1=xx(tsel);
% 去除直流偏置
bias=mean(xx1);

xx1=xx1-bias;

figure(2)
clf
plot(tt1,xx1,'k')
set(gca,'fontsize',12)
```

```
xlabel('时间/s')
xlim(tt1([1 end]))
title('单个柯氏喙鲸click信号')
```

该代码及后续代码使用了预设并行目录 pam_book_data 下的数据。通过 MATLAB 指令 dir ('../ Pam_book_data')显示该目录下所有文件,若文件位置不在此目录下,应自行调整代码。

2.3.2 海豚嘀嗒声

柯氏喙鲸嘀嗒声是相对较新的发现。事实上,人们通过置于柯氏喙鲸背部的声学记录仪(DTAG)(Johnson and Tyack, 2003)记录到柯氏喙鲸嘀嗒声(Zimmer et al., 2005a)。海豚被人们长期圈养在实验室环境下,并接受用于声学测试的训练(Au, 1993)。因此,海豚回声定位嘀嗒声已经得到了广泛的研究。图 2.3 展示了自由放养的瓶鼻海豚的嘀嗒声序列。由于 MATLAB 代码 Scr2_2 与 Scr2_1 内容类似,此处省略。如图 2.3 所示,每秒大约有 16 次振幅不同的嘀嗒声,振幅差异最大可达到 10 倍。根据振幅与接收声压的比例关系,这种振幅变化对应 20dB 的接收声压级差距。这种差距可能是发射声源级或相对位置关系的变化导致的,但在没有获得更多有关海豚行为信息的情况下,无法得出准确的结论。图 2.3 中还可以观察到缓慢振荡的背景噪声,每秒 8~9 个周期,这种无用的低频干扰通常是实验装置(如船引擎)存在低频振动导致的,在现场实验中普遍存在,后期将用滤波器消除。

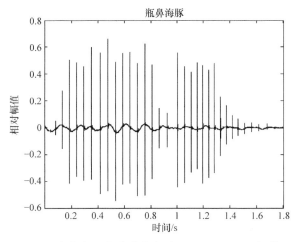

图 2.3 瓶鼻海豚的嘀嗒声序列(C. Bazua Duran 提供)

图 2.4 是图 2.3 的放大图,展示了一个非常短的 300μs 的嘀嗒声片段。实际上,

在一次强嘀嗒声之后，伴随着一系列较弱的嘀嗒声。所有嘀嗒声均十分短暂，仅有 2～3 次振荡，持续约 30μs。瓶鼻海豚嘀嗒声比图 2.2 中所展示的柯氏喙鲸嘀嗒声要短得多，类似于图 1.2 中的伽博脉冲。图 2.4 中第二个脉冲不仅振幅较小，而且还相位颠倒，即第一(主)脉冲，幅值开始为负，随后为正；第二个脉冲，幅值开始为正，随后为负。如 1.4.2 节所述，这种相位颠倒现象是典型的表面反射所导致的。第三个脉冲的形状又再次和主脉冲同相，表示有海底反射。直达波(第一脉冲)和表面反射、海底反射之间的间隔较短，说明该瓶鼻海豚数据是在浅水中记录的。

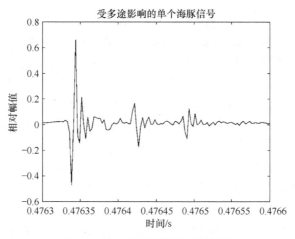

图 2.4　单个海豚嘀嗒声/多途脉冲

　　海豚是比较容易接触到的动物，因此目前有关水下生物声学的文献大多基于对海豚嘀嗒声的研究(Au，1993)。

2.3.3　抹香鲸回声定位嘀嗒声

　　除海豚外，抹香鲸也是被动声学监测重点研究的对象，抹香鲸总是发出长长的回声定位嘀嗒声(echolocation click)，如图 2.5 所示，这种声音也称为嘀嗒声序列。由于代码 Scr2_3 与 Scr2_1 类似，此处省略，所用数据来自附着在地中海抹香鲸背部的声学记录仪(Johnson and Tyack，2003)。

　　图 2.5 局部放大后如图 2.6 所示，从图中可以看出，每个抹香鲸嘀嗒声是由一系列间隔 3.7ms 的短脉冲构成的。这种多脉冲结构是抹香鲸嘀嗒声的典型特征，是抹香鲸特有的发声方式，也称为"弯角发声"(bent-horn sound generation)(Norris and Harvey，1972；Møhl，2001；Zimmer et al.，2005b；Zimmer et al.，2005c)，对此将在下一部分做更为具体的讨论。单个抹香鲸嘀嗒声内连续脉冲之间的距离

称为脉冲间隔(inter-pulse interval，IPI)，IPI 由声音两次穿过抹香鲸的鲸蜡器(spermaceti organ)所需要的时间决定。因此，抹香鲸的 IPI 与体长有关，可在相关文献中找到两组公式。

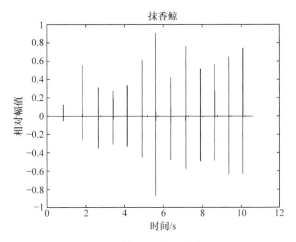

图 2.5　抹香鲸嘀嗒声序列

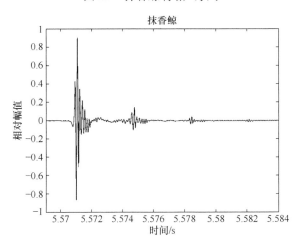

图 2.6　图 2.5 局部放大后抹香鲸嘀嗒声的细节

对于小型动物(IPI < 5ms)，有戈登公式(Gordon，1987)：

$$L = 4.833 + 1.453 \times \text{IPI} - 0.009 \times \text{IPI}^2$$

对于大型动物(IPI > 5ms)，则有莱茵兰德和道森公式(Rhinelander and Dawson，2004)：

$$L = 17.12 - 2.189 \times \text{IPI} + 0.251 \times \text{IPI}^2$$

式中，体长 L 的单位是 m；脉冲间隔 IPI 的单位是 ms。

本例中使用戈登公式，得到抹香鲸的体长为 10.2m，可以认为是一头幼鲸。

将图 2.6 中的第一个脉冲放大，如图 2.7 所示。注意到，单个脉冲大约由 7 个振荡组成，持续时间 1ms，同时前两个振荡的振幅升高，类似于海豚嘀嗒声(图 2.4)。

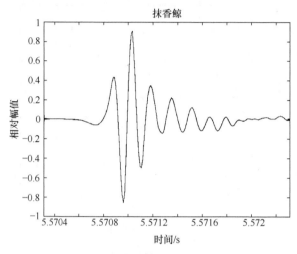

图 2.7　抹香鲸嘀嗒声的单脉冲

与图 2.4 中海豚嘀嗒声不同的是，单个海豚嘀嗒声后面伴随着的是多次边界反射后的脉冲，而抹香鲸嘀嗒声的多脉冲结构是抹香鲸自身反射造成的(图 2.6)。

2.3.4　从远处接收到的抹香鲸嘀嗒声

图 2.6 和图 2.7 展示了单个抹香鲸嘀嗒声和脉冲，但是这些数据是用附着在动物背部的数据记录仪记录的，数据并不一定和远处水听器所记录的声音特征相一致。

图 2.8 展示了同一头抹香鲸在不同时刻的 3 次嘀嗒声，水听器和抹香鲸的距离超过 1km。图中最上方的嘀嗒声是在动物前方记录的，中间的嘀嗒声是从该动物侧方记录的，最下方的嘀嗒声是从该动物后方记录的。不难看出，这只抹香鲸发出的也是具有多脉冲结构的嘀嗒声，但仍需要对图 2.8 的细节进行一些解释。

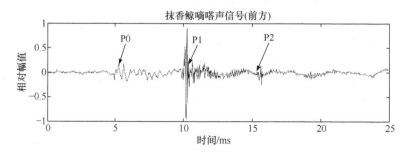

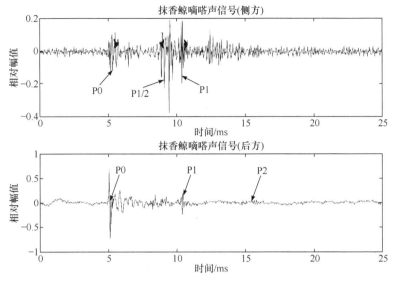

图 2.8　不同角度远距离记录的抹香鲸嘀嗒声

暂时不讨论抹香鲸声音产生原理的细节，图 2.6 和图 2.8 可以表明，多脉冲嘀嗒声的产生虽复杂，但并不神秘。根据公认的"弯角理论"(bent-horn theory)(Norris and Harvey，1972；Møhl，2001)，鼻尖的喷水孔将产生单脉冲，这一原始脉冲是向后传播的，只有少量声能会泄漏到水中(称为 P0)，大部分声能则会在颅内朝着前端气囊(frontal air sac)向后传播，声能在那里又被向前反射，反射能量的主要部分将会穿过位于鲸蜡器(spermaceti organ)下方的废脑油组织(junk)①，形成较强的声呐脉冲(称为 P1)，再从头部发射出去。剩余的声能会被反射到鲸蜡器中，并被鲸蜡器的远端气囊(distal air sac)再次反射到颅内，最终产生二次声呐脉冲 P2、P3 等，脉冲的强度会逐次降低。

如果接收器位于动物的前面(图 2.8 上)，会首先接收到较弱的 P0，接着是较强的声波 P1、较弱的 P2 等。

如果接收器位于动物的后面(图 2.8 下)，不会直接感受到强声波，仅能接收到后向声音能量，也就是 P0 或是留在鲸蜡器里面的以及从远端气囊反射回的一些残留脉冲。

假如接收器位于动物的一侧(图 2.8 中)，除了 P0 或 P1，还会接收来自前端气囊的反射(称为 P1/2)(Zimmer et al.，2005b)。鲸蜡器的边界通过来回反射声波促进了抹香鲸嘀嗒声的多脉冲结构的产生，但也导致抹香鲸嘀嗒声的能量分布是和几何结构相关联的。Pavan 等(1997)和 Teloni 等(2007)提出了稳健的根据嘀嗒声数据

———————————
① 废脑油是位于抹香鲸鲸蜡器下方的水晶状脂肪块，因为它们隐藏在较深的内部，不容易获取，因此称为"废脑油"。在发声机制上，抹香鲸的废脑油组织与其他齿鲸的额隆(melon)同源，具有声音透镜的功能。

估计特征参数 IPI 的方法。

2.3.5　抹香鲸咔嗒声

抹香鲸不仅发出回声定位嘀嗒声，还会发出固定模式的嘀嗒声序列，这种序列称为咔嗒声(coda)。如图 2.9 所示，咔嗒声是多次重复的短嘀嗒声序列。

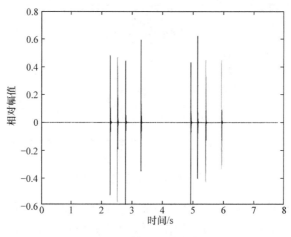

图 2.9　抹香鲸咔嗒声

到目前为止，尚未记录到抹香鲸独自发出咔嗒声的现象，因此人们认为，抹香鲸咔嗒声是用于抹香鲸之间通信的信号。图 2.9 展示了记录于地中海的"3＋1 咔嗒声"(Pavan et al.，2000)。和通信信号一样，在不同地理区域，咔嗒声的实际模式会发生变化(Watkins and Schevill，1977；Weilgart and Whitehead，1997)。

图 2.10 表明,咔嗒声也呈现出图 2.6 中常规嘀嗒声中包含的典型多脉冲结构。尽管脉冲间隔(IPI)还是 3.7ms，但有两处显著的差异：首先，咔嗒声的连续脉冲之间的振幅差异较小；其次，在能分辨出的脉冲之间还存在额外声能。这两处差异都是抹香鲸鲸蜡器中增强的回响现象所导致的，类似于图 2.8 中的内部反射。抹香鲸可能有意识地去调整鲸蜡器的形状，通过减弱发射指向性等方式提高通信能力，从而导致了这种回响的增强现象，回响的增强也使得抹香鲸咔嗒声有一种金属质感。

抹香鲸嘀嗒声的复杂性，为嘀嗒声的最优检测带来了挑战。然而，这也为分类、跟踪和识别技术的发展提供了机遇。

2.3.6　港湾鼠海豚嘀嗒声

另一种鲸类嘀嗒声以港湾鼠海豚为代表。图 2.11 是典型的港湾鼠海豚嘀嗒声，

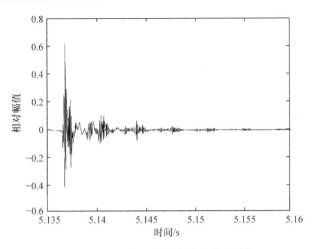

图 2.10　单个抹香鲸咔嗒声的脉冲结构

港湾鼠海豚嘀嗒声的持续时间比柯氏喙鲸嘀嗒声要短，但是振荡更频繁，这表明声音的频率更高。瓶鼻海豚和抹香鲸发出的是仅有几个周期的短脉冲，港湾鼠海豚发出的则是振荡周期数更多的长脉冲。因此，港湾鼠海豚嘀嗒声可看成窄带或者是单音嘀嗒声，而瓶鼻海豚和抹香鲸发出的脉冲则是更宽带的信号，这点将在后面章节中予以讨论。

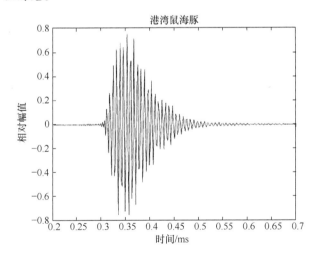

图 2.11　港湾鼠海豚嘀嗒声(Peter T. Madsen 提供)

2.3.7　嘀嗒声间隔

回声定位嘀嗒声的一个特别之处在于，它们是按照几乎规则的序列发送的。回声定位嘀嗒声序列(click trains)可以用嘀嗒声间隔(inter-click interval，ICI)来描述，它量化了同一只动物发出的嘀嗒声在时间上的分离程度。ICI 是一个统计学变量，可作为鲸类物种分类的特征。根据经验，抹香鲸的 ICI 为 0.5～2s(Whitehead and Weilgart，1990；Zimmer et al.，2003)，参见图 2.5；柯氏喙鲸的 ICI 为 0.3～0.4s(Johnson et al.，2004；Zimmer et al.，2005a)参见图 2.1；瓶鼻海豚嘀嗒声时间短一些，典型 ICI 值不超过 0.1s(Madsen et al.，2004b)参见图 2.3。

在研究海豚嘀嗒声脉冲序列时，文献中常常用 IPI 代替 ICI。但是，因为只有抹香鲸能发出多脉冲嘀嗒声，所以这两者并不容易混淆。因此，仅仅对于抹香鲸，术语 IPI 是指单次嘀嗒声中各个脉冲之间的时延，而对于所有其他鲸类和海豚，IPI 和 ICI 是可以互换使用的。

2.4　鲸类动物声音频域特性

图 2.2、图 2.4、图 2.7 和图 2.11 表明，鲸类动物嘀嗒声本质上是声波的振荡，自然要考虑声波的振荡频率 $f(t)$。确定该振荡频率的方法有很多种。通过观察图 2.2 中波峰出现的次数，可以得出连续振荡之间的平均时间为 0.0248ms，信号频率为 40.3kHz。而观察港湾鼠海豚嘀嗒声(图 2.11)，可以得出平均时间为 0.0071ms，信号频率为 140.4kHz。

手动测频的 MATLAB 代码

```
% 使用"ginput"切换到输入模式
% 将十字线移动到极值点
% 按下右键
% 对六个主振荡重复此步骤
% 按回车键终止
gg=ginput;
tm=gg(:,1);
dt=mean(diff(tm));
fr=1/dt
```

2.4.1　频谱分析

人工测频方法并不准确，因此仅适合对单个波形快速地做初步判断。更为标准的方法是进行傅里叶分析，并从傅里叶频谱中估计频率。傅里叶分析是数学和物理领域的主要分析工具(Papoulis，1962)。

1. 傅里叶变换

在形式上，傅里叶分析或傅里叶变换定义为以下积分：

$$F(\omega) = \int_{-\infty}^{\infty} P(t) \exp\{-\mathrm{i}\omega t\}\mathrm{d}t \qquad (2.2)$$

式中，$P(t)$ 为声压；ω 为傅里叶变换的角频率。

傅里叶频谱定义为傅里叶变换绝对值的平方：

$$S(\omega) = |F(\omega)|^2 \qquad (2.3)$$

尽管傅里叶积分(方程(2.2))理论具有重要的地位，但现在很少用它来估计频谱(方程(2.3))，仅在绝对可积的情况下才使用。伽博脉冲就是这种非平凡(non-trivial)的特例。

实例 2.1 方程(1.24)的伽博脉冲，可以写为

$$P(t) = P_0 \exp\left\{-\frac{\lambda_0^2}{8\pi^2\sigma^2}(\omega_0 t - k_0 r)^2\right\}\cos\{\omega_0 t - k_0 r\} \qquad (2.4)$$

在傅里叶变换之前，引入一个新变量 $x = \omega_0 t - k_0 r$，从而 $t = \dfrac{x + k_0 r}{\omega_0}$，$\mathrm{d}t = \dfrac{\mathrm{d}x}{\omega_0}$，傅里叶变换变为

$$F(\omega) = P_0 \int_{-\infty}^{\infty}\left(\exp\left\{-\frac{x^2}{2k_0^2\sigma^2}\right\}\cos x\right)\exp\left\{-\mathrm{i}\frac{\omega}{\omega_0}(x + k_0 r)\right\}\frac{\mathrm{d}x}{\omega_0} \qquad (2.5)$$

或者利用 $\cos\alpha = \dfrac{\exp\{\mathrm{i}\alpha\} + \exp\{-\mathrm{i}\alpha\}}{2}$，得

$$\begin{aligned} F(\omega) = &\frac{P_0}{2\omega_0}\exp\left\{-\mathrm{i}\frac{\omega}{\omega_0}k_0 r\right\}\int_{-\infty}^{\infty}\exp\left\{-\frac{x^2}{2k_0^2\sigma^2} - \mathrm{i}\left(\frac{\omega}{\omega_0} - 1\right)x\right\}\mathrm{d}x \\ &+ \frac{P_0}{2\omega_0}\exp\left\{-\mathrm{i}\frac{\omega}{\omega_0}k_0 r\right\}\int_{-\infty}^{\infty}\exp\left\{-\frac{x^2}{2k_0^2\sigma^2} - \mathrm{i}\left(\frac{\omega}{\omega_0} + 1\right)x\right\}\mathrm{d}x \end{aligned} \qquad (2.6)$$

积分现具有以下形式：

$$\int_{-\infty}^{\infty}\exp\{-ax^2 - \mathrm{i}bx\}\mathrm{d}x = \sqrt{\frac{\pi}{a}}\exp\left\{-\frac{b^2}{4a}\right\}$$

方程中，$a = \dfrac{1}{2k_0^2\sigma^2}$，$b = \dfrac{\omega}{\omega_0} \mp 1$，傅里叶变换(方程(2.6))变为

$$F(\omega) = \frac{P_0}{2\omega_0}\exp\left\{-\mathrm{i}\frac{\omega}{\omega_0}k_0 r\right\}\sqrt{2\pi}k_0\sigma$$

$$\cdot \left[\exp\left\{ -\frac{k_0^2 \sigma^2}{2} \left(\frac{\omega}{\omega_0} - 1 \right)^2 \right\} + \exp\left\{ -\frac{k_0^2 \sigma^2}{2} \left(\frac{\omega}{\omega_0} + 1 \right)^2 \right\} \right]$$

或进一步简化为

$$F(\omega) = \frac{P_0}{2} \frac{\sqrt{2\pi}\sigma}{c} \exp\left\{ -i\omega \frac{r}{c} \right\}$$

$$\cdot \left[\exp\left\{ -\frac{\sigma^2}{2c^2} (\omega - \omega_0)^2 \right\} + \exp\left\{ -\frac{\sigma^2}{2c^2} (\omega + \omega_0)^2 \right\} \right] \tag{2.7}$$

从最终结果(方程(2.7))可以看出，高斯脉冲的傅里叶变换由两个高斯函数之和构成，当 $\omega = \pm\omega_0$ (ω_0 为信号频率)时，取得最大值。

注释

$$\int_{-\infty}^{\infty} \exp\{ -ax^2 - ibx \} dx$$

$$= \int_{-\infty}^{\infty} \exp\left\{ -a \left[x^2 + \frac{ib}{a} x + \left(\frac{ib}{2a} \right)^2 - \left(\frac{ib}{2a} \right)^2 \right] \right\} dx$$

$$= \exp\left\{ -\frac{b^2}{4a} \right\} \int_{-\infty}^{\infty} \exp\left\{ -a \left(x + \frac{ib}{2a} \right)^2 \right\} dx$$

$$= \exp\left\{ -\frac{b^2}{4a} \right\} \sqrt{\frac{\pi}{a}}$$

2. 快速傅里叶变换

在以上实例中，通过直接积分得到高斯脉冲的傅里叶变换，这种做法仅适用于特定情况。在实际应用中，一般通过数值方法来估计信号的频谱。

快速傅里叶变换(fast Fourier transform，FFT)是估计时间序列傅里叶变换的标准数值方法(Brigham，1974)。FFT 是离散傅里叶变换(discrete Fourier transform，DFT)的一个快速算法，方程(2.2)中的积分用以下有限和替代：

$$F_m = \frac{1}{f_s} \sum_{n=0}^{N-1} P_n \exp\{ -i\omega_m n \} \tag{2.8}$$

式中，f_s 为时间序列 P_n 的采样频率。

DFT 使用的是对连续函数 $P(t)$ 采样后的 N 个离散样本 P_n, $n = 0,1,2,\cdots,$ $N-1$。假设 P_n 按时间 t_n 采样，则采样频率 f_s 就是两个连续样本之间时间差的倒数值。采样频率一般取常数，若时间差为 $dt = t_n - t_{n-1}$，则 $f_s = \dfrac{1}{t_n - t_{n-1}}$。

尽管 DFT 不受频率 ω_m 的限制，但在具体实现时，如 FFT，还是要用离散频率替代傅里叶变换的连续频率，即 $\omega_m = 2\pi \dfrac{m}{M}$，其中 $m = 0, 1, 2, \cdots, M-1$。根据复指数的周期性质 $\exp\{-i\omega_m n\} = \exp\{-i(\omega_m + 2\pi)n\}$，将频率限制在 $\omega_m = 0$ 和 $\omega_m = 2\pi$ 之间即可，或者也可以将离散频率数量限制在 $m = 0$ 和 $m = M-1$ 之间。

图 2.12 中分别对高斯脉冲进行傅里叶变换(方程(2.2))和用 FFT 快速方法实现 DFT(方程(2.8))，并将结果进行对比。细线表示傅里叶积分(方程(2.2))的闭合形式解，实点表示 FFT 结果。为方便观察，在图 2.12 中将 FFT 的值用直线(粗)连接，同时也证实傅里叶变换的结果与 FFT 在频点处计算的值一致。如图 2.12 所示，对 FFT 频点进行线性内插，不过是一种可视化工具，并不会产生有效的插值变换。

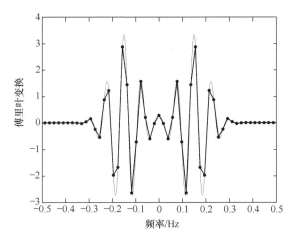

图 2.12　傅里叶变换(细线)和 FFT(粗线)的实部分量

MATLAB 代码

```
%Scr2_7
if ~exist('ifl'), ifl=1; end

%脉冲 FFT
r=20;    % 中心位置 (km)
c=1.5;   % 声速 (km/s)
lam=10;  % 信号波长 (km)
sig=4;   % 高斯脉冲宽度

% 信号频率 (Hz)
fo=c/lam;
```

```
omo=2*pi*fo;
```

%采样频率(Hz);

```
fs=10;
```
%时域采样

```
t=0:(1/fs):25;
```
% 采样后的高斯脉冲

```
Pt=exp(-1/2*((c*t-r)/sig).^2).* ...
        cos(2*pi*(c*t-r)/lam);
```

%傅里叶变换的频率向量

```
fa=-0.4:0.001:0.4;
```
% 圆周频率

```
oma=2*pi*fa;
```
%高斯脉冲的傅里叶变换

```
Fa=1/2*sqrt(2*pi)*sig/c*exp(-i*oma*r/c).* ...
    (exp(-sig^2/2*((oma-omo)/c).^2) ...
    +exp(-sig^2/2*((oma+omo)/c).^2));
```

% FFT 点数

```
if ifl==1
    nfft=256;
else
    nfft=512;
end
```
%调用 FFT

```
Fct=fft(Pt,nfft)/fs;
```
% 将零频分量移至中心

```
Fc=fftshift(Fct);
```
% FFT 的频率向量

```
fc=((0:nfft-1)/nfft-0.5)*fs;
```

%显示结果

```
figure(1)
hp=plot(fa,real(Fa),'k-',fc,real(Fc),'k*-',fc,real(Fc),
```

```
'ko');
    set(hp(2),'linewidth',2)
    xlim(0.5*[-1 1])
    xlabel('频率/Hz')
    ylabel('傅里叶变换')
```

3. FFT 调用说明

FFT 的最简单调用是 $y = $ fft(x)，其中 x 是时间序列，y 是 FFT 输出。假如时间序列的长度为 N，则 fft(x)估计的频率数也为 N。待估计的频率点数可以用 $y = $ fft(x, nfft)中第二个输入参数来指明，频率点数通常指定为 2 的整次幂(如 nfft = 128, 256, 512, 1024 等)。这是因为，当频率的数量是 2 的整次幂时，FFT 的计算更有效率。在 MATLAB 中实现 FFT 时，假如 nfft 小于时间序列 x 的长度，则 FFT 仅使用前 nfft 个样本，其余会被忽略。假如所要求的点数 nfft 大于向量 x 中的样本数量，则 FFT 会通过补零将向量 x 长度延拓至 nfft。

4. FFT 插值

如果想提高 FFT 的频率估计精度，从而更接近傅里叶积分的效果，只需要增加频率的数量，即增加 M(或 MATLAB 代码里面的 nfft)。如图 2.13 所示，使用与图 2.12 同样的 MATLAB 代码，但将频率点数增加至原来的 2 倍，即由 nfft=256 增加至 nfft = 512，从而更准确地估计出谱峰处的频点，获得更接近傅里叶积分的效果。

然而，提高频谱精度并不意味着提高频谱分辨率。要提高频谱分辨率，需要增加的是数据中的样本数量。像 FFT 插值一样对数据进行补零，并没有添加更多频谱信息，因此也无法从频谱中获得更多细节。

通过将采样频率降低为原来的 50%，即用 fs = 5 替换 fs = 10，可以得到类似的结果。如果频谱能量所在频段比采样频率低得多，就可以通过减小采样频率来提高频谱保真度。在图 2.13 的实例中，最大频率低于 0.4Hz，远远低于采样频率 10Hz。当采样频率和信号最大频谱范围(包括正负频率)相当时，这种重采样的方法就不再适用。

5. 奈奎斯特采样定理

换个角度来讨论频谱保真度，频谱分析仅当频率大于采样频率 1/2 的信号能量为零或可忽略不计时才有效，否则必须提高采样频率，这就是奈奎斯特采样定理。根据奈奎斯特采样定理，采样频率必须高于信号中存在的最大频率的 2 倍。

采样之前，数据需要经过低通滤波，以去除所有奈奎斯特频率(采样频率的 1/2)以上的频率成分。否则，所有在奈奎斯特频率以上的频谱能量将会被"折叠"(模数转换器采样混叠)到已测频谱中，"污染"所研究的频谱。第 10 章数据采集系统中关于如何选取采样频率的问题中将再次讨论这一条件。

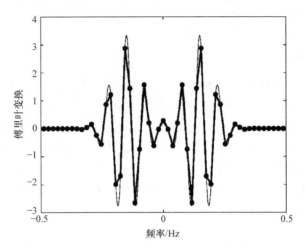

图 2.13　FFT 插值(类似于图 2.12，nfft = 512)

2.4.2　鲸类嘀嗒声的频谱

利用方程(2.3)可以估计出图 2.2、图 2.4、图 2.7、图 2.11 中鲸类嘀嗒声的频谱，如图 2.14 所示。实信号频谱是关于零对称分布的，正负频率的频谱相同，所以通常只显示正频率部分。为便于比较，图 2.14 中的频谱进行了峰值归一化，

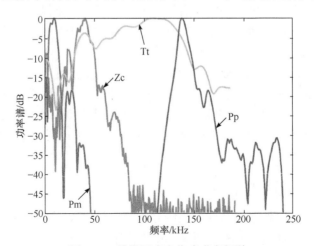

图 2.14　鲸类回声定位嘀嗒声频谱
Pm 代表抹香鲸，Zc 代表柯氏喙鲸，Tt 代表瓶鼻海豚，Pp 代表港湾鼠海豚

可以发现，4 个嘀嗒声的频谱在不同频率处达到峰值，柯氏喙鲸嘀嗒声的主频率为 39.75kHz，瓶鼻海豚嘀嗒声的频率主要集中在 107.67kHz，抹香鲸脉冲为 8.63kHz，港湾鼠海豚嘀嗒声为 137.70kHz。

MATLAB 代码

为生成图 2.14，首先编写一个支持函数，该函数将直接调用数据并执行 FFT，将其封装成单独的 MATLAB 函数以方便重复调用。支持函数(getSpectrum)后的代码用于读取单个嘀嗒声并绘图。

支持函数：

```
function [S,fc,x,fs]=getSpectrum(fname,nfft,xl)
%读取采样频率

[x,fs]=wavread(fname,1);
kfs=fs/1000;
[x,fs]=wavread(fname,round(xl*kfs));
%
% 调用 FFT
Fc=fft(x,nfft)/fs*2;
S=10*log10(Fc.*conj(Fc));
% FFT 的频率向量

fc=(0:nfft-1)/nfft*kfs;
```

生成图 2.14 的代码如下：

```
%Scr2_8
%FFT 点数
nfft=512;

fname1='../Pam_book_data/sw253a01_010719.wav';
sp1='Sperm whale'; xl1=10058+[0 1.5];
[S1,fc1,x1,fs1]=getSpectrum(fname1,nfft,xl1);
S1=S1-max(S1(2:end));
fname2='../Pam_book_data/zifioSelectScan.wav';
sp2='Cuvier''s beaked whale'; xl2=1942+[0 1];
[S2,fc2,x2,fs2]=getSpectrum(fname2,nfft,xl2);
S2=S2-max(S2(2:end));
```

```
fname3='../Pam_book_data/T0003217_scan_for_ranging.
wav';
   sp3='Bottlenose Dolphin'; xl3=476.3+[0 0.1];
   [S3,fc3,x3,fs3]=getSpectrum(fname3,nfft,xl3);
   S3=S3-max(S3(2:end));

   fname4='../Pam_book_data/Phocoena.wav';
   sp4='Harbor porpoise'; xl4=[0.2 0.7];
   [S4,fc4,x4,fs4]=getSpectrum(fname4,nfft,xl4);
   S4=S4-max(S4(2:end));

   ifr=2:nfft/2+1;
   figure(1)
   hp=plot(fc1(ifr), S1(ifr),'k-', ...
           fc2(ifr), S2(ifr),'k-', ...
           fc3(ifr), S3(ifr),'k-', ...
           fc4(ifr), S4(ifr),'k-','linewidth',2);
   set(hp(2),'color',0.5*[1 1 1])
   set(hp(4),'color',0.5*[1 1 1])
   ylim([-50 0])
   xlabel('频率/kHz')
   ylabel('功率谱/dB')
   legend('Pm','Zc','Tt','Pp',0);

   fmax1=fc1(find(S1(ifr)==max(S1(ifr))));
   fmax2=fc2(find(S2(ifr)==max(S2(ifr))));
   fmax3=fc3(find(S3(ifr)==max(S3(ifr))));
   fmax4=fc4(find(S4(ifr)==max(S4(ifr))));
   res=[fmax1,fmax2,fmax3,fmax4]
```

2.5　鲸类动物声音的时频联合分析

在 2.4 节中，鲸类动物声音的频谱分析无法体现频率随时间的变化。本节将对信号做进一步的时频联合分析。

2.5.1　理论背景

考虑如下形式的时间序列或信号:

$$P(t) = A(t)\cos\{2\pi f(t)t\} \tag{2.9}$$

接下来估计振幅 $A(t)$ 和频率 $f(t)$ 。

1. 短时傅里叶变换

描述时变信号的标准方法就是用短时傅里叶变换 $X(\omega, \tau)$ 估计频谱, 定义为

$$X(\omega, \tau) = \int_{-\infty}^{\infty} P(t)w(t-\tau)\exp\{-\mathrm{i}\omega t\}\mathrm{d}t \tag{2.10}$$

式中, $w(t-\tau)$ 为以时间 τ 为中心的窗函数; $P(t)$ 为方程(2.9)中定义的时间序列。

顾名思义, 短时傅里叶变换(short time Fourier transform, STFT)是对用窗函数 $w(t-\tau)$ 从时间序列中截取的一小段数据进行变换。对于在振幅和频率方面缓慢变化的信号, 短片段信号的特征接近恒频信号。

典型窗函数有汉宁窗(Hanning window)、汉明窗(Hamming window)和高斯窗(Gauss window), 定义如下:

$$w_{\mathrm{Hanning}}(t-\tau) = \frac{1}{2}\left[1 + \cos\left(\pi\frac{t-\tau}{\tau}\right)\right], \quad |t-\tau| < \tau \tag{2.11}$$

$$w_{\mathrm{Hamming}}(t-\tau) = \frac{1}{2}\left[1.08 + 0.92\cos\left(\pi\frac{t-\tau}{\tau}\right)\right], \quad |t-\tau| < \tau \tag{2.12}$$

$$w_{\mathrm{Gauss}}(t-\tau) = \exp\left\{-\frac{1}{2}\left(\frac{t-\tau}{\sigma}\right)^2\right\} \tag{2.13}$$

汉宁窗和汉明窗的定义区间是 $|t-\tau| < \tau$; 而高斯窗从形式上看仅受时间序列的长度限制, 但是一般来说, 离中心距离越远, 窗函数的值或者权重变得越小, 因此高斯窗要限制在 $|t-\tau| < 3\sigma$ 内。

图 2.15 展示了图 2.2 中柯氏喙鲸嘀嗒声的频谱。在该图中, 频谱取决于时间和频率两个维度, 并能很方便地以灰度编码图的方式得到呈现。在灰度编码图中, 亮度代表谱级(在图 2.15 中用 dB 表示)。图 2.15 表明, 柯氏喙鲸嘀嗒声以 $t = 0$ 、频率 $f = 40\mathrm{kHz}$ 为中心, 覆盖的时间跨度为 $-0.1 \sim 0.1\mathrm{ms}$, 频率跨度为 $20 \sim 60\mathrm{kHz}$。

图 2.16 展示了根据时间序列进行频谱分析的过程, 左侧展示了完整的时间序列, 并突出了用作傅里叶变换的汉宁窗片段, 其变换结果在右侧对应显示。从上到下, 这三幅图展示了在不同时刻($-0.05\mathrm{ms}$、$0\mathrm{ms}$、$0.05\mathrm{ms}$)使用窗函数的结果。

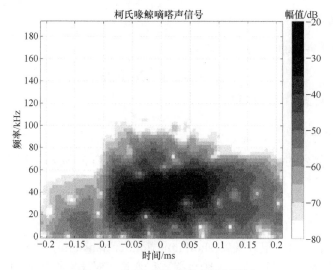

图 2.15　柯氏喙鲸嘀嗒声的频谱图

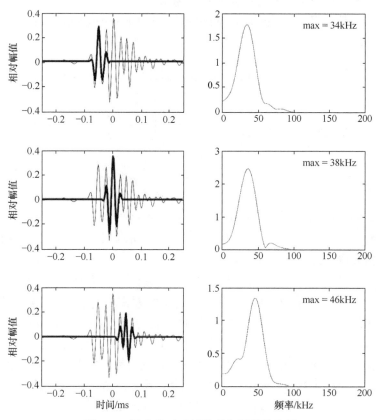

图 2.16　汉宁窗对时间序列和频谱的作用

虽然从图 2.15 中看已经非常直观了,但是图 2.16 这三幅图的频谱可以进一步表明,柯氏喙鲸嘀嗒声的频率从−0.05ms 时的 34kHz 到 0.05ms 时的 46kHz 变化缓慢。这种缓慢的频率变化(0.1ms 内仅 12kHz)是柯氏喙鲸回声定位嘀嗒声的典型特征(Zimmer et al.,2005a)。类似的扫频特征在柏氏中喙鲸(Blainville's beaked whale)(Johnson et al.,2004,2006)和杰氏中喙鲸(Gervais' beaked whale)(Gillespie et al.,2009)身上均有出现。回声定位嘀嗒声中需要包含多个周期的振荡才能测得频率的变化,而大多数海豚嘀嗒声并不符合这种情况。从振荡次数的角度看,抹香鲸脉冲的长度也不足以测出频率变化。港湾鼠海豚嘀嗒声长度足够,但频率没有明显变化。

生成图 2.15 和图 2.16 的 MATLAB 代码

```
%Scr2_9
[xx,fs] = wavread('../Pam_book_data/zifioSelect Scan.wav');
tt=(0:length(xx)-1)/fs;
fsk=fs/1000;
%
%提取单个嘀嗒声
dts=0.25;
tso=1.94215;
ts=tso+[-1 1]*dts/1000;
%
tsel=tt>ts(1) & tt<ts(2);
tt1=(tt(tsel)-tso)*1000;
xx1=xx(tsel);
bias=mean(xx1);
xx1=xx1-bias;
%
%频谱图
nfft=128;
%MATLAB 7.5
%[S, F, T, P] = spectrogram(xx1,hann(32),30,nfft,fsk);
%M=10*log10(abs(P));
%MATLAB 7.0
[B, F, T] = specgram(xx1,nfft,fsk,hann(32),30);
M=20*log10(abs(B));
```

```
%绘制频谱图
figure(1)
imagesc(T-dts, F, M); axis xy
grid on
colormap(1-gray(12))
cl=caxis;
caxis(-20+[-60 0])
%caxis(cl(2)+[-60 0])
hb=colorbar;
set(get(hb,'title'),'string','(dB)')

xlabel('时间/ms')
ylabel('频率/kHz')
title('柯氏喙鲸 click 信号')
```

%加窗

```
w1=[0*(1:62)'; hann(32); 0*(1:98)'];
z1=xx1.*w1;
w2=[0*(1:81)'; hann(32); 0*(1:79)'];
z2=xx1.*w2;
w3=[0*(1:100)'; hann(32); 0*(1:60)'];
z3=xx1.*w3;
```

% 获取 FFT 频谱

```
y1=abs(fft(z1));
y2=abs(fft(z2));
y3=abs(fft(z3));
```

% 构造频率向量

```
fr=(0:length(y1)-1)*fsk/length(y1);
ifr=fr<fsk/2;
```

% 获取谱峰位置

```
frmax1=fr(find(y1==max(y1),1,'first'));
frmax2=fr(find(y2==max(y2),1,'first'));
frmax3=fr(find(y3==max(y3),1,'first'));
```

%依次绘制各个片段的时域和频域图

```
figure(2)
set(gcf,'position',[100, 100, 560, 600])
subplot(321)
hp=plot(tt1,xx1,'k',tt1,z1,'k'); xlim(tt1([1 end]))
set(hp(2),'linewidth',2)
ylabel('相对幅值')
subplot(322)
plot(fr(ifr),y1(ifr),'k')
text(100,max(y1),sprintf('max = %.1f kHz',frmax1))
subplot(323)
hp=plot(tt1,xx1,'k',tt1,z2,'k'); xlim(tt1([1 end]))
set(hp(2),'linewidth',2)
ylabel('相对幅值')
subplot(324)
plot(fr(ifr),y2(ifr),'k')
text(100,max(y2),sprintf('max = %.1f kHz',frmax2))
subplot(325)
hp=plot(tt1,xx1,'k',tt1,z3,'k'); xlim(tt1([1 end]))
set(hp(2),'linewidth',2)
xlabel('时间/ms')
ylabel('相对幅值')
subplot(326)
plot(fr(ifr),y3(ifr),'k')
text(100,max(y3),sprintf('max = %.1f kHz',frmax3))
xlabel('频率/kHz')
```

生成频谱图的过程中，对 192 点的样本使用 32 点汉宁窗，首尾零点数有所不同。

2. 功率谱密度

在短时傅里叶变换中，需要研究使用窗函数对频谱产生的影响，也就是要弄清楚频谱值的真正意义。

根据傅里叶变换的定义(方程(2.2))，频谱为积分值，因此描绘的是信号的一些平均特性。为便于观察，使用以下具有单位 RMS 强度的纯正弦信号：

$$x_n = A_0 \cos(2\pi f t_n) \tag{2.14}$$

式中,振幅 $A_0 = \sqrt{2}$;频率 $f = 50\text{kHz}$;时间 t 在 $0 \sim 10-\text{d}t$ ms 范围内,采样间隔 $\text{d}t = 1/384\text{ms}$ 。这里使用三个窗函数,其中一个是矩形窗,不会产生样本数据的失真,其他两个窗函数为长度可变的汉宁窗,通过补零来调整长度。

按照方程(2.15)估计频谱:

$$S_m = \frac{\left| \sum_{n=1}^{N} x_n w_n \exp\left\{ 2\pi\text{i} \frac{(n-1)(m-1)}{N} \right\} \right|^2}{N \sum_{n=1}^{N} w_n^2} \tag{2.15}$$

式中, w_n 为选定的权重函数。用离散傅里叶变换的长度与窗乘积的平方和将加权离散傅里叶变换进行标准化。

上述处理结果如图 2.17 所示,可以看出,只有在使用矩形窗(样本序列未被修改)频谱图中才出现了尖峰,尖峰位置在 50kHz 处,达到 0dB,且其他频率处的值都可以忽略不计(图中–300dB 等效于 0 频谱级)。使用汉宁窗得到的频谱在 50kHz 频率附近出现宽峰,且有一些信号频率之外的残留频谱能量。

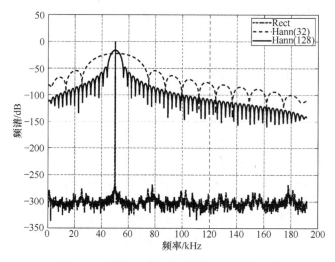

图 2.17　不同窗函数下频谱估计结果的比较

图 2.17 表明,尽管谱峰(方程(2.15))的位置表示信号的主频率,但是实际频谱数值 S_m 并非频谱功率,而是信号的功率谱密度。也就是说,通过对所有频率上的频谱数值 S_m 进行积分/求和,可以获得输入信号 x_n 的平均值或 RMS 密度。对于图 2.17 中的例子,各种窗函数下时间序列的相对 RMS 密度均为 1dB 或 0dB。对于矩形窗、32 点汉宁窗和 128 点汉宁窗,频谱的峰值分别为 0dB、–16.6dB 和

−22.7dB。

　　只有当信号为严格周期性信号，即信号的结束相位等于初始相位或信号是由频率相同的多个整周期信号组成时，才会产生如图 2.17 所示的陡峰。举个例子，即使用 50.01kHz 的信号叠加，就会使图 2.17 中的尖峰消失，取而代之的将是一条平稳上升的谱线，到 192kHz 处会从 0dB 上升至接近 100dB。

　　根据方程(2.15)，为获得有实际意义的频谱数值，必须至少如 MATLAB 中一样，针对窗函数的影响对 FFT 进行校正。然而，往往我们想要的是相对频谱值，这种情况下可以不进行校正。

　　绘制时频图时，使用较短的窗函数能提高时间分辨率，但会降低频率分辨率。如果将频率分辨率定义为峰值以下 3dB 处的峰宽(−3dB 带宽 $\Delta f_{-3\mathrm{dB}}$)，通过观察图 2.17，汉宁窗的频谱分辨率可通过以下方程近似得出

$$\Delta f_{-3\mathrm{dB}} \approx \frac{3}{2}\frac{f_{\mathrm{s}}}{N_{\mathrm{w}}} \tag{2.16}$$

式中，f_{s} 为采样频率；N_{w} 为汉宁窗点数。

　　频谱分辨力取决于有效窗长，也等价于傅里叶分析时的非零数据。但是，这与频谱精度不同，如前面讨论的插值 FFT，频谱精度可以通过补零来实现。

生成图 2.17 的 MATLAB 代码

```
%Scr2_10
%构造信号
Ao=sqrt(2); fs=384; fo=50.01; dt=1/fs; tmax=10;
tt=(0:dt:tmax-dt)';
xx=Ao*cos(2*pi*fo*tt);

%定义窗函数
wo=ones(floor(length(xx)),1);
w1=[hann(32); zeros(length(xx)-32,1)];
w2=[hann(128); zeros(length(xx)-128,1)];

%信号截断
zo=xx.*wo;
z1=xx.*w1;
z2=xx.*w2;
```

```
%估计谱能量
nfft=length(wo);
po=2*abs(fft(zo,nfft)).^2/(nfft*sum(wo.^2));
p1=2*abs(fft(z1,nfft)).^2/(nfft*sum(w1.^2));
p2=2*abs(fft(z2,nfft)).^2/(nfft*sum(w2.^2));

%绘图
fr=(0:nfft-1)*fs/nfft;
ifr=fr<fs/2;

figure(1)
plot(fr(ifr),10*log10(po(ifr)),'k:',...
     fr(ifr),10*log10(p1(ifr)),'k-',...
     fr(ifr),10*log10(p2(ifr)),'k','linewidth',2)
grid on
xlabel('频率/kHz')
ylabel('频谱/dB')
legend('Rect','Hann(32)','Hann(128)')
%RMS 值
rms_x=sqrt(mean(xx.^2));

%均方根
rms_so=sqrt(sum(po(ifr)));
rms_s1=sqrt(sum(p1(ifr)));
rms_s2=sqrt(sum(p2(ifr)));

%峰值
pko=max(10*log10(po(ifr)));
pk1=max(10*log10(p1(ifr)));
pk2=max(10*log10(p2(ifr)));

%均方根和峰值点
rms_x
[rms_so rms_s1 rms_s2]
[pko pk1 pk2]
```

2.5.2　海豚哨声

通过对喙鲸嘀嗒声进行时频联合分析得到了一些新的发现，但实际上，时频联合分析主要应用于海豚哨声、脉冲信号或鲸类歌声等真实调频信号或伪调频信号的分析上。

在多数情况下，哨声代表着海豚的存在。虽然嘀嗒声很容易在时域上识别，但哨声却很难通过此种方式侦测到。如图 2.18 所示，容易检测到有大约 10 个嘀嗒声，然而对 3 个噪声一样的声音进行局部放大后，才能识别出是调频信号。

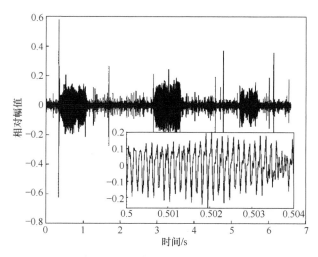

图 2.18　瓶鼻海豚哨声信号的时间序列(G. Pavan 提供)

对上述数据进行时频分析如图 2.19 所示，其中，汉宁窗的窗长 256 点，帧移(帧的重叠长度)192 点。图中处理的数据采样频率为 44100Hz，时长约 5.8ms；根据方程(2.16)，其频率分辨率为 0.26kHz，对此类数据的分析来说已经足够了，从图中可以清晰地分辨出多个调频信号。

尽管对海豚哨声的研究已经进行了很长时间，但似乎仍不能建立一种独特的哨声特征(Esch et al.，2009)。然而，从直观上看，哨声有一些基本的特征：信号长度、最小频率、最大频率、起止频率、连续信号之间的间隔等。

在生物声学领域，不同研究者会采取不同的方法将海豚哨声描绘得尽可能准确，从而进行物种分类，甚至个体识别。针对哨声分类，需要对前文中的频谱做进一步分析。图 2.19 中，在 0.7s 和 3.3s 附近，两处频率变化的调频信号非常相似，但 5.4s 附近的信号却很不一样。由于前两段哨声的频率调制非常类似，三段信号之间没有干扰，且具有相近的声压和持续时间(图 2.18)，因此可以认为这三段声音是同一个动物发出的。

两个重复信号(0.7s 和 3.3s)为相对简单的上扫信号，在 2 倍频处又出现了相同的信号。这些额外的信号都出现在倍频处，因此经常称为谐波，其中频率最低的信号称为基波或一次谐波，局部放大后如图 2.20 所示，另一个高频信号和原信号几乎是一致的，表明其确实是二次谐波，由此可以证明，图 2.19 中的高频信号确实是真正的谐波。

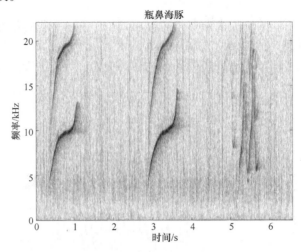

图 2.19　瓶鼻海豚哨声频谱

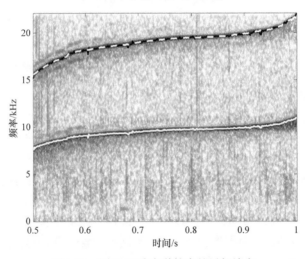

图 2.20　图 2.19 哨声谱轮廓的局部放大

白色实线为基频信号，白色虚线为二次谐波

　　谐波与泛音有关，但是次数的定义略有不同，可能出现一些混淆。二次谐波称为第一泛音，以此类推。

　　调频声音的自然产生过程中，普遍存在着谐波，不同谐波强度的差异使我们至少在人类之间能分辨出发声者，讲话声中的谐波也称为共振。

　　海豚哨声可能像图 2.19 中前两个哨声一样是重复的,也可能像图 2.21 一样是多变的,图 2.21 更详细地展示了图 2.19 中的第三段信号,图中再次出现了谐波,但是,这种特殊信号是由快变频的上扫和下扫信号组成的,这也是哨声难以被单一特征量描述的原因之一。显然,除了前文中提到的基本特征,还需要考虑频率变化的速率,或者信号频率在极值间变化的频次。

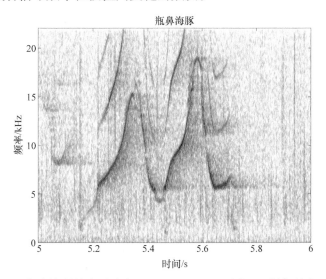

图 2.21　瓶鼻海豚的多环哨声(multi-loop whistle)(图 2.19 局部放大)

生成图 2.18、图 2.19 和图 2.21 的 MATLAB 代码

```
%Scr2_11
isel=1;

root='../pam_book_data/';

f=[];
ii=1; f(ii).name='T_t_short'; f(ii).title='T_truncatus';
f(ii).xl=[0 4];
ii=2; f(ii).name='S_coe_short'; f(ii).title='S_
coeruleoalba';
f(2).xl=[0 1.5];

fname=f(isel).name;
tname=f(isel).title;
```

```
xl=f(isel).xl;

xx=[];
[xx,fs]=wavread([root fname]);
xx=xx(:,1);
tt=(0:length(xx)-1)/fs;

[B, F, T]=specgram(xx-mean(xx),1024,fs, hann(256),192);

figure(1)
clf
h1=axes;
ax=get(h1,'position');
line(tt,xx-mean(xx),'parent',h1,'color','k');
h2=axes('parent',gcf,'position',[0.37 ax(2) +0.06 0.5
0.3]);
line(tt,xx,'parent',h2,'color','k'),xlim(0.5 +[0 4]/1000)

figure(2)
imagesc(T, F/1000,20*log10(abs(B))), axis xy
colormap(1-gray)

cl=caxis;
caxis(max(cl)+[-60 0])
xlabel('时间/s')
ylabel('频率/kHz')
title(tname,'interpreter','none')

figure(3)
imagesc(T, F/1000,20*log10(abs(B))), axis xy
xlim([5 6])
colormap(1-gray)
cl=caxis;
caxis(max(cl)+[-60 0])
xlabel('时间/s')
```

```
ylabel('频率/kHz')
title(tname,'interpreter','none')

return
```

生成图 2.20 的 MATLAB 代码

```
%Scr2_12
root='../pam_book_data/';

fname='T_t_short'; tname='T_truncatus'; xl=[0 4];

xx=[];
[xx,fs]=wavread([root fname]);
xx=xx(:,1);
tt=(0:length(xx)-1)/fs;

[B, F, T]=specgram(xx-mean(xx),1024,fs, hann(256),192);

P=abs(B);
isel=find(T>0.5 & T<1.0);
if1=F<12000;
if2=F>12000;
i1=0*isel;
i2=0*isel;
for ii=1:length(isel)
    [d,i1(ii)]=max(P(if1,isel(ii)));
    [d,i2(ii)]=max(P(if2,isel(ii)));
end

fr1=F(i1)/1000;
fr2=12+F(i2)/1000;

figure(1)
hold off
imagesc(T, F/1000,20*log10(abs(B))), axis xy
```

```
xlim([0.5 1.0])
colormap(1-gray)
cl=caxis;
caxis(max(cl)+[-60 0])
xlabel('时间/s')
ylabel('频率/kHz')
hold on
plot(T(isel),fr1,'w-',T(isel),2*fr1,'k-',T(isel),fr2,...
    'w--','linewidth',2)
hold off

return
```

这部分代码利用 MATLAB 中函数[B,F,T] = specgram(xx-mean(xx),1024,fs, hann(256),192)来估计频谱，但在新版本中函数替换为[S,F,T,P] = spectrogram (xx-mean(xx),hann(256),192,1024,fs)，类似于代码 Scr2_9。除了参数的顺序发生改变，还有一个很大的区别是频谱功率(单位为 dB)在第一段代码中用 20lg(abs(B)) 进行计算，而在新版本中频谱功率为 10lg(abs(P))。

2.5.3　脉冲呼叫

目前，已知海豚会发出嘀嗒声和哨声，即脉冲类声音和调频声音。从逻辑来看，在这两类声音之间似乎应该还存在着某种声音，这种声音实际上就是脉冲呼叫(pulsed call)。

图 2.22 展示了从地中海记录的一头长肢领航鲸的脉冲呼叫序列，这些脉冲呼叫是伴随着一系列谐波的调频信号。但是，第一谐波并不一定是主导谐波，或者说高阶谐波的强度可能并没有随着阶数的升高而减弱。

图 2.23 进一步表明，脉冲呼叫更像调幅信号，其中载波频率被类似正弦的声音所调制，产生图 2.22 特有的旁瓣结构。

1. 经验模态分解

为了更好地分析这种复杂信号，此处不使用傅里叶分析，而是应用黄氏经验模态分解(empirical mode decomposition，EMD)来将信号分解成一系列的振荡函数：

$$x(t) = \sum_{n=1}^{N} C_n(t) + R_N(t) \tag{2.17}$$

式中，$C_n(t)$ 为振荡函数，也称为本征模函数(intrinsic mode function，IMF)，该函数的特征是过零点的数量随着 n 的增加而减少，且最终 $R_N(t)$ 一般趋向非振荡态 (Huang et al.，1998；Flandrin et al.，2004)。

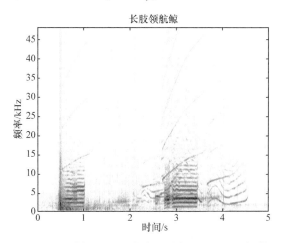

图 2.22　长肢领航鲸的脉冲呼叫序列(P. Tyack 提供)

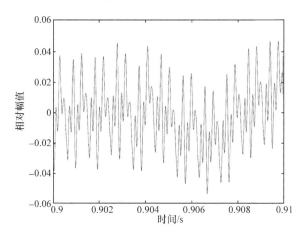

图 2.23　脉冲呼叫序列(图 2.22 的局部放大)

图 2.24 展示的是图 2.23 脉冲呼叫序列的分解。可以发现，振荡次数(当然也意味着过零点数)确实随着 IMF 数量的增加而减少。经验模态分解本质上是一种数据驱动(data-driven)的分析方法，对算法的详细说明请参考下面的 MATLAB 代码注释。

将每个 IMF 与原始时间序列(图 2.23)进行比较可以发现，解析基本的 IMF 序列比解析原始复杂信号要简单得多，体现了这种分解方法的优势，前三个 IMF(C1～C3)为简单振荡，具有循环特征，可以帮助人们理解声音产生的机制，甚至可以用来从脉冲呼叫中提取编码信息。

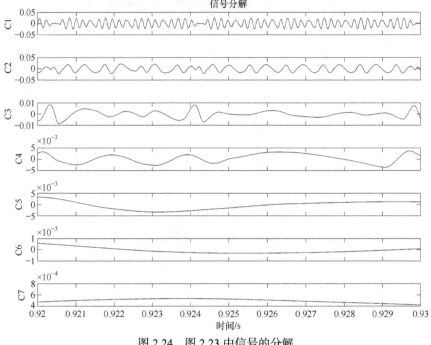

图 2.24　图 2.23 中信号的分解

　　信号分解清楚地表明，通过 C1 在 0.9243s 的零振幅点以及 C3 在该时刻的极值点，可以将这种特殊的脉冲呼叫分成 0.9205～0.9243s 和 0.9243～0.9299s 两部分，分别如 C1 和 C2 所示，这两部分均由几乎相同的调幅或调相信号构成。通过将这两个主模态合并起来，可以获得一个时间序列，如图 2.25 所示，该序列和原始脉冲呼叫比较接近。

　　经验模态分解是一种用于分析复杂时间序列的主流方法，能够帮助人们分析波形(这里指声音)的物理成因或信号所携带的信息。然而，经验模态分解在分析鲸类声音方面的应用却依旧十分有限(Adam，2006a，2006b)。

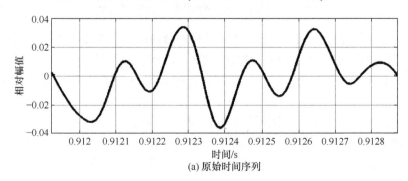

(a)原始时间序列

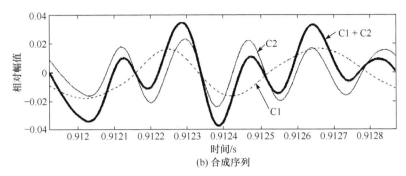

(b) 合成序列

图 2.25　主模态分解和单脉冲合成

经验模态分解的目的是将复杂的振荡时间序列分解成少量更为基本的时间序列，也就是本征模函数。将该方法与经典的傅里叶级数方法对比时，能够发现一定的问题。在经典的傅里叶分析中，周期信号被分解成一系列具有恒定振幅的三角函数：

$$x(t) = \sum_{n=1}^{N} [A_n \cos(2\pi f_n t) + B_n \sin(2\pi f_n t)] + R_N(t) \tag{2.18}$$

由于不限制分解成三角函数，经验模态分解似乎是一个更为一般化的方法。将原始时间序列(图 2.23)的功率谱与基础本征模函数 C1 以及前两个基础本征模函数之和(C1 + C2)的功率谱相对比，其对比结果如图 2.26 所示。从图中可以清楚地看出，C1 几乎是原始时间序列的高通滤波版，将高阶本征模函数添加到总和之中会不断引入更低频的成分。因此，可以认为经验模态分解是一种递归的高通滤波系统；此外，振荡次数(平均频率)随本征模函数阶次的升高而减少的特性也恰恰证实了这一点。

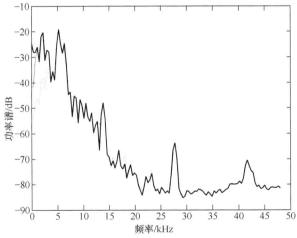

图 2.26　经验模态分解的频谱分析

灰线代表 C1，细实线代表 C1 + C2，粗实线代表原始信号序列

生成图 2.23～图 2.26 的 MATLAB 代码

```
%Scr2_14
root='../pam_book_data/';
fname='G_melasTag3'; tname='G_melas'; xl=[0.9 0.95];
    xl1=[0.92 0.93];
[xx,fs]=wavread([root fname]);
tt=(0:length(xx)-1)'/fs;
xsel=tt>xl(1) & tt<xl(2);
xx1=xx(xsel,1);
tt1=tt(xsel);
%
% 信号经验模态分解
Nimf=10;
iimax=100;

[C, R, N] = EMD(tt1,xx1, Nimf,iimax);

figure(1)
set(gcf,'position',[100 100 560 680]);
ifg=1;

plotEMD(ifg,tt1,C,N,xl1)

% 将本征模函数(IMF)与原始序列进行对比
xl3=0.91192+[0 0.00095];
figure(2)
subplot(211)
plot(tt1,xx1,'k','linewidth',2),xlim(xl3),grid
set(gca,'xticklabel',[])
subplot(212)
plot(tt1,C(:,1),'k'),xlim(xl3),grid
line(tt1,C(:,2),'color','k','linestyle','-'),xlim(xl3),
    grid
line(tt1,sum(C(:,1:2),2),'color','k','linewidth',2)
xlabel('时间/s')

% EMD 的谱分析
[Po, F]=psd(xx1,[],fs/1000);
```

```
P1=psd(C(:,1),[],fs/1000);
P2=psd(sum(C(:,1:2),2),[],fs/1000);

figure(3)

plot(F,10*log10(abs(Po)),'k','linewidth',2)
line(F,10*log10(abs(P1)),'color','k')
line(F,10*log10(abs(P2)),'color','k')
xlabel('频率/kHz')
ylabel('功率谱/dB')
```

绘图函数如下：

```
function plotEMD(ifg,tt,C,N,xl)
% 绘制本征模函数(IMF)
im=length(find(N>0));
figure(ifg)
for ii=1:im
    subplot(im*100+10+ii)
    plot(tt,C(:,ii),'k'), xlim(xl)
    ylabel(sprintf('C%d',ii))
    if ii<im, set(gca,'xticklabel',[]), end
    if ii==1, title('Signal decomposition'),end
end
xlabel('时间/s')
```

EMD 处理函数如下：

```
function [C,R,N] = EMD(tt,xx,Nimf,iimax)
%[C,R,N]=function EMD(tt,xx,jmax,imax)
% 信号经验模态分解
%
% 搜索时间序列极大值
locMax = @(x) ...
    1+find(x(2:end-1)>x(3:end) & x(2:end-1)> =x(1:end-2));
%
% 为残留 R 和 IMF C 预分配内存
R=zeros(length(xx),Nimf);
C=0*R;
```

```
% IMF 所需的迭代数记为 N
N=zeros(1,Nimf);
%
% 从原始时间序列开始
R(:,1)=xx;
for jj=1:Nimf-1 % 上限为 IMF 的数量减 1
    %
    x1=R(:,jj); % 剩余时间序列
    for ii=1:iimax %最多迭代 20 次获取本征模函数
        xo=x1; % 待处理的数据
        lmx=locMax(xo); % 搜索极大值点
        lmn=locMax(-xo); %搜索极小值点
        % 检查是否已迭代出本征模函数
        if length(find(xo(lmn)>0))+ ...
        length(find(xo(lmx)<0))==0, break,end
        % 通过极值点构造包络线
        xmx=interp1(tt(lmx),xo(lmx),tt,'cubic','extrap');
        xmn=interp1(tt(lmn),xo(lmn),tt,'cubic','extrap');
        % 在上下包络线之间构造均值函数
        xm=(xmx+xmn)/2;
        x1=xo-xm;
    end
%存储迭代次数、IMS 和剩余时间序列
N(jj)=ii;
C(:,jj)=x1;
R(:,jj+1)=R(:,jj)-x1;
%
% 若第一次迭代就得到了 IMF，则程序结束
if ii==1, break,end
end
%
```

2. 经验模态分解代码注释

经验模态分解首先通过两个包络函数的算术平均值估计出均值函数，其中一个包络函数由原时间序列的局部极大值点连接而成(即上包络线)，另一个包络函

数由原时间序列的局部极小值点连接而成(即下包络线)。从原始时间序列中减去
该均值函数得到新的中间函数，如果该中间函数关于零振幅对称，即极大值点的
振幅严格为正，且极小值点的振幅严格为负，那么该中间函数就是一个本征模函
数。否则，以该信号作为原始函数继续构造均值函数和中间函数，直至迭代出一
个本征模函数。当找到本征模函数时，要从原始时间序列中减掉该本征模函数得
到剩余时间序列，并按照上述方法继续迭代新的本征模函数来更好地描述剩余时
间序列的振荡特性，直至剩余时间序列被分解为非振荡函数，也就是达到了其最
终态，就完成了经验模态分解。经验模态分解算法的应用非常简单，但是噪声过
大时，经验模态分解算法很难达到最终的非振荡态。事实上，噪声的特征之一就
是可以看成无数个确定性振荡函数的和。

2.5.4　嗡嗡声和快速脉冲序列

　　如本章前文所述，嘀嗒声脉冲序列是齿鲸用于回声定位的典型信号。为达到
回声定位的要求，这些脉冲必须在时间上有一定间隔，才能在发出新的嘀嗒声脉
冲之前，接收到目标的回声。齿鲸也常常会发出非常快速的脉冲序列(嗡嗡声)，
但这种声音仅具备有限的回声定位能力，其脉冲间隔不超过 1.5ms。图 2.27 所示
的瓶鼻海豚声音就是典型的嗡嗡声，其平均脉冲间隔为 1.3ms。

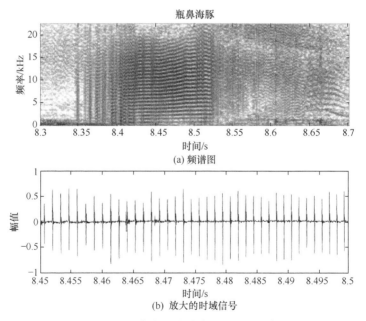

图 2.27　瓶鼻海豚嗡嗡声(G. Pavan 提供)

　　除了应用于回声定位，这些嗡嗡声也可用于侦察附近目标或部分社交活动，

因此应当对嗡嗡声进行单独研究。如图 2.27 所示，频谱图中显示的多谐波信号实际上是一系列重复率很高的短脉冲对应到频谱分析窗口中的结果(Watkins, 1967)。该频谱分析使用汉宁窗，窗长为 5.8ms(44.1kHz 采样频率下为 256 点)，至少覆盖 4 个脉冲。如图 2.27 中的频谱所示，对多脉冲信号进行傅里叶变换会导致频谱中出现很多旁瓣，这些旁瓣在时域上是恒定的，也表明嗡嗡声内部的脉冲间隔几乎是恒定的。

　　除齿鲸，须鲸也会发出快速脉冲序列。图 2.28 展示了小须鲸发出的快速脉冲序列，图中平均脉冲间隔为 0.7s(30～35s)，比瓶鼻海豚嗡嗡声的脉冲间隔长得多，相比嗡嗡声来说，更像是手提电钻的声音。

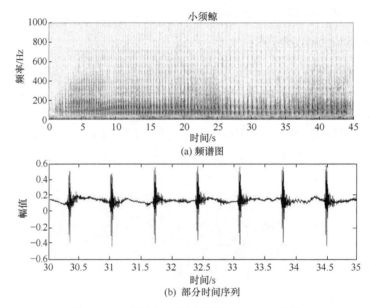

图 2.28　小须鲸快速脉冲序列(D. Riesch 提供)

　　由于谱分析的窗长(0.128s)比脉冲间隔小得多，时间分辨率足够，并没有出现如图 2.27 所示瓶鼻海豚嗡嗡声的多旁瓣结构。

2.5.5　呼叫声序列

　　与齿鲸不同的是，人们普遍认为须鲸不具备回声定位觅食能力，它们觅食的目标并不是单个猎物，而是通过过滤大量的海水，从中滤出小鱼和浮游动物。须鲸会发出一系列几乎相同的呼叫声序列(call train)，图 2.29 展示了一头北大西洋露脊鲸(North Atlantic right whale)所发出的上扫频呼叫声序列，其中单个信号的频率范围为 100～300Hz，大约每 10s 重复一次。人们认为，这些北大西洋露脊鲸的上扫频呼叫声是用于相互联络的(Parks and Tyack, 2005)，在被动声学监测中，被广

泛用于监测这种高度濒危物种。此样本的信噪比(SNR)非常低，在信号处理章节
(第 3 章)将继续讨论该实例。

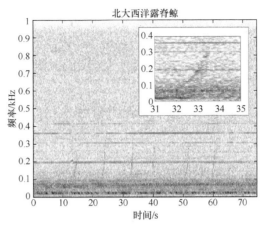

图 2.29　北大西洋露脊鲸的上扫频呼叫声序列(A. Moscop 提供)

　　呼叫声序列是几乎相同的呼叫声或信号的重复，是高度冗余的发声过程，不
传递额外信息，因而主要适合用于种群间沟通。

　　蓝鲸(Blue whale)和长须鲸(Fin whale)会发出略有不同的呼叫声序列，它们不仅
是地球上最大的鲸类，还是发声频率最低的动物。这两种鲸类发出的声音频率大约
为 20Hz，由 1.4.4 节所述，这一频率声吸收系数很低，其传播距离是最远的。

　　图 2.30 展示了大西洋蓝鲸的一些复合呼叫声序列，这些呼叫声为非常长的调
频(tonal)或简单的频率调制音(frequency-modulated sound)(每段约 10s)，大约每 90s
重复一次。大西洋蓝鲸会在数小时内持续发出这种极低频的呼叫声序列。

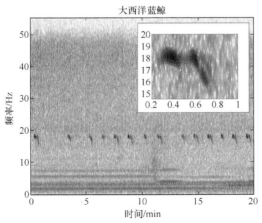

图 2.30　大西洋蓝鲸复合呼叫声序列(R. Dziak 提供)
约 9s 为 18Hz，0s 为 19～16Hz 调频，呼叫声之间的平均间隔为 90s

　　大西洋长须鲸呼叫声的频率也在 20Hz 左右，但是它们的呼叫声持续时间较短(约 1s)，重复更为频繁。如图 2.31 所示，大西洋长须鲸呼叫声序列是一种下扫调频叫声，平均每 17s 重复一次。大西洋长须鲸呼叫声序列的持续时间是变化的，也可能持续数小时。

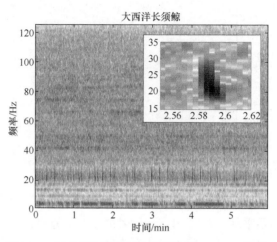

图 2.31　大西洋长须鲸的呼叫声序列(R. Dziak 提供)

　　从图 2.30 和图 2.31 中可以发现，这些大西洋蓝鲸和大西洋长须鲸呼叫声序列虽并不一定具有固定的呼叫声间隔，但似乎有一些节奏。如果这些变化是有意调整的，那么这些变化(或者称为隐藏编码)一定与具体环境有关，并随着鲸类活动而发生变化。

　　低频声音常用于远程通信和导航，因为低频信号能量损失较少，传播距离更远。用于通信时，信息被编码在这些呼叫声序列中，即呼叫声序列是经过调制的。事实上，在大西洋蓝鲸的案例中，存在不同的呼叫声单元，同时呼叫声间隔也存在变化，有利于传递信息。

　　与图 2.28 所示的小须鲸快速脉冲序列相比，这种叫声序列的叫声间隔更长，这也符合长距离通信或导航这两种主要功能的要求，这两种工作模式均要求花费时间去接收远处同种群的应答(通信)或环境的回音(导航)。

2.5.6　鲸歌

　　如果鲸类之间有歌唱比赛，人类被选作评委，那么大翅鲸定当独占鳌头，从美学角度，大翅鲸的歌声也是非常吸引人的。人们一直在研究大翅鲸为何歌唱，通常，只有在冬季繁殖季节，雄性大翅鲸在单独迁徙时才会发出类似歌声的声音(Payne et al.，1983)。

　　大翅鲸的歌声可以持续数小时，歌声一般由十个以内的主题组成，按照特定的顺序在歌唱过程中重复(Tyack，1999)，每一个主题由片段或序列构成，持续大约 15s。图 2.32 展示了大翅鲸歌声中的这种片段，从中可以发现，大翅鲸歌声片段的组合十分多样，这种多变性让人们在听的时候有一种愉悦感，但是会让自主被动声学监测系统的实现变得更为复杂。大翅鲸的歌声几乎含有目前探讨过的所有声音类型(包含或不包含强谐波的调频声、脉冲呼叫等)。

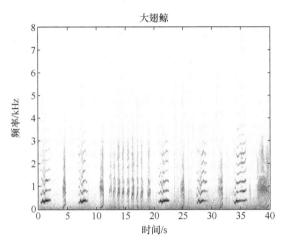

图 2.32　大翅鲸歌声片段(P. Tyack 提供)

　　然而，调频声和脉冲呼叫并不是大翅鲸发出的唯一声音。大翅鲸还可以发出回声定位嘀嗒声(Stimpert et al.，2007)，其目的更多的是避开障碍物，而不是觅食。

2.6　声源指向性

　　动物发出的声音不一定是各向同性的，而是会有目的地调整指向性。声音的发射是定向的还是全向的，主要取决于叫声的类型和目的。如果为了进行回声定位或导航而在单点环境下发声，即动物既是声音的发送者，也是声音的接收者，那么希望声音是定向发送的，这样可以避免把声能浪费在那些对实际声活动毫无帮助的方向上；相反，如果声音是用于通信的，且通信对象的位置未知，那么希望发送的声音是全向的，让位于任何方向的"伙伴"均有机会收到通信信息。

　　声源的指向性一般取决于所发出声音的波长与声源的尺寸，发射强指向性的声音需要较大的声源尺寸。一般来说，对于由喉部或声唇等单个器官产生的声音，如果发声器官的尺寸比声音的波长小，那么声音主要为全向的。对于大多数齿鲸类动物，声唇产生的声音经过额隆再进入水中；对于抹香鲸，先经过鲸蜡器和废脑油组织再进入水中(Norris and Harvey，1974；Cranford et al.，1996)。额隆的功能是将声音集中到目标方向，最终发出带有指向性的声音。

与回声定位嘀嗒声相比，哨声的频率相对较低，其基波的波长与海豚的发声器官尺寸相当。一般体长 2m 的瓶鼻海豚额隆组织不超过 20cm，因此对于频率小于 7.5kHz 的叫声，额隆尺寸与波长的比值是小于 1 的。

声波通过干涉的相消或相长的方式来产生指向性，因此想要产生明显的指向性，就要求额隆尺寸与波长的比值较大。宽带信号的指向性随频率变化，高频信号比低频信号的指向性更强(Lammers and Au，2003)。大多数哨声的频率变化范围很大，且常常伴随着谐波，导致额隆尺寸与波长的比值明显变化，从而产生时变的指向性。

脉冲声音的频谱中包含高频成分，这些高频成分也可能是脉冲呼叫混合指向性的一部分(Miller，2002)。在这种情况下，脉冲呼叫是振幅调制的结果还是由于积分窗太长影响不大，在这两种情形下，高频发出的能量比低频发出的能量具有更强的指向性。

声源的声学特性

对于齿鲸类动物，可以将终端声音发射器(海豚额隆或抹香鲸的废脑油组织)用圆面活塞模型表示。圆面活塞模型是学术界普遍认可的声音发射器模型，真实的声辐射需要用多个参数才能准确描述，而该圆面活塞模型是一种一阶的单参数近似模型。

圆面活塞的远场声辐射用复数形式表示为

$$P(r,\vartheta,t) = \frac{P_0}{r}\exp\{\mathrm{i}(\omega t - kr)\}\frac{2\mathrm{J}_1(ka\sin\vartheta)}{ka\sin\vartheta} \tag{2.19}$$

式中，a 为圆活塞的半径；r 为到活塞的距离($r \gg a$，即远场)；ϑ 为离轴角，即声轴(垂直于活塞平面)与观察者方向的夹角；$\mathrm{J}_1(x)$ 由以下方程定义：

$$\mathrm{J}_1(z) = \frac{z}{\pi}\int_0^\pi \cos\{z\cos\varphi\}\sin^2\varphi\,\mathrm{d}\varphi \tag{2.20}$$

$\mathrm{J}_1(x)$ 也称为第一类一阶贝塞尔函数。

某一声源的指向性定义为相对主轴的声强：

$$D(\vartheta) = \left|\frac{P(r,\vartheta,t)}{P(r,0,t)}\right|^2 = \left[\frac{2\mathrm{J}_1(ka\sin\vartheta)}{ka\sin\vartheta}\right]^2 \tag{2.21}$$

从方程(2.21)中可以看出，由于旋转对称，圆活塞的指向性仅仅取决于离轴角 ϑ。

指向性指数(directivity index，DI)描述了窄带或单频定向声源相对全向声源获得的强度增益，可定义为

$$DI = 10\lg\left(\frac{4\pi}{\Psi}\right) \tag{2.22}$$

式中，Ψ 为声束的等效立体角。对于圆面活塞，$ka \gg 1$ 时的估计值为

$$\Psi = 2\pi\int_0^\pi D(\vartheta)\sin\vartheta\mathrm{d}\vartheta \approx \frac{4\pi}{(ka)^2} \tag{2.23}$$

因此，圆面活塞的指向性指数变为

$$DI = 20\lg(ka) \tag{2.24}$$

如式(2.21)所示，由于 $D(\vartheta) = D(\pi - \vartheta)$，故指向性指数具有前向与后向模糊(forward-backward ambiguity)的特性。但实际上，只有前向声束是人们所关心的，这等同于将声音发射器建模为无限障板中的圆面活塞，只保留障板前向半无限空间的辐射声波。

此处讨论的声束和指向性指数具有频率依赖性，只是就发射严格窄带声信号而言的。宽带声信号的指向性是随频率变化的，高频信号比低频信号的发射指向性更强。

Au 等(1999)给出了指向性指数的一个经验方程，该方程是基于对港湾鼠海豚、瓶鼻海豚、伪虎鲸、白鲸的测量得出的。

$$DI = 28.89 - 1.04\left(\frac{d}{\lambda}\right) + 0.04\left(\frac{d}{\lambda}\right)^2 \tag{2.25}$$

式中，d 为鲸类头部的直径；λ 为峰值频率的波长。

比较方程(2.25)和方程(2.24)可以发现，方程(2.24)中指向性指数与声孔径呈对数关系增加，而方程(2.25)是二次函数。因此，这两个表达式看起来是完全不同的，方程(2.25)使用了白鲸极高的 DI(32.6dB)，产生了正二次分量，将白鲸指向性指数减小 3dB 后，就与方程(2.24)的结果相匹配了。除了这些细节，就选定物种来说，假设圆面活塞半径 a(用于方程(2.24)中)是动物头颅直径的 16%(用于方程(2.25)中)，则这两个方程会得到相近的结果。换句话说，如果辐射面有效直径为头颅直径的 1/3，那么这两个方程就会产生相近的结果。但是，这需要通过解剖海豚头颅进行验证。

2.7　鲸类动物声源级

声音的产生需要能量，因此根据发声的能量分析生物发声的声源级是有意义的。

主轴方向声源级 SL_0 可以通过总的辐射声能 E_a 得到

$$SL_0 = 171 + 10\lg(E_a) - 10\lg(T_s) + DI \tag{2.26}$$

式中，声源级用均方根值表示(单位为 dB，参考距离 1m，参考声压 1μPa)。以上所有数值都是参考值；E_a 为鲸类的总声能(W·s)(也可参见方程(1.48))；T_s 为传送信号的有效持续时间(s)；DI 为声源的指向性指数(dB)；数值 171 即 $-10\lg\left(\dfrac{4\pi}{\rho c} \times 10^{-12}\right)$，是将全向声强转换为声压的转换系数 ($\rho = 1000\text{kg/m}^3$，$c = 1500\text{m/s}$)。

表 2.1 概括了鲸类声音的声源特征。经验表明，鲸类信号(单独呼叫声、嘀嗒声、哨声等)的总能量是随动物体型的增大而增强的。最大的鲸类(蓝鲸)发出的呼叫信号约为 1000W·s，而小的鼠海豚产生的嘀嗒声则为 1μW·s(单个嘀嗒声或呼叫声)。

表 2.1　典型的鲸类声源特征

声音类型	种群	信号能量	信号长度	指向性指数	声源级
呼叫声	蓝鲸(Bm)	1000W·s	20s	0dB	188dB
	长须鲸(Bp)	40W·s	1s	0dB	187dB
	大翅鲸(Mn)	4W·s	1s	0dB	177dB
	小须鲸(Ba)	1W·s	0.5s	0dB	174dB
嘀嗒声	抹香鲸(Pm)	1W·s	120μs	27dB	237dB
	柯氏喙鲸(Zc)	1mW·s	200μs	25dB	203dB
	瓶鼻海豚(Tt)	1mW·s	25μs	26dB	213dB
	港湾鼠海豚(Pp)	1μW·s	100μs	22dB	173dB
哨声	瓶鼻海豚(Tt)	10mW·s	1s	0dB	151dB

对于瓶鼻海豚，不同类型声音的声能是不同的，单个嘀嗒声约 1mW·s，而单个哨声约 10mW·s。海豚发出嘀嗒声的速率通常较慢，如每秒 10 次嘀嗒声，因此在相同的持续时间内，嘀嗒声累积发出的能量与哨声能量是大致相当的。

表 2.1 并不具有代表性，学术界对被动声学监测的研究兴趣日益浓厚，促使越来越多的出版物发表有关鲸类声源定量描述的内容。请读者浏览参考文献列表，进一步了解有关须鲸和齿鲸声音描述的内容。

2.8　鲸类动物分类

本节对鲸类动物的声音进行更加系统的总结。鲸类动物的分类严格遵循 Rice

所编著的《世界海洋哺乳动物——系统和分布》(*Marine Mammals of the World:
Systematics and Distribution*)(Rice,1998),这本书是该领域鲸类动物分类的参考标
准,但是书中并未介绍总科和亚科的情况。

对于大多数鲸类动物,下面不仅给出了俗称和学名,而且列出了相关文献,
作为物种研究的入门参考。对于抹香鲸等物种,参考资料比较丰富,而对于喙鲸
等物种,参考资料却比较少。

2.8.1　须鲸亚目(Suborder Mysticeti):须鲸(baleen whale)

1. 露脊鲸科(Family Balaenidae):露脊鲸与北极鲸(Right whales and Bowhead
whale)

(1) 北极露脊鲸(Bowhead whale,*Balaena mysticetus*)。

Blackwell 等(2007)、Clark(1989)、Clark 和 Ellison(2000)、Clark 和 Johnson
(1984)、Clark 等(1986)、Cosens 和 Blouw(2003)、Cummings 和 Holliday(1987)、
George 等(2004)、Heide-Jørgensen 等(2003,2006,2007)、Ljungblad 等(1980,1982,
1986)、Raftery 和 Zeh(1998)、Richardson 等(1995b)、Stafford 等(2008)、Würsig
等(1985)。

(2) 北大西洋露脊鲸(North Atlantic right whale,*Eubalaena glacialis*)。

Baumgartner 和 Mate(2003)、Gillespie(2004)、Kraus 等(1986)、Matthews 等
(2001)、Murison 和 Gaskin(1989)、Parks 和 Tyack(2005)、Urazghildiiev 和
Clark(2007b)。

(3) 北太平洋露脊鲸(North Pacific right whale,*Eubalaena japonica*)。

Brownell 等(2001)、McDonald 和 Moore(2002)、Mellinger 等(2004b)、Shelden
等(2005)。

(4) 南露脊鲸(Southern right whale,*Eubalaena australis*)。

Clark(1982,1983)、R. S. Payne 和 K. B. Payne(1971)。

2. 小露脊鲸科(Family Neobalaenidae):小露脊鲸(pygmy right whale)

小露脊鲸(Pygmy right whale,*Caperea marginata*)。
Dawbin 和 Cato(1992)、Kemper(2002)。

3. 须鲸科(Family Balaenopteridae):须鲸(rorquals)

(1) 小须鲸(Common minke whale,*Balaenoptera acutorostrata*)。
Gedamke 等(2001)。

(2) 南极小须鲸(Antarctic minke whale,*Balaenoptera bonaerensis*)。

(3) 鳁鲸(Sei whale，*Balaenoptera borealis*)。

Baumgartner 和 Fratantoni(2008)。

(4) 鳀鲸(Bryde's whale，*Balaenoptera brydei*)。

(5) Eden 鲸(Eden's whale，*Balaenoptera edeni*)。

(6) 蓝鲸(Blue whale，*Balaenoptera musculus*)。

Alling 等(1991)、Brueggeman 等(1985)、Clark 和 Fristrup(1997)、Cummings 和 Thompson(1971)、Edds(1982)、Fiedler 等(1998)、Mate 等(1999)、McDonald 等(1995)、Mellinger 和 Clark(2003)、Reeves 等(2004)、Rivers(1997)、Širović 等(2004，2007)、Stafford(2003)、Stafford 等(1998，1999a，2001，2004)、Teranishi 等(1997)、Thode 等(2000)、Thompson 等(1996)、Yochem 和 Leatherwood(1985)。

(7) 长须鲸(Fin whale，*Balaenoptera physalus*)。

Charif 等(2002)、Clark 和 Fristrup(1997)、Clark 等(2002)、Croll 等(2002)、McDonald 和 Fox(1999)、McDonald 等(1995)、Monestiez 等(2006)、Panigada 等(2008)、Rebull 等(2006)、Schevill 等(1964)、Širović 等(2004，2007)、Thompson(1992)、Watkins(1981)、Watkins 等(1987a，1987b)。

(8) 大翅鲸(Humpback whale，*Megaptera novaeangliae*)。

Au 等(2006)、Baker 等(1985)、Baraff 等(1991)、Cato(1991)、Cato 等(2001)、Cerchio 等(2001)、Chabot(1988)、Charif 等(2001)、Clapham 和 Mattila(1990)、Clark 和 Clapham(2004)、Dawbin(1966)、Dolphin(1987)、Frankel 等(1995)、Gabriele 和 Frankel(2003)、Helweg 等(1990)、Martin 等(1984)、Mate 等(1998)、McSweeney 等(1989)、Norris 等(1999)、Payne 和 Guinee(1983)、Payne 和 McVay(1971)、Payne 等(1983)、Reeves 等(2004)、Silber(1986)、Stimpert 等(2007)、Thompson 等(1986)、Weinrich 等(1997)、Winn 等(1981)。

4. 灰鲸科(Family Eschrichtiidae)

灰鲸(Grey whale，*Eschrichtius robustus*)。

Crane 和 Lashkari(1996)、Cummings 等(1968)、Fish 等(1974)、Gardner 和 Chávez-Rosales(2000)、Moore 和 Ljungblad(1984)、Stafford 等(2007b)。

2.8.2　齿鲸亚目(Suborder Odontoceti)：齿鲸(toothed whale)

1. 海豚科(Family Delphinidae)：海豚(dolphins)

(1) 康氏矮海豚(Commerson's dolphin，*Cephalorhynchus commersonii*)。

Kyhn 等(2010)。

(2) 智利矮海豚(Chilean dolphin，*Cephalorhynchus eutropia*)。

Ribeiro 等(2007)。

(3) 海氏矮海豚(Heaviside's dolphin，*Cephalorhynchus heavisidii*)。

Watkins 等(1977)。

(4) 赫氏矮海豚(Hector's dolphin，*Cephalorhynchus hectori*)。

Dawson(1991)、Dawson 和 Thorpe(1990)。

(5) 真海豚(Common dolphin，*D.d.delphis*)。

(6) 东北太平洋长吻真海豚(Eastern North Pacific long-beaked common dolphin，*D.d.bairdii*)。

(7) 黑海真海豚(Black Sea common dolphin，*D.d.ponticus*)。

(8) 印太真海豚(Indo-Pacific common dolphin，*D.d.tropicalis*)。

(9) 小虎鲸(Pygmy killer whale，*Feresa attenuata*)。

Madsen 等(2004a)。

(10) 短肢领航鲸(Short-finned pilot whale，*Globicephala macrorhynchus*)。

Nores 和 Pérez(1988)。

(11) 长肢领航鲸(Long-finned pilot whale，*Globicephala melas*)。

Baird 等(2002)、Cañadas 和 Sagarminaga(2000)、Heide-Jørgensen 等(2002)。

(12) 瑞氏海豚(Risso's dolphin，*Grampus griseus*)。

Madsen 等(2004b)、Soldevilla 等(2008)。

(13) 弗氏海豚(Fraser's dolphin，*Lagenodelphis hosei*)。

Perrin 等(1973)。

(14) 大西洋斑纹海豚(Atlantic white-sided dolphin，*Lagenorhynchus acutus*)。

Selzer 和 Payne(1988)。

(15) 白喙斑纹海豚(White-beaked dolphin，*Lagenorhynchus albirostris*)。

Rasmussen 等(2002，2004，2006)。

(16) 皮氏斑纹海豚(Peale's dolphin，*Lagenorhynchus australis*)。

Kyhn 等(2010)。

(17) 沙漏斑纹海豚(Hourglass dolphin，*Lagenorhynchus cruciger*)。

Kasamatsu 和 Joyce(1995)。

(18) 太平洋斑纹海豚(Pacific white-sided dolphin，*Lagenorhynchus obliquidens*)。

Soldevilla 等(2008，2010)。

(19) 暗色斑纹海豚(Dusky dolphin，*Lagenorhynchus obscurus*)。

B. Würsig 和 M. Würsig(1980)。

(20) 北露脊海豚(Northern right whale dolphin，*Lissodelphis borealis*)。

Jefferson 等(1994)、Rankin 等(2007)。

(21) 南露脊海豚(Southern right whale dolphin，*Lissodelphis peronii*)。

Jefferson 等(1994)。

(22) 伊河海豚(Irrawaddy dolphin, *Orcaella brevirostris*)。

van Parijs 等(2000)。

(23) 澳大利亚矮鳍海豚(Australian snubfin dolphin, *Orcaella heinsohni*)。

Parra 等(2006)。

(24) 虎鲸(Killer whale, *Orcinus orca*)。

Au 等(2004)、Deecke 等(1999, 2005)、Ford 和 Fisher(1982)、Gaetz 等(1993)、Miller(2002)、Simon 等(2007)。

(25) 瓜头鲸(Melon-headed whale, *Peponocephala electra*)。

Frankel 和 Yin(2010)。

(26) 伪虎鲸(False killer whale, *Pseudorca crassidens*)。

Au 等(1995)、Madsen 等(2004b)。

(27) 土库海豚(Tucuxi, *Sotalia fluviatilis*)。

Santos 等(2000)。

(28) 圭亚那海豚(Guiana dolphin, *Sotalia guianensis*)。

Rossi-Santos 等(2007)。

(29) 印太驼海豚(Indo-Pacific humpback dolphin, *Sousa chinensis*)。

van Parijs 等(2002)。

(30) 印度洋驼海豚(Indian humpback dolphin, *Sousa plumbea*)。

(31) 大西洋驼海豚(Atlantic humpback dolphin, *Sousa teuszii*)。

van Waerebeek 等(2004)。

(32) 热带斑海豚(Pantropical spotted dolphin, *Stenella attenuata*)。

Baird 等(2001)、Schotten 等(2003)。

(33) 短吻飞旋海豚(Clymene dolphin, *Stenella clymene*)。

Fertl 等(2003)。

(34) 条纹海豚(Striped dolphin, *Stenella coeruleoalba*)。

Gordon 等(2000)、Panigada 等(2008)。

(35) 大西洋斑海豚(Atlantic spotted dolphin, *Stenella frontalis*)。

Au 和 Herzing(2003)、Herzing(1996)。

(36) 长吻飞旋海豚(Spinner dolphin, *Stenella longirostris*)。

Bazúan-Durán 和 Au(2004)、Lammers 和 Au(2003)、Lammers 等(2004, 2006)、Schotten 等(2003)。

(37) 糙齿海豚(Rough-toothed dolphin, *Steno bredanensis*)。

Watkins 等(1987a, 1987b)。

(38) 印太瓶鼻海豚(Indo-Pacific bottlenose dolphin, *Tursiops aduncus*)。

Hawkins 和 Gartside(2009，2010)。

(39) 瓶鼻海豚(Common bottlenose dolphin，*Tursiops truncatus*)。

Akamatsu 等(1998)、Au 等(1974，1982，1986)、Buck 和 Tyack(1993)、Caldwell 等(1990)、Esch 等(2009)、Freitag 和 Tyack(1993)、Herzing(1996)、Janik(2000)、Janik 等(1994)、Murchison(1980)、Norris 等(1961)、Renaud 和 Popper(1975)、Sayigh 等(2007)、Simar 等(2010)。

2. 一角鲸科(Family Monodontidae)

(1) 白鲸(Beluga，*Delphinapterus leucas*)。

Au 等(1985，1987)、Belikov 和 Bel'kovich(2003)、Erbe 和 Farmer(1998)、Fish 和 Mowbray(1962)、Karlsen 等(2002)、Schevill 和 Lawrence(1949)、Sjare 和 Smith(1986)、van Parijs 等(2003)。

(2) 一角鲸(Narwhal，*Monodon monoceros*)。

Ford 和 Fisher(1978)、Miller 等(1995)、Møhl 等(1990)、Shapiro(2006)、Watkins 等(1971)。

3. 鼠海豚科(Family Phocoenidae)：鼠海豚(porpoises)

(1) 窄脊江豚(Finless porpoise，*Neophocaena asiaeorientails*)。
Akamatsu 等(1998)、Wang 等(2005)。

(2) 黑框鼠海豚(Spectacled porpoise，*Phocoena dioptrica*)。

(3) 港湾鼠海豚(Harbour porpoise，*Phocoena phocoena*)。
Amundin(1991)、Au 等(1999)、Carlström(2005)、Forney 等(1991)、Gillespie 和 Chappell(2002)、Goodson 和 Sturtivant(1996)、Hansen 等(2008)、Møhl 和 Andersen(1973)、Verfuss 等(2005)。

(4) 加湾鼠海豚(Vaquita，*Phocoena sinus*)。
Silber(1991)。

(5) 棘鳍鼠海豚(Burmeister's porpoise，*Phocoena spinipinnis*)。

(6) 白腰鼠海豚(Dall's porpoise，*Phocoenoides dalli*)。
Evans 和 Awbrey(1984)。

4. 抹香鲸科(Family Physeteridae)：抹香鲸(sperm whales)。

抹香鲸(Sperm whale，*Physeter macrocephalus*)。
Adler-Fenchel(1980)、Amano 和 Yoshioka(2003)、Antunes 等(2010)、Backus 和 Schevill(1966)、Barlow 和 Taylor(2005)、Bedholm 和 Møhl(2001)、Clarke 等(1993)、Cranford(1999)、Cranford 等(1996)、Douglas 等(2005)、Drouot 等(2004a，2004b)、Frantzis 和 Alexiadou(2008)、Gillespie(1997)、Goold 和 Jones(1995)、Gordon(1987)、

Gordon 和 Steiner(1992)、Gordon 等(2000)、Hastie 等(2003)、Jaquet 和 Whitehead(1999)、Jaquet 等(2001，2003)、Leaper 等(1992)、Madsen(2002a，2002b)、Madsen 等(2002a，2002b)、Mellinger 等(2004a)、Miller 等(2004a，2004b)、Møhl(2001)、Møhl 等(2000，2002，2003)、Moore 等(1993)、Mullins 等(1988)、Norris 和 Harvey(1972)、Nosal 和 Frazer(2006，2007)、Papastavrou 等(1989)、Pavan 等(2000)、Rendell 和 Whitehead(2004)、Schulz 等(2009)、Teloni(2005)、Teloni 等(2005，2007)、Thode(2004)、Tiemann 等(2006)、van der Schaar 等(2009)、Wahlberg(2002)、Watkins(1980)、Watkins 和 Daher(2004)、Watkins 和 Moore(1982)、Watkins 和 Schevill(1977)、Watkins 等(1993，1999，2002)、Watwood 等(2006)、Weilgart 和 Whitehead(1997)、Whitehead 和 Weilgart(1990，1991)、Whitehead 等(1989)、Zimmer 等(2003，2005b，2005c)。

5. 小抹香鲸科(Family Kogiidae)

(1) 小抹香鲸(Pygmy sperm whale，*Kogia breviceps*)。
Marten(2000)、Madsen 等(2005a)。
(2) 侏儒抹香鲸(Dwarf sperm whale，*Kogia sima*)。
Dunphy-Daly 等(2008)。

6. 喙鲸科(Family Ziphidae：beaked whales)

Barlow 等(2006)、Tyack 等(2006)
(1) 阿氏喙鲸(Arnoux's beaked whale，*Berardius arnuxii*)。
Hobson 和 Martin(1996)、Rogers(1999)。
(2) 贝氏喙鲸(Baird's beaked whale，*Berardius bairdii*)。
Dawson 等(1998)。
(3) 北瓶鼻豚(Northern bottlenose whale，*Hyperoodon ampullatus*)。
Gowans 等(2000b，2001)、Hooker 和 Baird(1999a)、Hooker 和 Whitehead(2002)、Whitehead 和 Wimmer(2005)、Whitehead 等(1997a，1997b)、Wimmer 和 Whitehead(2004)。
(4) 南瓶鼻豚(Southern bottlenose whale，*Hyperoodon planifrons*)。
(5) 朗氏喙鲸(Longman's beaked whale，*Indopacetus pacificus*)。
Anderson 等(2006)。
(6) 梭氏中喙鲸(Sowerby's beaked whale，*Mesoplodon bidens*)。
Hooker 和 Baird(1999b)。
(7) 安氏中喙鲸(Andrews'beaked whale，*Mesoplodon bowdoini*)。
(8) 哈氏中喙鲸(Hubbs'beaked whale，*Mesoplodon carlhubbsi*)。
Marten(2000)。

(9) 柏氏中喙鲸(Blainville's beaked whale，*Mesoplodon densirostris*)。

Johnson 等(2004，2006)、Madsen 等(2005b)、Marques 等(2009)、Rankin 和 Barlow(2007)、Schorr 等(2009)、Ward 等(2008)。

(10) 杰氏中喙鲸(Gervais' beaked whale，*Mesoplodon europaeus*)。

Gillespie 等(2009)。

(11) 银杏齿中喙鲸(Ginkgo-toothed beaked whale，*Mesoplodon ginkgodens*)。

(12) 哥氏中喙鲸(Gray's beaked whale，*Mesoplodon grayi*)。

(13) 贺氏中喙鲸(Hector's beaked whale，*Mesoplodon hectori*)。

(14) 长齿中喙鲸(Layard's beaked whale，*Mesoplodon layardii*)。

(15) 德氏中喙鲸(Deraniyagala's beaked whale，*Mesoplodon hotaula*)。

(16) 初氏喙鲸(True's beaked whale，*Mesoplodon mirus*)。

(17) 佩氏中喙鲸(Perrin's beaked whale，*Mesoplodon perrini*)。

(18) 小中喙鲸(Pygmy beaked whale，*Mesoplodon peruvianus*)。

(19) 史氏中喙鲸(Stejneger's beaked whale，*Mesoplodon stejnegeri*)。

(20) 铲齿中齿鲸(Spade-toothed whale，*Mesoplodon traversii*)。

(21) 谢氏喙鲸(Shepherd's beaked whale，*Tasmacetus shepherdi*)。

(22) 柯氏喙鲸(Cuvier's beaked whale，*Ziphius cavirostris*)。

Frantzis 等(2002)、Johnson 等(2004,2006)、Moulins 等(2006)、Zimmer 等(2005a，2008)。

7. 亚河豚科(Family Iniidae)

亚河豚(Amazon river dolphin，*Inia geoffrensis*)。
May-Collado 和 Wartzok(2007)、Podos 等(2002)。

8. 白鳖豚科(Family Lipotidae)

白鳖豚(Baiji，*Lipotes vexillifer*)。
Akamatsu 等(1998)、Wang 等(2006)。

9. 拉河豚科(Family Pontoporiidae)

拉河豚(Franciscana，*Pontoporia blainvillei*)。
Secchi 等(2002)。

10. 恒河豚科(Family Platanistidae)

(1) 恒河豚(Ganges river dolphin，*Platanista gangetica*)。
Shinha 和 Sharma(2003)。

(2) 印度河豚(Indus river dolphin，*Platanista minor*)。

第3章 声 呐 方 程

声呐方程是声呐设计和性能评估的主要依据。本章的重点内容在于修正了现有被动声呐方程，使其更适用于鲸类动物叫声的检测场景。

本章在定义被动声学监测、信噪比和检测阈值的过程中，穿插介绍了各个声呐方程参数：声源级、离轴(off-axis)衰减、传播损失、噪声级、接收阵增益以及接收处理增益。为分析水下声传播特性，引入了修正的几何扩展模型，以及声学建模领域中的经典工具——Bellhop 高斯射线追踪方法。由于噪声级是被动声呐方程的重要组成参数，本节对其来源和具体数值将会做详细讨论。

3.1 被动声呐方程

声呐方程简要地描述了声呐系统成功检测到远距离信号的基本条件。声呐方程有两个重要作用：对现有声呐系统的性能预测以及新型声呐设备的设计支持。按照声呐的工作方式，声呐系统可以分为主动声呐系统和被动声呐系统，因此声呐方程具有不同的表达形式。本章根据被动声学监测的信息流程，来建立被动声呐方程。

建立被动声呐方程有多种方法，但本质上，它们都概括了声呐系统完成任务的必要条件。为了检测到感兴趣的信号(鲸类动物叫声)，观察者或检测器需要判断信号是否存在。若被动声学监测系统的输出没有存在信号的迹象，则认为接收到的只有背景噪声。一旦被动声学监测系统的输出发生变化，并且这种变化能归因于感兴趣成分的出现，则认为信号存在。也就是说，声呐操作人员通过分析与背景噪声不同的振幅、能量或统计特性等信息来检测信号。

为避免主观臆断，基础的声呐方程用于确定声呐实现所需信噪比的临界值或最小值。将成功检测到信号所需的最小信噪比定义为检测阈：

$$\text{SNR}_{\min}(R, J) = \text{TH} \tag{3.1}$$

若实际接收信噪比 SNR 超出阈值 TH，则声呐系统判定信号存在，反之判定信号不存在。

信噪比通常以 dB 表示，对于鲸类动物叫声的被动监测，所需最小信噪比为

$$\text{SNR}_{\min}(R, \vartheta) = \text{ASL}(\vartheta) - \text{TL}(R) - \text{NL} + \text{AG} + \text{PG} \tag{3.2}$$

式中，$\text{ASL}(\vartheta)$ 为声源的等效声源级，单位是 dB//1μPa@1m；ϑ 为离轴角；$\text{TL}(R)$

为与距离有关的传播损失级，R 为距离(m)；NL 为背景噪声级或者等效平面波混响级；AG 为接收水听器阵列的增益；PG 为接收处理系统的增益。

方程(3.2)定义了判决时刻的信噪比，并认为该信噪比受限于以下因素：与距离相关的传播损失 TL、多元水听器接收阵列产生的定向接收增益 AG，以及因后续信号处理产生的处理增益 PG。信号处理旨在减少接收信号中的噪声分量。

3.2　等效声源级

鲸类动物发声具有空间指向性，即声能主要集中在空间中某一方向，该方向称为声轴。声轴上离等效声中心 1m 处的声强称为最大声源级。实际上接收机不一定位于声轴方向，所在方向可与声轴构成夹角，即离轴角。为更好地衡量鲸类动物声源相对接收机的叫声强度，定义等效声源级：

$$\mathrm{ASL}(J) = \mathrm{SL}_0 - \mathrm{DL}(\vartheta) \tag{3.3}$$

式中，SL_0 为最大声源级；$\mathrm{DL}(\vartheta)$ 为声源的指向性损耗，是离轴角 ϑ 的函数。

假设鲸类动物作为声源是旋转不变(空间上沿声轴对称)的，那么等效声源级大小仅与离轴角有关。声源的指向性损耗可以用声源指向性指数(如方程(2.21))来表示，负的指向性指数称为离轴衰减。

高斯型生物声呐脉冲的宽带离轴衰减

齿鲸发出用于回声定位的生物声呐脉冲，具有典型的离轴衰减特性。这些脉冲从生物头部的一个很小且近乎圆形的区域发出，持续时间通常很短，因此是宽带的。假设用圆面活塞换能器发出的高斯脉冲来近似这些生物声呐脉冲，根据方程(2.7)和方程(2.21)，可以得到与频率相关的指向性函数：

$$D(\omega, \vartheta) = \exp\left\{-\frac{\sigma^2}{c^2}(\omega - \omega_0)^2\right\}\left[\frac{2\mathrm{J}_1(ka\sin\vartheta)}{ka\sin\vartheta}\right]^2 \tag{3.4}$$

可以看到，对于高斯型生物声呐脉冲，其指向性函数为高斯函数的加权结果。

由于 $c = \lambda f = \dfrac{w}{k}$，定义 $\overline{ka} = k_0 a$ 且 $\beta = \dfrac{a}{\sigma}$，则可以用 ka 来表示频域的指向性函数：

$$D(ka, \vartheta) = \exp\left\{-\left(\frac{ka - \overline{ka}}{\beta}\right)^2\right\}\left[\frac{2\mathrm{J}_1(ka\sin\vartheta)}{ka\sin\vartheta}\right]^2 \tag{3.5}$$

通过对所有频率(或所有 ka 值)处的指向性函数进行积分，就可以得到宽带指向性函数：

$$D_{bb}(\vartheta) = \frac{\displaystyle\int_{-\infty}^{\infty} \exp\left\{-\left(\frac{ka - \overline{ka}}{\beta}\right)^2\right\}\left[\frac{2J_1(ka\sin\vartheta)}{ka\sin\vartheta}\right]\mathrm{d}(ka)}{\displaystyle\int_{-\infty}^{\infty} \exp\left\{-\left(\frac{ka - \overline{ka}}{\beta}\right)^2\right\}\mathrm{d}(ka)} \tag{3.6}$$

实际应用中，积分范围通常取 $-3\beta \sim 3\beta$。图 3.1 中对比了窄带条件下和宽带条件下的离轴衰减。

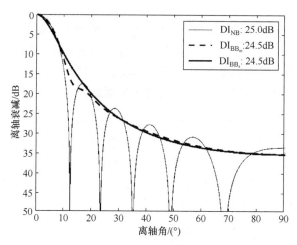

图 3.1　宽带活塞源的离轴衰减 $\left(\overline{ka} = 17.8,\ \beta = 4.4\right)$

细实线表示窄带条件下的离轴衰减，粗虚线表示宽带条件下的离轴衰减，粗实线表示宽带离轴衰减的近似结果

除离轴角，方程(3.6)中给出的离轴衰减是 ka 的平均值($\overline{ka} = k_0 a$)和脉冲频谱分布宽度 β(以 ka 衡量)的函数。因此，用 $\overline{ka}$ 或者通过方程(2.24)的窄带指向性函数可以直观地表征宽带离轴衰减。将高斯加权函数的分布宽度与生物声呐脉冲的平均 ka 值相关联很有意义。

当离轴衰减的估计过于烦琐时，可以使用以下近似：

$$D_{bx}(\vartheta) = C_1 \frac{(C_2\sin\vartheta)^2}{1 + |C_2\sin\vartheta| + (C_2\sin\vartheta)^2} \tag{3.7}$$

两个常量 C_1 和 C_2 分别为

$$\begin{aligned} C_1 &= 47 \\ C_2 &= 0.218ka \end{aligned} \tag{3.8}$$

由于 ka 可用指向性函数(方程(2.24))代替，可认为方程(3.8)中的两个参数适用于大多数回声定位短脉冲，并仅取决于指向性指数。利用方程(3.7)得到的近似结果在

图 3.1 中用粗实线表示。

MATLAB 代码

```
%Scr3_1
DIa=25;
%
kam=10^(DIa/20);
kas=kam/4;
%
ka=(kam+(-floor(3*kas):ceil(3*kas)))';
%
dth=0.1;
th=0:dth:90;
%
aa=ka*sin(th/180*pi);
bb0=piston(aa);

wwo=exp(-((ka-kam)/kas).^2);

ww=wwo*ones(size(th));

bbm=mean(ww.*bb0.^2)./mean(ww);
ibm=find(ka==kam);

DI1=2*sum(sin(th/180*pi))/sum(bb0(ibm,:).^2.*sin
(th/180*pi));
    DIm=2*sum(sin(th/180*pi))/sum(bbm.*sin(th/180*pi));

% 波束方向图的近似
cx=0.218*kam*sin(th*pi/180);
DLx= 47*cx.^2./(1+abs(cx)+cx.^2);
bpx=10.^(-DLx/10);
%
% 转换成 dB
DL0=-20*log10(abs(bb0(ibm,:)));
DLb=-10*log10(abs(bbm));
```

```
DIx=2*sum(sin(th/180*pi))/sum(bpx.*sin(th/180*pi));

figure(1)
plot(th,DL0,'k')
line(th,DLb,'color','k','linewidth', 2,'linestyle','-')
line(th,DLx,'color','k','linewidth',2)
ylim([0 50]);
set(gca,'ydir','rev')
xlabel('Off-axis angle [ ^o]')
ylabel('Off-axis attenuation [dB]')
title(sprintf('DIm=%.1f dB;kam=%.1f;kas=%.1f',...DIa,kam,
kas))
legend(['DI_{NB_}:'sprintf('%.1f dB',10*log10 (DI1))],...
       ['DI_{BB_m}:'sprintf('%.1f dB',10*log10 (DIm))],...
       ['DI_{BB_a}:'sprintf('%.1f dB',10*log10 (DIx))]);
```

3.3　声　传　播

声音在介质中传播时，其强度会随时间推移而减小，也可以等效为距离的函数。这种传播损失很大程度上受几何结构、声速剖面及声波频率的影响。

球面波方程(式(1.20)或式(1.51))的解，表明球面波的声强与距离的平方成反比：

$$\frac{I(r,t)}{I(1,t)} = r^{-2} \tag{3.9}$$

作为距离的函数，声强衰减通常表示为传播损失 TL (单位为 dB)：

$$\text{TL}(r) = 10\lg\left(\frac{I(1,t)}{I(r,t)}\right) \tag{3.10}$$

方程(3.10)定义了由声波几何扩展带来的传播损失。当声波以球面波的方式向外扩展时，传播损失符合典型的球面扩展规律：$\text{TL}(r) = 20\lg(r)$。

如 1.4.4 节所述，声吸收也会带来传播损失，故传播损失可表示为

$$\text{TL}(r) = 10\lg\left(\frac{I(1,t)}{I(r,t)}\right) + ar \tag{3.11}$$

在球面扩展条件下转化为

$$\mathrm{TL}(r) = 20\lg(r) + ar \tag{3.12}$$

3.3.1　传播损失建模

如前文所述,声波在真实海水中很难按球面扩展规律传播,因为球面扩展要求恒定的声速和无穷远的边界。海水中的声速通常是变化的,而且声波传播过程中存在与海水边界(海面和海底)的相互作用。

声传播在某些假设下能进行严格的甚至于解析性的建模,并且每个模型都说明了特定情况下的传播机理。但是实际声传播建模时很少采用解析方法,而是更倾向于使用复杂的声传播模型。

声传播模型提供的只是波动方程的近似解。从这个角度上来看,基于球面扩展规律的传播损失方程(方程(3.12))是一个仅有两个参数(距离 r 和吸收系数 a)的物理模型,只要满足相应的物理条件,模型就有效。更为复杂的模型要求输入更多的参数,从而产生更真实的结果,最终结果的准确性由输入参数的质量来决定。近年来,复杂的物理模型已经成为(基于计算机的)数值方法解决物理问题的常见手段。

声传播有许多数值计算模型,但这些模型都是针对特定的声学问题来设计的。近年来,Bellhop 程序(Porter and Bucker, 1987)已经成为生物声学领域极受欢迎的工具。该程序可从互联网上免费获得,且计算速度相对较快。Bellhop 是基于射线声学的数值计算模型,适用于高频。这里的“高频”意味着声波的波长相对水中传播的空间范围和所研究的几何结构尺寸较小。根据经验,如果水深远远大于声波的波长,那么采用射线声学模型是合适的。对于非常低的频率或非常浅的水域,声传播最好用基于波导理论的模型进行计算(如模态传播)。

Bellhop 射线追踪模型以及简正波模型的仿真程序可在互联网上的海洋声学图书馆(Ocean Acoustics Library)下载,网址为 http://oalib.hlsresearch.com,该网站整理了一套通用的声学建模软件。

典型的传播损失如图 3.2 所示。该图左侧为声速剖面,右侧用灰度图显示了

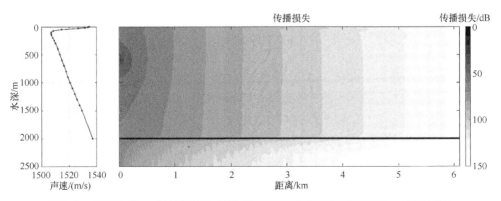

图 3.2　利用 Bellhop 做传播损失估计(粗平行线表示距离海面 2000m 处的海底)

传播损失的分布情况。仿真频率设定为 40kHz，适合基于射线声学的声传播建模。图中显示，在接近声源位置(0km 处，深度 600m)的传播损失较小(根据传播损失的定义，距离声源 1m 处 TL 为 0dB)。参照球面扩展规律，TL 在 100m 处迅速增加到40dB。尽管从 40dB 到 50dB 的 TL 等值线在灰度图中表现为圆形(这表明声波按球面波扩展)，但是从 60dB 开始，TL 等值线的曲率变平，并与深度逐渐无关。

MATLAB 代码

图 3.2 的 MATLAB 代码分为两部分：一部分为含有 Bellhop 接口协议的代码，另一部分为调用接口函数并绘制结果的通用脚本。

(1) Bellhop 接口。

```
function [pressure,Pos]=doBellhop(freq,sv,BOT,sd, rd,bty,ang)
% TL 估计的准备
% 清除缓存
warning off
delete ENVFIL
delete BTYFIL
delete LOGFIL
delete SHDFIL
warning on

% 为 Bellhop 准备输入文件
fid=fopen('ENVFIL','w');
% 标题
  fprintf(fid,'''PAM_WMXZ''\n');
% 频率(Hz)
  fprintf(fid,'%f,\n',freq);
% 参数 NMEDIA
  fprintf(fid,'1,\n');
% 参数 C-linear、Vacuum、db/lambda、Thorpe
  fprintf(fid,'''CVWT''\n');
% 忽略底部深度(单位为m)
  fprintf(fid,'0 0.0 %f \n',sv(end,1));
  for jj=1:size(sv,1)
      fprintf(fid,'%f %f /\n',sv(jj,1),sv(jj,2));
```

```
    end
%0.0 是底部粗糙度 (单位为 m)
    fprintf(fid,'''A*'' 0.0\n');
    fprintf(fid,'%f %f 0.0 %f %f 0 \n', ...
        BOT.depth,BOT.pSpeed,BOT.dens,BOT.pAtt);
% 以下几行是 Bellhop 专用代码
% NSD
        fprintf(fid,'%d\n',length(sd));
% SD(1:NSD) (m)
        fprintf(fid,'%f %f /\n',sd([1 end]));
% NRD
        fprintf(fid,'%d\n',length(rd));
% RD(1:NRD) (m)
        fprintf(fid,'%f %f /\n',rd([1 end]));
% NR,
        fprintf(fid,'%d\n',size(bty,1));
% R(1:NR) (km)
        fprintf(fid,'%f %f /\n',bty([1 end],1));
% ''R/C/I/S''
        fprintf(fid,'''I''\n'); %incoherent
% NBEAMS
        fprintf(fid,'%d\n',length(ang));
% ALPHA1,2 (degrees)
        fprintf(fid,'%f %f /\n',ang([1 end]));
% STEP (m), ZBOX (m), RBOX (km)
        fprintf(fid,'0.0 %f %f,\n',1.01*sv(end,1),1.01*bty(end,
1));
    fclose(fid);
%%%%%%%%%%%%% Bathy
fid = fopen( 'BTYFIL', 'w' );
 fprintf(fid, '''%c'' \n', 'C');
    fprintf(fid,'%d\n',size(bty,1));
    for ii=1:size(bty,1)
      fprintf(fid,'%f %f\n',bty(ii,1),bty(ii,2));
    end
```

```
fclose(fid);
```

```
% 执行 Bellhop
tic
!bellhop <ENVFIL >LOGFIL
toc
```

```
% 读取 TL
[titleText, plottype, freq, atten, Pos, pressure]=read_shd_bin
    ( 'SHDFIL');
```

(2) 调用接口函数的通用脚本。

Bellhop 接口函数中准备了一些 Bellhop 程序需要的输入文件, 接着执行 Bellhop 程序, 最终读取传播损失结果, 并作为函数的一个输出。

如图 3.2 所示, 通过"运行 Bellhop", 估计传播损失的脚本表示如下。在调用 Bellhop 接口之前, 脚本首先调用函数"getSoundSpeed"获得某一给定月份的声速及地理位置。

```
%Scr3_2
freq=40000; rmax=6.1;
%freq=15000; rmax=30.1;
%freq=3000; rmax=100.1;
%source depth
sd=600;

%绘制参数
ncol=15; %number of colors
dBs = 10; %dB/step
%cmap=flipud(jet(ncol));
cmap=gray(ncol);

%接收深度(m)
rd=0:10:2500;

%声速
month=8;
lat0=41;
```

```
lng0=5;
%

[sv,T,S]=getSoundSpeed(month,lat0,lng0);
BOT.depth=2000;
BOT.dens=2.4;
BOT.pSpeed=3000;
BOT.pAtt=0.1; %dB/lambda

% 如有必要，扩展声速剖面
if rd(end)>BOT.depth
    sv(end+1,1)=BOT.depth;
    sv(end,2)=sv(end-1,2)+(sv(end,1)-sv(end-1,1))/ 64.1;
end
% 描述海底
rng=linspace(0,rmax,501)';
bty=[rng, 2000+0*rng];
%
ang=-89:89;
[pressure,Pos]=doBellhop(freq,sv,BOT,sd,rd,bty, ang);

pressure(pressure==0)=1e-38;
RL=-20*log10(abs(squeeze(pressure)));

save(sprintf('TL%.0f',freq),'pressure','Pos');

figure(1)
clf
set(gcf,'PaperOrientation','landscape');
set(gcf,'PaperPositionMode','auto');
set(gcf,'position',[100 300 860 330]);

% 声速剖面
ax1=axes('units','pixel','position',[60,40,100, 250]);
plot(sv(:,2),sv(:,1),'k.-'), axis ij,grid on
```

```
xlabel('声速/(m/s)')
ylabel('水深/m')
ylim(rd([1 end]))
% 传播损失图像
ax2=axes('units','pixel','position',[200,40,610,250]);
hold off
hi=imagesc(Pos.r.range/1000,Pos.r.depth,RL);
caxis( [0 ncol*dBs] )
set(gca,'yticklabel',[])
title('Transmission Loss','interpreter','none')
colormap(cmap)
xlabel('距离/km')
%
hc=colorbar;
set(hc,'units','pixel','position',[820 40 10 250])
set(get(hc,'title'),'string',' dB')
set(hc,'ydir','reverse')
%
hold on
plot(bty(:,1),bty(:,2),'k','linewidth',2)
hold off
```

如上所述,数值传播模型往往很复杂,需要较多的输入参数。接下来给出基于 Bellhop 传播损失建模的输入参数。

(1) 常规数据。

频率: freq(单位为 Hz)。

声源深度: sd(单位为 m)。

(2) 环境数据。

声速剖面: sv 为矢量, sv(:,1)为深度(单位为 m), sv(:,2)为声速(单位为 m/s)。

水深测量: bty 为矢量, bty(:,1)为距离(单位为 km), bty(:,2)为深度(单位为 m)。

海底特性(压力波声速和衰减)。

(3) 建模参数。

距离步长: 最小和最大距离值。

接收机深度步长: 最小和最大接收机深度。

声线数量: 最小和最大波束角度。

(4) 参数选择注释。

为了保持合理的计算时间，建议尽量保证声线数量、距离和深度参数值较小：深度 250m、距离 500m、声线数量 180 条，这些参数值相对当前计算机处理能力是较为合理的。若有特殊需求，应该从较小的数值开始测试，逐步增加参数值，以达到所需的分辨率。

3.3.2 可选的几何扩展定律

方程(3.12)给出了球面波在等声速无限介质中的传播损失：

$$\text{TL}(r) = 20\lg(r) + ar \tag{3.13}$$

假设传播介质被限制在两个全反射的水平面之间，并且声源为介于这两个平面之间的线源，则声波按柱面扩展，传输损失表示为

$$\text{TL}(r) = 10\lg(r) + ar \tag{3.14}$$

图 3.3 比较了这两个几何扩展模型与前述 Bellhop 模型得到的仿真结果。可以观察到，柱面扩展模型仿真的结果远小于 Bellhop 模拟的传播损失值，而按球面扩展模型仿真的结果始终略高于用 Bellhop 模拟的传播损失值。

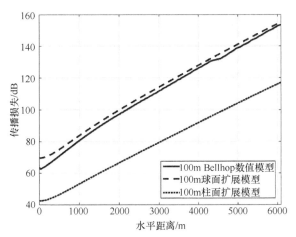

图 3.3 不同传播损失模型的比较

接收机深度 100m，声源深度 600m

虽然普遍认为等声速传播定律难以适用于实际情况，但仍需要用此假设下的几何扩展定律来简单估计传播损失。假设声波扩展到一个临界距离后，其扩展规律从球面扩展变化到修正的传播定律：

$$\text{TL}(r) = 20\lg(\min(r, r_0)) + \gamma\lg\left(\max\left(1, \frac{r}{r_0}\right)\right) + ar \tag{3.15}$$

式中，r_0 为过渡距离，分隔了球面扩展模型区域和修正的传播模型区域；γ 为修

正后的传播损失系数。

　　图 3.4 显示了在 3kHz、15kHz 和 40kHz 三种频率下，用 Bellhop 模型估计传播损失 TL 的结果，输入参数为声源深度 600m，接收机深度 100m。除 Bellhop 仿真结果以外(灰色线)，图 3.4 还显示了用方程(3.15)对 Bellhop 模型仿真结果的拟合曲线(虚线)。修正传播模型的具体表达式已经在图中给出。需要注意的是，三种频率下的修正传播模型拥有不同的传播损失系数，因此不能给出固定参数的修正传播模型。方程(3.15)可用来近似 Bellhop 模型的仿真结果，为该模型提供了一个紧凑的数学表达式。图 3.4 表明方程(3.15)适用于远距离情况下的 TL 拟合。用简化方程拟合数值 TL 模型的做法是可行的，但近似结果的可靠性需要根据具体情况进行评估。

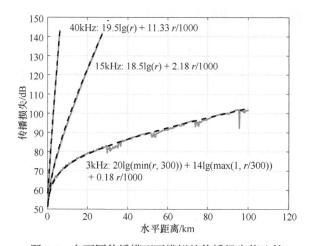

图 3.4　在不同传播模型下模拟的传播损失值比较

3.4　噪　声　级

　　声呐方程将接收信号级与掩蔽信号检测的背景噪声级相关联。如第 1 章所述，为了把干扰与噪声区分开，将仅可由随机过程描述的分量归为噪声。因为噪声源于一个随机过程，或是由大量非相关信号的随机叠加而构成。

　　噪声的成因可分为两类：

　　(1) 环境噪声来自系统外部，因此与被动声学监测系统及其操作无关。典型的自然因素有风、波浪、雨和生物，典型的人为因素有航运和工业活动。

　　(2) 白噪声，由被动声学监测系统本身产生，包括从事被动声学监测船舶的辐射噪声、流噪声以及电子设备的热噪声。

3.4.1 噪声谱级

噪声作为一个随机量，不能像信号一样(如高斯脉冲：方程(1.24))用确定性函数来描述，但是噪声可以用平均声强来度量：

$$\overline{I} = \frac{1}{\rho_0 c}\frac{1}{T}\int_0^T x^2(t)\mathrm{d}t \tag{3.16}$$

式中，$x(t)$ 为噪声时间序列；T 为积分时间，应选择合适的积分区间以确保声强收敛。

由定义可知噪声是宽带的，为表征噪声的特性，需要量化噪声级的测量带宽。实际上，噪声时间序列 $x(t)$ 通过中心频率为 f_m、带宽为 Δf 的带通滤波器后，得到新的随机时间序列 $y(t)$。接着估计平均声强，并将结果除以带宽得到 $y(t)$ 的频谱密度，从而噪声谱级(单位为 dB)变为

$$\mathrm{NL}_0(f) = 10\lg\left(\frac{1}{T\Delta f}\int_0^T y^2(t)\mathrm{d}t\right) \tag{3.17}$$

噪声谱级(单位 dB/($\mu\mathrm{Pa}^2\cdot\mathrm{Hz}$))与频率有关。由于噪声谱级是通过带通滤波器估计的，故需要格外注意滤波器的带宽，特别是滤波器出现频率重叠的情况。即便噪声频谱以 Hz 为单位给出，滤波器带宽 Δf 通常大于 1Hz，窄带噪声滤波器也比宽带噪声滤波器能得到更多的频谱细节。

3.4.2 噪声掩蔽效应

宽带接收机的掩蔽噪声级 NL，通常估算为噪声谱级 NL_0 乘以带宽，以 dB 为单位表示为

$$\mathrm{NL} = \mathrm{NL}_0(f_m) + 10\lg(B) \tag{3.18}$$

式中，f_m 为接收机的中心频率；B 为测量带宽，Hz。

方程(3.18)近似接收器带宽内的噪声谱级为常量。然而这个结果仅是当测量带宽与接收器带宽 B 相同时的噪声级近似值。当接收机的带宽较大时，需要在感兴趣的频带上对噪声谱级积分来估计掩蔽噪声级：

$$\mathrm{NL} = 10\lg\left(\int_B 10^{\frac{\mathrm{NL}_0(f)}{10}}\mathrm{d}f\right) \tag{3.19}$$

显然，对于恒定的噪声谱级，方程(3.19)转化为方程(3.18)。

3.4.3 表面噪声

无冰海洋的表面噪声主要是由风引起的，因此噪声级不仅取决于频率，还取决于风速。对于 $1\sim100\mathrm{kHz}$ 的环境噪声谱级(单位 dB/($\mu\mathrm{Pa}^2\cdot\mathrm{Hz}$))，可采用克努森

噪声模型(Knudsen et al., 1948; Lurton, 2002)来估计:

$$\mathrm{NL}_{\mathrm{Surf\_0}}(f) = 44 + 23\lg\{v+1\} - 17\lg\{(\max(1,f)\} \tag{3.20}$$

式中, v 为风速, m/s; f 为频率, kHz。

图 3.5 显示了在三种不同频率下, 表面噪声谱级随风速的变化。

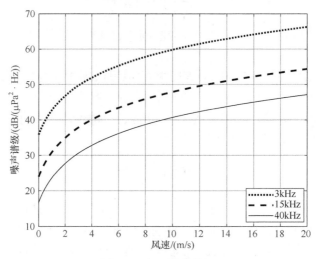

图 3.5　表面噪声谱级

3.4.4　表面噪声随深度的衰减

表面噪声, 顾名思义是水面位置产生的噪声。值得关注的是表面噪声强度随接收机深度的变化规律。当接收机的深度逐渐远离嘈杂的水面时, 会产生两种变化: 首先, 个别噪声源的到达声强会因传播损失增大而减小; 其次, 与接收机距离相同的表面噪声源数量增加, 到达声强会相互叠加。结合这两种效应, 表面噪声谱级与接收机深度的关系(Lurton, 2002)表示为

$$\mathrm{NL}_{\mathrm{Surf\_0}}(d,f) = \mathrm{NL}_{\mathrm{Surf\_0}}(f) - a_{\mathrm{f}}d - 10\lg\left(1 + \frac{a_{\mathrm{f}}d}{8.686}\right) \tag{3.21}$$

式中, d 为接收机深度, m; a_{f} 为吸收系数, dB/m。

当表面噪声频率较高时,噪声级随深度的增加而降低的关系将变得更加明显。当表面噪声频率为 40kHz 时, 接收机在深度 1000m 处接收到的声级比在深度 1m 处的至少低 10dB。

3.4.5　船舶噪声

船舶噪声(主要是远处的)是低频环境噪声的主要成分, 频率在几十赫兹到 1000Hz 之间。船舶装载了各种嘈杂的机械设备(发动机、发电机、绞盘等), 这些

机械噪声通过船体传到海中。此外，转动的螺旋桨可能会产生特有的宽带空化噪声，这种空化噪声强度会随着螺旋桨转速的增加而增大，因此也随着船速的增加而增大。

船舶噪声的强度波动很大，强烈依赖于与船的距离，且不容易量化。但对于远处船舶的噪声，可用经验模型(Wenz，1962；Lurton，2002)进行估算，以 dB 为单位表示为

$$NL_{Ship\_0}(f) = 60 + 10\mu - 20\lg\{\max(0.1, f)\} \tag{3.22}$$

式中，$\mu = 0,1,2,3$ 分别适用于安静、低、中、高的船舶交通状态；f 为噪声频率，kHz。当频率低于 100Hz 时，可认为船舶噪声与频率无关。

3.4.6　湍流噪声

对于 1～10Hz 的甚低频，环境噪声主要源于海洋湍流。这种噪声强度随频率的增加会迅速下降，可据经验(Wenz，1962)建模为

$$NL_{Turb} = 17 - 30\lg(f) \tag{3.23}$$

式中，f 为湍流噪声频率，kHz。

3.4.7　热噪声

在非常高的频率下，如当频率超过 100kHz 时，海水中分子的随机运动效应再次成为环境噪声的主导因素。理想水听器的热噪声模型(Lurton，2002)可建模为

$$NL_{Therm} = -15 + 20\lg(f) \tag{3.24}$$

式中，f 为热噪声频率，kHz。

3.4.8　总体环境噪声谱

综合所有环境噪声可以得到总体环境噪声谱级。环境噪声谱级明显受海况、船舶交通量以及水听器深度的影响。环境噪声的可视化最小值是被动声学监测系统性能的一个衡量标准。为了检测到非常微弱的信号，即低信噪比的远距离信号，被动声学监测系统应该具备测量和量化极弱环境噪声的能力。

图 3.6 显示了水听器深度为 100m、0 级海况、安静船舶交通状况下的最小环境噪声谱级。这个最小值不一定是人们在偏远海洋位置观测到的实际最小值，因为所有噪声都是根据经验建模得到的，况且实际测量噪声的位置应被考虑为嘈杂环境。例如，方程(3.21)表明增大水听器深度能减小来自表面噪声的影响，同时海洋湍流噪声也可能会被海底地形所掩蔽。另外，某些海洋环境可能永远不会像仿真条件那样安静。尽管以上模型有助于声呐设备性能的评估，但它们仍不能取代现场的实际环境噪声测量。

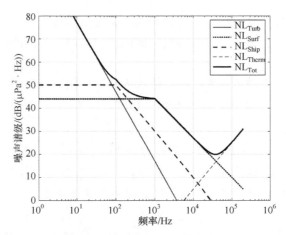

图 3.6　0 级海况、安静船舶交通状况下，水听器深度 100m 时的环境噪声谱级

细实线表示湍流噪声谱，粗点线表示表面噪声谱，粗虚线表示船舶噪声，细虚线表示热噪声，粗实线表示总体环境噪声谱

MATLAB 代码

```
%Scr3_6
f=(1:200000)';
fkz=f/1000;
D=0; %0:3 %安静的航运
w=0; %m/s %无风
%
T=13;
S=38;
Z=100;
c=1500;
pH=7.8;
aa=FrancoisGarrison(fkz,T,S,Z,c,pH);
dcorr=aa*Z/1000;

NL1=17-30*log10(fkz);
NL2=44+23*log10(w+1)-17*log10(max(1,fkz));
NL3=30+10*D-20*log10(max(0.1,fkz));
NL4=-15+20*log10(fkz);

NL3d=NL3-dcorr-10*log10(1+dcorr/8.686);
```

```
NL=10*log10(10.^(NL1/10)+10.^(NL2/10)+ ...
           10.^(NL3d/10)+10.^(NL4/10));

figure(1)
hp=plot(f,[NL1 NL2 NL3d NL4 NL],'k','linewidth',1);
set(hp(1),'linestyle','-')
set(hp(2),'linestyle',':')
set(hp(3),'linestyle','--')
set(hp(4),'linestyle','--')
set(hp([2 3 5]),'linewidth',2)
ylim([0 80])
grid on
ylabel('噪声频谱级/(dB/(μPa² · Hz))')
xlabel('频率/Hz')
set(gca,'xscale','log','xminorgrid','off')
legend('NL_{Turb}','NL_{Surf}','NL_{Ship}', ...
       'NL_{Therm}','NL_{Tot}')
return
```

3.5 阵 增 益

被动声学监测系统使用一个或多个水听器来采集海水中的声音。应选择具有全指向性的水听器，即水听器在各个方向上具有相同的灵敏度。这种水听器更符合被动声学监测的应用需求，因为检测鲸类动物叫声的任务意味着鲸类动物的方位事先未知。然而，在某些情况下可以将接收水听器阵列的灵敏度聚焦在特定方向，以减少来自其他方向的环境噪声，从而产生阵增益 AG。阵增益 AG 定义为与单个全向水听器相比，用水听器阵列接收的信噪比的改善程度。因此，估计阵增益需要先了解阵列的指向性以及环境噪声场的各向异性。

阵列增益估计

为了简便地计算阵增益 AG，可以考虑 Urick 模型(Urick，1983)，该模型考虑了信号和噪声的统计特性。假定有 n 个相同灵敏度的线性水听器阵列，声源在远离阵列的正横位置(90°)。在信号足够强的条件下，将 n 个水听器阵元的输出相加得到阵列的输出：

$$S_n(t) = \sum_{i=1}^{n} s_i(t) \tag{3.25}$$

式中，$s_i(t)$ 为在无噪声情况下水听器的输出。

在无信号情况下可以得到

$$N_n(t) = \sum_{i=1}^{n} n_i(t) \tag{3.26}$$

式中，$n_i(t)$ 为在无信号情况下水听器的输出。

进而，平均信噪比表示为

$$\mathrm{SNR}_n = \frac{\overline{(S_n(t))^2}}{\overline{(N_n(t))^2}} = \frac{\overline{\left(\sum_{i=1}^{n} s_i(t)\right)^2}}{\overline{\left(\sum_{i=1}^{n} n_i(t)\right)^2}} \tag{3.27}$$

将式(3.27)中的平方项展开，并且对每两个输出的乘积取时间平均，可以得到水听器测量信号(信号或者噪声)的互相关。

利用互相关系数 ρ_{ij} 的定义：

$$\rho_{ij} = \frac{\overline{x_i(t)x_j(t)}}{\sqrt{\overline{x_i^2(t)x_j^2(t)}}} \tag{3.28}$$

假设 $\overline{s_i^2(t)} = \overline{s^2}$，$\overline{n_i^2(t)} = \overline{n^2}$，平均信噪比变为

$$\mathrm{SNR}_n = \frac{\overline{s^2}}{\overline{n^2}} \frac{\sum_i \sum_j (\rho_S)_{ij}}{\sum_i \sum_j (\rho_N)_{ij}} = \mathrm{SNR}_1 \frac{\sum_i \sum_j (\rho_S)_{ij}}{\sum_i \sum_j (\rho_N)_{ij}} \tag{3.29}$$

阵增益变为

$$\mathrm{AG} = 10\lg\left(\frac{\mathrm{SNR}_n}{\mathrm{SNR}_1}\right) = 10\lg\left(\frac{\sum_i \sum_j (\rho_S)_{ij}}{\sum_i \sum_j (\rho_N)_{ij}}\right) \tag{3.30}$$

因此，阵增益取决于所有水听器之间的互相关系数(包括信号和噪声)。信号的互相关系数往往大于噪声的互相关系数(如果不接近 1)，从而产生正的阵增益。

这里举一个简单的例子，假设不同阵元接收到的信号完全相关，接收到的噪声完全不相关，则阵增益变为

$$\mathrm{AG} = 10\lg\left(\frac{n^2}{n}\right) = 10\lg(n) \tag{3.31}$$

然而，对于宽带接收系统，噪声很难是完全不相关的。噪声的部分相关会导致阵增益降低为

$$AG = 10\lg\left(\frac{n}{1+(n-1)\rho_n}\right) \tag{3.32}$$

式中，ρ_n 为水听器之间的噪声互相关系数。假设阵元间距相等，并且阵元间距与待测声波的波长非常接近，则噪声互相关系数 ρ_n 接近 1，阵增益 AG 接近 0dB。

3.6 处 理 增 益

阵增益体现出用阵列接收可以降低环境噪声对被动声学监测系统的影响。信号处理增益则描述了因信号处理带来接收信噪比的改善程度。因此，信号处理增益 PG 取决于处理系统的具体实现，以及信号处理方式在掩蔽噪声中检测信号的适用性。本书将在关于鲸类动物叫声信号处理的后续章节中对此做更详细的讨论。

3.7 检 测 阈

除前述的信噪比，原始声呐方程(方程(3.1))中的另一个量是检测阈 TH。根据定义，检测阈是判断信号存在所需的最小信噪比。原始声呐方程认为这个最小信噪比是经过信号处理后的输出。然而，本章将处理增益从声呐方程中剥离，认为检测阈与信号处理手段无关，仅取决于接收机输出端的噪声统计特性，这使得检测阈更易于测量和确定。

对于给定的检测阈 $TH = \lg(th)$，出现以下两种情况时检测器会判断信号存在：信号存在时的正确检测；不存在信号时噪声强度过高导致虚警。因此，一种常见方法是通过限制虚警概率 $P_{FA}(th)$，将检测阈和虚警的次数关联起来：

$$P_{FA}(th) = \int_{th}^{\infty} w_{Noise}(y)dy \tag{3.33}$$

式中，$w_{Noise}(y)$ 是噪声的概率密度函数(probability density function，PDF)。

当缺乏关于噪声统计特性的先验知识时，可以假设噪声幅度的概率密度函数服从瑞利分布(参见 1.5.2 节)：

$$w_{Noise}(y) = \frac{y}{\sigma_0^2}\exp\left\{-\frac{y^2}{2\sigma_0^2}\right\} \tag{3.34}$$

式中，σ_0^2 为噪声方差，在声呐方程中等于 1。因为声呐方程是根据信噪比制定的，

所以用信噪比取代 y/σ_0。

根据方程(3.34)对方程(3.33)进行积分，得到虚警概率：

$$P_{FA}(th) = \exp\left\{-\frac{th^2}{2}\right\} \tag{3.35}$$

从而得到一个简单的检测阈表达式，该表达式为虚警概率的函数：

$$th = \sqrt{-2\ln(P_{FA})} \tag{3.36}$$

即使真实海洋噪声幅度几乎不服从瑞利分布，方程(3.36)仍被广泛使用。如果可以获得真实的噪声统计数据，则应该使用测量的噪声概率密度函数，再通过方程(3.33)来估算检测阈。

第二部分 信号处理（设计工具）

本部分讨论鲸类动物检测、分类、定位、跟踪(DCLT)算法。第 4 章首先介绍并讨论被动声呐应用中常用的信号检测技术，为后续的信号处理方法提供必要的理论基础。第 5 章介绍分类技术，该技术是一种减少错误检测、干扰和不相关检测的手段。第 6 章介绍海洋生物定位技术，重点讨论多水听器测距、三角测距、多路径测距和波束形成等常用的被动距离估计技术。跟踪技术作为 DCLT 信号处理工具的最后一部分，将在第 6 章中与定位方法一并介绍。在被动声学监测系统中，如需定位一个或多个发声的鲸类动物并监测其行为，则需采用追踪技术对单个动物的位置进行连续估计。

第 4 章　检 测 方 法

本章介绍被动声呐应用中常用的信号检测算法。对声音原始数据进行检测，为后续的信号处理提供必要的信息。本章根据第 3 章介绍的声呐方程的检测概念，介绍标准阈值检测器以及非线性递归检测器——序贯概率比检测器。与检测密切相关的是，通过频谱滤波降低不相干的噪声，本书主要采用频谱均衡、带通滤波及匹配滤波技术。用真实数据对所有检测方法进行测试，并对比分析其性能。与检测性能并行，本章将分析虚拟问题并讨论检测器的接收机工作特性(receiver operation characteristics，ROC)曲线。

4.1　检测回声定位嘀嗒声

被动声学监测系统接收到如图 4.1 所示的时间序列,图 4.1 为单个水听器接收数据中一段 3s 的片段,该图显示了在连续噪声基底中嵌入了短瞬变序列。图中存在不同的瞬变信号，但信号的个数却不够明了。从最强瞬变信号进行计算，可数出至少 16 个瞬变信号，其中最弱瞬变很可能为噪声波动，则需采用一种量化方法对噪声和信号进行判断。

图 4.1 的 MATLAB 代码

```
%Scr4_1
%加载数据
[xx,fs] = wavread('../Pam_book_data/zifioSelectScan.
    wav');
%
%构建时间向量
tt = (1:length(xx))'/fs;
%
%消除直流分量
ss = xx - mean(xx);
%
%校准时间序列
cal=10^(27/20); %单位相当于每 27dB/Pa
```

```
ss=cal*ss;
%
figure(1)
plot(tt,ss,'k')
set(gca,'fontsize',12)
xlabel('时间/s')
ylabel('声压/Pa')
xlim(tt([1 end]))
```

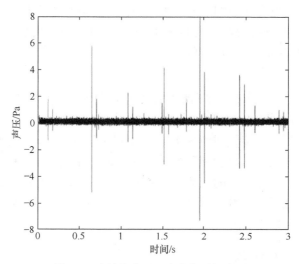

图 4.1　喙鲸的典型回声定位时间序列

4.1.1　阈值检测器

　　被动声学监测系统接收到的信号如图 4.1 所示。记录的数据集中包含嵌入在噪声中的短信号(可见瞬变信号)。若瞬变满足信号检测的标准且峰值幅度明显超过噪声幅度，则认为该瞬变为信号。将信号与背景噪声相关联，如果其峰值信噪比(SNR)超过阈值，则该瞬变判定为信号，否则判定为噪声。

　　瞬变的信噪比超出阈值 TH，则认为该瞬变为检测到的信号，方程如下：

$$SNR > TH \tag{4.1}$$

　　该方程表示了检测的基本过程。在检测过程中，首先对瞬变时的噪声进行估计，计算其信噪比并与阈值进行比较，阈值为已知设定好的。图 4.2 为图 4.1 中数据的检测结果，在该检测过程中，阈值选择为 TH = 4.5，即 TH = 13dB，检测结果包含 27 个信号。为了便于比较，信噪比以比值的形式展示，因为方程(4.1)中的不等式在线性和对数运算条件下均成立。

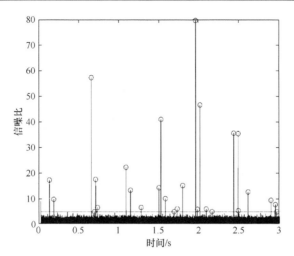

图 4.2 多个信号的检测结果

圆圈标出的是检测到的信号

简单阈值检测器的 MATLAB 代码

```
function [jth,ith]=do_SimpleDetection0(snr,tt,th, dt_max)
% 简单的嘀嗒声检测器
%
% 根据阈值判断
ith=find(snr>th);
%
%检测修剪
jth=ith;
jj=1;
for ii=2:length(ith)
    ki=ith(ii);
    kj=ith(jj);
    if tt(ki)-tt(kj)>dt_max
        jj=ii;
        continue
    else
        if snr(ki)>snr(kj)  % 当前信噪比大于上一个信噪比
                            % 进行对比
            jth(jj)=0;  % 移除
            jj=ii;
```

```
        else
            jth(ii)=0;
        end
    end
end
%
%减少检测向量
jth(jth==0)=[];
```

MATLAB 函数备注

在 2ms 的时间窗内，只保留具有最大信噪比的阈值，本方法定义连续两段检测信号之间的最小距离为修剪窗口的长度，其中修剪窗口的长度与检测阈值均为提前设定的。

用于运行检测器并绘制结果的 MATLAB 代码

```
%Scr4_2
%如果需要，可以(不)注释下一行
Scr4_1
%
%全部时间序列上的噪声估计
nn=sqrt(mean(ss.^2));
%
% 估计信噪比
snr = abs(ss)/nn;
%
% 确定阈值
th=4.5;
% 检测裁减窗口
dt_max=2/1000; %2ms
%
%简单的嘀嗒声检测器
jth=do_SimpleDetection0(snr,tt,th,dt_max);

% 画图
figure(1)
```

```
plot(tt,snr,'k', tt(jth),snr(jth),'ko', ...
    tt([1 end]),th*[1 1],'k--')
xlim(tt([1 end]))
set(gca,'fontsize',12)
xlabel('时间')
ylabel('SNR')
```

MATLAB 代码解释

此代码在生成图 4.1 的上一个代码之后执行。首先利用数据的均方根值获取噪声估计值，因为信号持续时长非常短，我们使用包括信号的整个数据集来估计噪声，也愿意稍微高估噪声值。

为了估计信噪比，只需将去均值数据集的绝对值除以噪声估计值。在这个例子中，阈值是通过目视检查信噪比图来猜测的。稍后，将使用一种方法来确定改进阈值的选择。MATLAB 代码将信噪比估计为纯比值，而不是以 dB 为单位，因此需要给出阈值。

4.1.2 信号振幅、信号功率和信号包络

从 MATLAB 脚本中可以看出，在估计信噪比之前对信号取绝对值。尽管这一步骤是直观的，但并不一定是最好的方法。由方程(2.1)可知，一般信号的绝对压强值由以下方程给出：

$$|P(t)| = \sqrt{P(t)^2} = \frac{A(t)}{\sqrt{2}}\sqrt{1+\cos(2\omega t)} \tag{4.2}$$

函数值在 $A(t)$ 和零之间变化，因此可能对同一信号进行多次检测。通过修剪检测，去除多余的信号，仅保留最高信噪比的检测项。

由于信号的振幅函数或方程(4.2)中的包络 $A(t)$ 用于估计信噪比，需将振幅函数从纯振荡部分中分离出来，在方程(2.1)中表示为余弦函数，对其取绝对值可得到方程(4.2)中的附加项 $\sqrt{\dfrac{1+\cos(2\omega t)}{2}}$。

1. 解析信号形式

用复数形式表示实值信号，则可表示为

$$P_C(t) = A(t)\exp\{-i\omega t\} \tag{4.3}$$

取绝对值后，得到振幅函数：

$$A(t) = |P_C(t)| \tag{4.4}$$

方程中虚指数部分的绝对值为 $\left|\exp\{-\mathrm{i}\omega t\}\right| = 1$ 。

　　将实值信号转换为方程(4.3)的复数形式，由于实值函数的傅里叶变换具有负频率，而复数信号的傅里叶变换仅包含正频率。对信号解析拓展，也称为信号的解析形式，进行以下操作：

$$P_C(t) = \mathrm{FFT}^{-1}(W_C \times (\mathrm{FFTP}(t))) \tag{4.5}$$

式中，W_C 为权重函数，该函数通过将负频率设定为零，进而修改实值信号 $P(t)$ 的频谱，傅里叶逆变换 FFT^{-1} 的复数描述形式为 $P_C(t)$ 。在 MATLAB 中，选择 $W_C(1) = 1$，$W_C(n) = 2$，$n = 2, \cdots, \mathrm{nfft}/2$(正频率)，且 $W_C(n) = 0$，$n = \mathrm{nfft}/2 + 1, \cdots, \mathrm{nfft}$(负频率)。

　　图 4.3 给出了图 4.1 中信号的振幅和包络函数，其中通过分析时间序列的绝对值可得到包络。

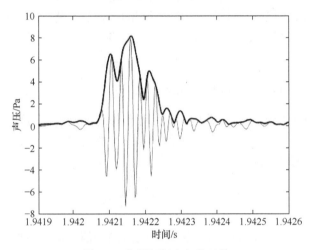

图 4.3　信号振幅和包络函数

2. 希尔伯特变换

　　方程(4.5)适用于短时间序列。对于长时间序列或连续信号，连续数据集之间会出现过渡边缘效应，较难产生解析信号。方程(4.5)是基于解析的复时间序列，虚部相对于实部 90°相移，该数字滤波器称为希尔伯特变换滤波器，且适合做连续处理。把原始时间序列作为实部，并将希尔伯特变换时间序列作为虚部，构建解析性时间序列。

　　MATLAB 代码展示了希尔伯特变换的实际实现(Stearns and David，1988)，希尔伯特变换与理想滤波器在三个方面有所不同：脉冲响应为有限的、滤波器是因果的、采用附加窗口函数改善增益特性。滤波器的因果性使滤波器响应时延了窗口长度的一半，在构建解析信号时须考虑这一点。

用于估计复解析时间序列的 MATLAB 代码

```
function z=doAnalytic(x,nfft)
%
% 定义希尔伯特变换的脉冲
nk=32;
k=(1:nk)';
h=zeros(2*nk+1,1);
h(nk+1+k)=(2/pi)*(k-2*floor(k/2))./k;
h(nk+1-k)=-h(nk+1+k);
h=h.*hamming(2*nk+1);
%
% 使用 FFT 滤波器处理长数据并纠正时延
y=fftfilt(h,[x;zeros(nk,size(x,2))]); y(1:nk,:)=[];
%
%构造复数信号
z=x+i*y;
return
```

MATLAB 代码解释

该算法通过希尔伯特变换得到解析表达式，由于希尔伯特变换具有因果关系，在时间序列开始时添加 $nk = 32$ 的样本，并在结束时将样本移除以完成希尔伯特变换与原始时间序列校准。这是通过在滤波前，首先用 nk 个样本对原始时间序列进行零填充，然后移除变换后时间序列中最开始的 nk 个样本来完成的。该变换通过 MATLAB 中滤波函数 fftfilt 执行。

用于产生图 4.3 的代码

```
%Scr4_3
% 加载数据
[xx,fs] = wavread('../Pam_book_data/zifioSelect Scan.wav');
%
% 构建时间序列
```

```
tt = (1:length(xx))'/fs;
%
%消除直流分量
ss = xx - mean(xx);
%
%校准时间序列
cal=10^(27/20);
ss=cal*ss;
%包络
yy_a=doAnalytic(ss,512);
%
xl=1.9421+[-2 5]*1e-4;
%
figure(1)
clf
hp=plot(tt,ss,'k',tt,abs(yy_a),'k');
set(hp(2),'linewidth',2)
set(gca,'fontsize',12)
xlabel('时间/s')
ylabel('声压/Pa')
xlim(xl)
```

4.1.3　信号提取

　　检测器至少需要给出该信号的发声时刻以及最大信噪比值这两个基本参数，由于鲸类种群的信号分类较为复杂，提取检测信号的时间序列更便于分类。检测器需检测出信号的起始时间及终止时间，有个简单方法是找出检测窗(在已检测到的信号附近)里所有超过阈值的点从而判断起始时间和终止时间。在已检信号边界之前与之后添加一些样本数据有助于提取时间序列。

　　图 4.4 为提取后的信号，该检测基于信号的包络或振幅。基于包络信噪比的检测性能优于基于绝对幅度信噪比的检测性能，基于包络的检测往往会检测出最大的信号范围，这是因为包络从定义上来说总是不小于绝对振幅的，在某些情况下可能还会大于绝对振幅。

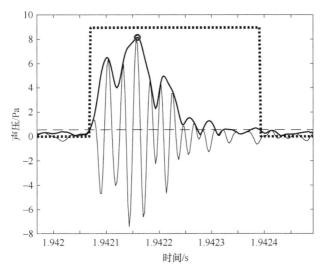

图 4.4 声压标度下提取的信号

点线表示提取的信号范围；为了可视化，将阈值(虚线)从信噪比尺度变为声压尺度

用于估计起始时间和终止时间的检测算法的 MATLAB 代码

```
function [jth,i1,i2]=do_Simple Detection1(snr,tt,th,dt_max)

% function [jth,i1,i2]=do_SimpleDetection(snr,th, dt_max)
%嘀嗒声检测器
%
[jth,ith]=do_SimpleDetection0(snr,tt,th,dt_max);

% 估计信号长度
j1=0*jth;
j2=0*jth;
for ii=1:length(jth)
    %找出阈值交叉点
    thc=find(abs(tt(jth(ii))-tt(ith))<=dt_max);
    % 存储起始时间和终止时间
    j1(ii)=min(thc);
    j2(ii)=max(thc);
end
i1=ith(j1);
i2=ith(j2);

%消除重叠检测
iov=find(i1(2:end)-i2(1:end-1)<0);
```

```
imx=snr(jth(iov))>snr(jth(iov+1));
iov(imx)=iov(imx)+1;
jth(iov)=[];
i1(iov)=[];
i2(iov)=[];
```

提取信号时间序列并绘制单次检测的 MATLAB 代码

```
%Scr4_4
%
Scr4_3
%
nn_a=sqrt(mean(abs(yy_a).^2));
snr_a=abs(yy_a)/nn_a;
%
% 确定阈值
th=4.5;
%检测裁减窗口
dt_max=2/1000; %2ms
%
% 嘀嗒声检测器
%
[jth,i1,i2]=do_SimpleDetection1(snr_a,tt,th, dt_max);
%
%提取信号
di=ceil(fs*1e-4);
Det=[];
for ii=1:length(jth)
    Det(ii).tdet=tt(i1(ii)-di);
    Det(ii).idet=[jth(ii),i1(ii),i2(ii)];
    Det(ii).odet=di;
    Det(ii).ss=ss((i1(ii)-di):i2(ii)+di));
    Det(ii).nn=nn_a;
end
%
%检索单个检测
ii=14;
xx1=Det(ii).ss;
tt1=Det(ii).tdet+(0:(length(xx1)-1))'/fs;
%
% 构造包络
```

```
yy=doAnalytic(xx1,512);
A=abs(yy);
nn_a=Det(ii).nn;
%
% 标记检测
D=0*tt1;
ipk=Det(ii).odet+1+(Det(ii).idet(1)-Det(ii).idet(2));
idt=Det(ii).odet+1+(0:Det(ii).idet(3)-Det(ii).idet(2));
D(idt)=A(ipk)*1.1;
%
% 对选择的检测进行绘图
figure(1)
hp=plot(tt1,xx1,'k',tt1,A,'k',…
        tt1(ipk),A(ipk),'ko',…
        tt1,D,'k:',…
        tt1([1 end]),th*nn_a*[1 1],'k-');
xlim(tt1([1 end]))
%set(hp(1),'color',0.5*[1 1 1])
set(hp(2:4),'linewidth',2)
set(gca,'fontsize',12)
xlabel('时间/s')
ylabel('声压/Pa')
```

4.1.4　预处理原始数据

4.1.3 节实现并分析了阈值检测器,然而这种方法可能会产生多个超出信噪比门限的点,将单一信号检测成多个信号。同一个被检信号中超出门限的点之间是高度相关的,通过适当的处理可以减少这些点。一种方法是用一个可以反映期望信号长度的滑动窗,定义实际信号长度为在最高信噪比附近第一个和最后一个超出门限的点之间的时间。

上述信号均基于瞬时绝对声压幅度或声压包络的信噪比估计进行检测,单个超过门限的点应对应单个检测信号,但是由于噪声的影响,实际情况很难满足这个条件。有限长度的真实信号往往包含多个声压测量值,问题就在于是否可以减少超出门限的虚假点,这些虚假点之间距离过短,难以从中获得真实信号的信息,因此可以采用平均声压幅度测量值代替瞬时声压幅度来估计信噪比,减少过短的超出门限的虚假声压值,从而提高检测性能。由于信号比起噪声相关性更强,任何平均都会减小噪声,从而增加信噪比并提高检测性能。

采样频率为 384kHz,大约为最高频率 60kHz 的 6 倍,且信号足够长,包含约 70 个样本，这里采用均方根声压检测器进行噪声平均。由第 1 章可知，平均强度通过求某个时间窗内平均声压的平方得到，其中时间窗为声波信号的一个周期，也可以是整个信号时长。t 时的均方根压强为

$$P_{\mathrm{RMS}}(t) = \sqrt{\frac{1}{T} \int_{t-T/2}^{t+T/2} P^2(\tau) \mathrm{d}\tau} \tag{4.6}$$

式中，窗口长度 T(矩形)以所需时间 t 为中心。图 4.5 为噪声平均后的结果，即均方根声压函数对检测结果的影响。无法从图中判断检测性能是否得到提高，需要进行更全面的分析，这些将在下文进行介绍。

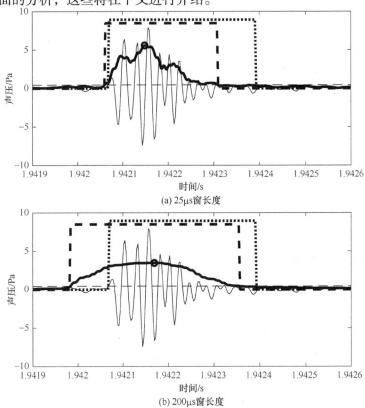

图 4.5　基于均方根声压检测器的信号检测结果

粗实线为均方根声压，粗虚线为检测器的结果，细实线为信号时域波形，点线为图 4.4 的包络检测器结果。分图(a)的均方根估计基于 25μs 的窗(约 10 个样本)进行积分，分图(b)基于 200μs 的窗(约 78 个样本)

从图 4.5 中可以看出，积分窗口越长，所估计的均方根声压值越平滑。信号的起始位置比用包络阈值检测器检测到的位置要早，因为窄带宽带功率比值法(narrow band and wideband power ratio method，PRM)声压估计在信号开始(半窗长度)之前已经清楚地"看到"了信号。信号的终止位置比用包络阈值检测器检测到

的位置要早，因为积分窗的平滑特性抑制了振荡信号的拖尾。

近年来，一些文章推荐 Teager-Kaiser(TK)算法，声称它是适合声波能量处理的方法(Kaiser，1990；Kandia and Stylianou，2006)。

用以下方程描述声压：

$$P(t) = P_0 \cos(\omega t) \tag{4.7}$$

相乘得

$$P(t - \mathrm{d}t)P(t + \mathrm{d}t) = P_0^2 \cos(\omega(t - \mathrm{d}t))\cos(\omega t(t + \mathrm{d}t)) \tag{4.8}$$

根据三角恒等方程

$$\cos(\alpha - \beta)\cos(\alpha + \beta) = \cos^2 \alpha - \sin^2 \beta \tag{4.9}$$

得到

$$P(t - \mathrm{d}t)P(t + \mathrm{d}t) = P_0^2 \left[\cos^2(\omega t) - \sin^2(\omega \mathrm{d}t) \right]$$

或

$$P(t - \mathrm{d}t)P(t + \mathrm{d}t) = P^2(t) - P_0^2 \sin^2(\omega \mathrm{d}t) \tag{4.10}$$

即

$$P_0^2 \sin^2(\omega \mathrm{d}t) = P^2(t) - P(t - \mathrm{d}t)P(t + \mathrm{d}t) \tag{4.11}$$

当 $\omega \mathrm{d}t$ 很小时，则变为

$$P_0^2 (\omega \mathrm{d}t)^2 = P^2(t) - P(t - \mathrm{d}t)P(t + \mathrm{d}t) \tag{4.12}$$

方程(4.11)的左侧与最大压强平方成正比，而最大压强的平方取决于信号频率 f_0 与样本频率 f_s 的比值，即 $\omega \mathrm{d}t = 2\pi f_0 / f_s$。其中平均声波强度与声波的振幅是相关的。

$$\bar{I} = (\rho_0 c)\frac{\omega^2 s_0^2}{2} \tag{4.13}$$

Kaiser(1990)提出，可根据方程(4.12)估计平均强度或能量(方程(4.13))。然而平均声强正比于 P_0^2 而非 ωP_0^2。若测量声场中的粒子位移 $s(t)$，而非声压 $P(t)$，则将一个类似于方程(4.12)的算法用于 $s(t)$，可测量的声强只取决于一个因子。Kaiser(1990)介绍了一种简单机械振荡器的算法，见式(4.13)，在该算法中，可直接得到振荡幅度。

由于方程(4.11)左侧针对任何给定频率均为常量，因此可使用方程(4.11)右侧来定义一个频率加权声压振幅估计 P_{TK}：

$$P_{TK}(t) = \sqrt{\max\left(0, P^2(t) - P(t - \mathrm{d}t)P(t + \mathrm{d}t)\right)} \tag{4.14}$$

为避免虚数解，方程(4.14)中求平方根的数应为非负值。

图 4.6 为 Teager-Kaiser 法的频率加权压力振幅估计值(粗实线)以及阈值检测器(短划线)与包络阈值检测器(点线)的结果。正如预期，PTK 估计是图 4.4 所示包络函数的缩减版本。二者检测到的信号起始时间相似，但是终止时间的估计不同。

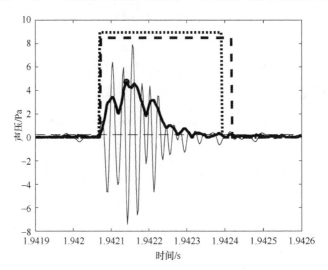

图 4.6　基于 Teager-Kaiser 法的阈值检测器

粗实线为 Teager-Kaiser 振幅估计(方程(4.14))，粗虚线为阈值检测器的结果，细实线为信号时域波形，点线为图 4.4 的包络检测器结果

4.1.5　序贯概率比检测器

除了简单的阈值检测器，另一种方法是序贯检测器，它执行序贯概率比检测(Wald，1947)。该检测器不需要像阈值检测器一样根据当前采样点决定信号存在与否，而是通过接收的新的数据点进行推断来检测信号。重复以上过程，直到做出判定(信号存在或信号不存在)。对于一个序贯检测器，算法并未预先定义阈值，而是随着判定数据点数量的增加变换检测策略。

序贯概率比检测的一种实现方式是 Page 检测(Page，1954)，其中检测变量 $S(t)$ 用以下方程进行估计：

$$S(t) = S(t_1) + \int_{t_1}^{t} \left(\mathrm{snr}^2(x) - b \right) \mathrm{d}x \tag{4.15}$$

式中，b 为预定偏差；snr 为线性尺度的信噪比。对于每个时间步 t，根据以下规则进行判定：

$$S(t) \begin{cases} > S_{\mathrm{TH}}, & \text{从 } t_1 \text{ 时刻有目标} \\ < 0, & \text{从 } t_1 \text{ 时刻无目标} \end{cases} \tag{4.16}$$

持续计算方程(4.15)中的积分，直到做出判决。每次判决后，重新初始化 $t_1 = t$，

新的积分常数 $S(t_1)$ 按照如下方程设置:

$$S(t_1) = \begin{cases} S_{\text{TH}}, & t_1 \text{ 时刻有目标} \\ 0, & t_1 \text{ 时刻无目标} \end{cases} \qquad (4.17)$$

Page 检测得到一组既不是信号也不是噪声的值, 而是信号和噪声检测结果的稀疏序列。由于没有对 Page 检测得到的序列结果做出判决, 有必要对这些数据点进行后验判决, 此时就可以较明确地分辨那些原本难以判定的点是噪声还是信号。虽然信号的起始时间和终止时间是未知的, 但一定位于两个不同的判定状态之间。为取得最长的信号持续时间, 常常将上个判决之前和之后的所有未决定的样本也看成信号。

图 4.7 给出了应用于信号包络的 Page 检测的结果, 图中真实信号的前后存在多个正判定(点划线), 说明阈值偏低存在虚警的现象, 可以通过调整阈值和偏差提高检测性能。

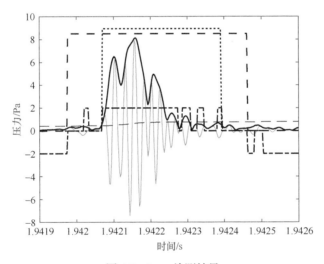

图 4.7 Page 检测结果

粗实线是图 4.3 的信号包络, 粗虚线是 Page 检测结果, 细实线是信号时域波形, 点线是包络阈值检测器的结果,
点划线是在未判定样本最终分配前的中间判定结果

与基于信噪比判定的阈值检测器相比, Page 检测累积负偏置的信噪比平方, 对于恒定噪声估计, 等价于累积信号的能量。当该伪能量超出阈值时, Page 检测则认为该信号存在, 因此阈值应选取为信号的最低能量。另外, Page 检测需定义偏差, 该偏差保证是在只有噪声存在的情况下, 检测器不会频繁地进行信号决策。阈值高于 snr^2 平均值能够减少虚警, 偏差值的初始值设为 5～6 最合适。偏差和阈值共同影响着检测器处理信号出现之后且噪声再次被判定之前所需的时间。总而言之, 阈值检测器的阈值和裁剪窗的选择是简单的, 但对于 Page 检测器, 偏差

和阈值需根据经验选取。

累积和序贯检测器的 MATLAB 代码

```
function[dd,snr2,ss,nn,dd1]=doPagetest(xx,bias,Thr,aa0,ss,nn)
dd=0*xx;
xx2=xx.^2;
aa=aa0;
snr2=0*xx;
for ii=1:length(dd)
    nn=nn*(1-aa)+xx2(ii)*aa;
    snr2(ii)=xx2(ii)/nn;
    ss=ss+(snr2(ii)-bias);
    if ss<0
        ss=0;
        aa=aa0;
        dd(ii)=-1;
    end

    if ss>Thr
        ss=Thr;
        aa=aa0/100;
        dd(ii)=1;
    end
end
dd1=dd;
%对未做判决的样本点进行后验判定
%决定信号的起始时刻
for ii=length(dd)-1:-1:1
    if dd(ii)==0 && dd(ii+1)>0 , dd(ii)=dd(ii+1); end
end

for ii=2:length(dd)
    if dd(ii)==0 && dd(ii-1)>0 , dd(ii)=dd(ii-1); end
end
%判定噪声
for ii=1:length(dd)
```

```
    if dd(ii)<0, dd(ii)=0; end
end
```

MATLAB 代码解释

引入幂运算以简化算法，即将输入矢量 XX 平方，由此偏差和阈值与 SNR 数值的平方相关。当对所有数据循环处理时，有

(1) 估计指数平均噪声值；

(2) 估计信噪比的平方；

(3) 通过负偏信噪比的平方累加得到测试函数；

(4) 如果测试函数低于零，则限幅至零，并判定为噪声；

(5) 如果测试函数高于阈值，则限幅至阈值并判定为信号。

在对所有数据进行循环处理之后，对没有判决的样本进行调整。

4.1.6 检测性能

到目前为止，已介绍了各种各样的嘀嗒声检测器。下面将讨论哪种方法效果最佳。对于此，首先需要定义一个衡量检测性能的度量标准。

从图 4.2 中可看出信号具有可变强度。一些信号能量强且容易被检测到，另外一些则较弱，容易被误检测为噪声，阈值很大程度上影响了检测器的性能。高阈值可避免错误检测，但是会降低检测率；较低的阈值，虚警率会提高。

检测性能的度量标准取决于两方面：一方面是正确信号检测的数量，另一方面是错误检测或虚假警报的数量。假设已知正确的信号时间，则能够计算出不同阈值下正确检测结果的数目。

设 N_T 表示总检测数量，N_S 表示数据集中出现信号的总数量，N_C 表示正确检测到的信号，则(正确)检测的概率 P_{det} 和虚警率 P_{FA} 可用相对分数近似：

$$P_{det} = \frac{N_C}{N_S} \tag{4.18}$$

和

$$P_{FA} = \frac{N_T - N_C}{N_T} \tag{4.19}$$

随着阈值的变化，得到一系列检测结果，包含正确检测数目和虚警数目，从而得到检测概率以及虚警概率与阈值的关系。图 4.8 展示了虚警概率和检测概率随阈值变化的结果(阈值为 2～30)。

从图 4.8 可以看出，随着阈值的增加，虚警概率下降比检测概率快。当阈值 th≥15 时，所有方法均不会产生虚警，但检测概率却有所不同。当设定阈值 th≤3 时，各种检测方法均会产生较高的虚警概率。

　　Teager-Kaiser 法的检测性能更高，当 th ≥ 10 时，其 P_{FA} 减小为零，图 4.9 直接
比较了 P_{FA} 和 P_{det} 在 ROC 曲线中的表现。依据 ROC 曲线，当检测概率 P_{det} 较高，
其虚警概率 P_{FA} 较低，即 ROC 曲线会尽可能靠近左上角($P_{det} = 1$ 且 $P_{FA} = 0$)时，则
认为该检测器的性能良好。

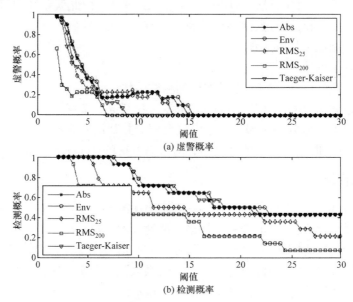

(a) 虚警概率

(b) 检测概率

图 4.8　虚警概率和检测概率随阈值变化图

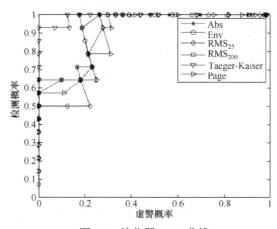

图 4.9　接收器 ROC 曲线

　　从图 4.9 中可看出，Teager-Kaiser 法的检测概率最高，虚警概率最低，其他
方法在检测概率高时均产生更高的虚警。其中 25μs RMS (图中为 RMS$_{25}$)性能最
差，因为在检测概率较低时，其虚警概率最高。

图 4.8 仅对比了纯阈值检测器，Page 检测器基于不同的阈值标准，因此也应对其 ROC 曲线进行分析。根据图 4.9 可得出 Page 检测器与大多数检测器的检测性能相近，但性能不如包络阈值检测器。

对比阈值检测器和 Page 检测器并非易事，因为检测器的参数不同，偏差(Page 检测器)和运行窗口长度(阈值检测器)的微调 ROC 曲线也会相应变化。图 4.9 包含频谱加权，频谱加权在低频时与高通滤波器的作用相似。因此，对数据滤波的研究是有必要的。

4.2 数 据 滤 波

根据上述章节的介绍可知，检测器的性能很大程度上体现在噪声中检测出微弱信号的能力。对于阈值检测器，若只调整检测器的信噪比估计，此时检测器的性能并未改变，增加信号的信噪比，则该检测器的性能会更佳。

增加信噪比的最佳方式是降低噪声。图 4.10 为不存在任何喙鲸嘀嗒声情况下的噪声频谱密度。柯氏喙鲸嘀嗒声的主导频率大约为 40kHz。在图 4.10 中，40kHz 时的噪声大约为 25dB，低于低频率噪声级，则低频率噪声可能遮蔽住微弱的喙鲸嘀嗒声。有两种方法可以减小噪声遮蔽的影响：第一种方法为使噪声平坦化，即背景噪声均衡；第二种方法为完全抑制噪声频谱。

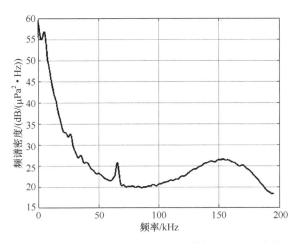

图 4.10 喙鲸回声定位数据集中选定时间的噪声频谱密度(图 4.1 中的 0.25～0.6s 区间)

4.2.1 噪声均衡滤波器

噪声均衡是将频率相关或有色噪声频谱(图 4.10)转变为近似平坦或白噪声功

率频谱密度的过程。首先处理图 4.10 中的低频噪声为均衡低频噪声频谱，可根据其频谱级对低频噪声进行衰减。根据声呐方程可知，海面噪声每 10 倍频减小 17dB，船舶噪声减小 20dB，等同于每倍频产生 5～6dB 的频谱变化。例如，频率增加 1 倍，则噪声频谱将会减小 5～6dB。

　　理想的高通滤波器需保持 80kHz 以上频率的数据不变，频谱最小值如图 4.10 所示。为了减少数据滤波的计算次数，本书采用了无限脉冲响应(infinite impulse response，IIR)滤波器，二阶滤波器可定义为如下方程：

$$y_n = \frac{b_1 x_n + b_2 x_{n-1} + b_3 x_{n-2}}{a_2 y_{n-1} + a_3 y_{n-2}} \tag{4.20}$$

式中，x_n 为滤波器输入；y_n 为滤波器输出。IIR 滤波器为递归的，需恰当设计过滤系数 a_n、b_n 以避免不稳定性。当采用 IIR 滤波器时，应确保过滤后的数据为理想特性。图 4.11 展示了两个频谱，分别是高通滤波器和叠加在测量噪声频谱上的高通和低通滤波器的组合。滤波系数是用 MATLAB 函数(如 MATLAB 代码所示)生成的。

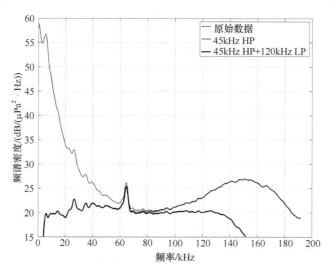

图 4.11　噪声均衡滤波器输出

细线是原始噪声频谱，粗曲线是最终滤波的噪声频谱。对于 80kHz 以上的频率，原始频谱(细线)与高通滤波频谱(短划线)重合；HP 代表高通滤波，LP 代表低通滤波

　　由图 4.11 可推断出，针对当前数据集，由两个巴特沃思 IIR 滤波器组成的序列对 10kHz 以下以及超过 130kHz 的噪声均衡效果最佳。65kHz 处的峰值是一个连续频谱干扰(薄弱音调)，该方法无法去除，若影响了检测器的性能，则需进一步处理去除该频谱线。

　　另外，噪声均衡了信号的频谱成分。在本章中，柯氏喙鲸嘀嗒声的频率范围为 20～60kHz，对噪声归一化，信号频谱的低频相对于高频抑制了大约 12dB。虽然信噪比得到提高，但可能影响了检测器的性能。若信号的长度受到信号较低频成分的影响，则衰减较低频谱成分会影响对信号长度的估计，产生的频谱扭曲会显著影响任何基于频谱的分类处理。分类算法应使其能够反映早期信号处理步骤中的数据滤波情况。

用于均衡数据的 MATLAB 代码片段

```
%均衡
%巴特沃思滤波
[b1,a1]= butter(2, 2*45000/fs, 'high');
[b2,a2]= butter(2, 2*120000/fs, 'low');
yy1=filter(b1,a1,ss);
yy2=filter(b2,a2,yy1);
```

MATLAB 代码解释

滤波器函数输入数值为 3dB 的截止频率，即衰减为 3dB 时的频率。原始噪声曲线表明 45kHz 为高通滤波器 3dB 的截止频率，120kHz 为低通滤波器 3dB 的截止频率。截止频率需表示为采样频率一半的分数形式。

4.2.2 带通滤波器

对比噪声频谱(图 4.10)与信号频谱(图 2.14)可以得出，抑制带外噪声能够提高信噪比，因此采用调节信号频谱宽度的带通滤波器，如巴特沃思 IIR 滤波器。为更好地达到对信号进行衰减的目的，设置滤波器的截止频率和截止频带衰减，滤波器阶数由计算机进行判定。

图 4.12 给出了带通滤波器应用于噪声后的结果。该滤波器通频带范围为 20～60kHz，在该频率范围无衰减，在 10～100kHz 外的频率分量衰减 60dB。带通滤波器的通频带内的频谱功率不变，但需已知目标信号的频谱成分，如果设定的通频带截止频率过窄，则与噪声均衡滤波器相比，会更多地抑制信号频谱信息。相反，如果频带截止频率过宽，尤其在低频时，那么通过抑制噪声使信噪比增加将远不如预期。

图 4.12 为窄带通滤波器，该窄带通滤波器的通频带为 37～43kHz，即在柯氏喙鲸信号的预期谱峰左右。

支持函数 MATLAB 代码

```
function y=BP_filter(x,df1,df2)
%带宽巴特沃思滤波器
```

```
% df1 为带通频率
% df2 为截止频率
[n,Wn] = buttord(df1,df2,0.1,60);
[b,a]=butter(n,Wn);
gd=grpdelay(b,a);
nk=round(max(gd)/2);
u=filter(b,a,[x; zeros(nk,size(x,2))]); u(1:nk,:)=[];
y=doAnalytic(u,512);
```

MATLAB 代码解释

滤波器的截止频率为采样频率的一半。函数将对滤波器输出位移、使其在时间上与原始数据集一致。调用 doAnalytic 函数可以将滤波器转换为一个复值解析时间序列。

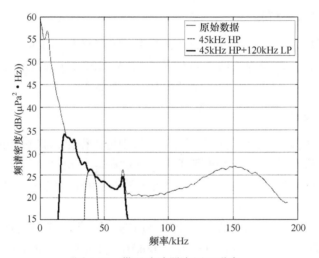

图 4.12　带通滤波器应用于噪声

调用带通滤波器的 MATLAB 代码

```
xx=BP_filter(ss,df1,df2);
nn=sqrt(mean(abs(xx).^2));
snr = abs(xx)/nn;
```
宽通带频率定义代码
```
df1=[20 60]/fs*2000; %通带
df2=[10 100]/fs*2000; %阻带
```

窄通带频率定义代码

```
df1=[37 43]/fs*2000; %通带
df2=[30 50]/fs*2000; %截止频带
```

4.2.3　滤波器性能

根据 4.1 节介绍的 ROC 曲线,图 4.13 以检测概率和虚警概率为标准对比检测性能。从图中可以看出,对于原始包络检测器,虚警概率产生的最小阈值为 12(21.6dB);对于噪声均衡滤波器,最小阈值为 6(15.6dB);对于宽带通滤波器,最小阈值为 5(14dB);对于窄带通滤波器,最小阈值是 3(9.5dB)。对于原始包络检测器,检测概率产生的最小阈值为 6(15.6dB);对于噪声均衡滤波器,最小阈值为 8(18.1dB);对于宽带通滤波器,最小阈值为 10(20dB);对于窄带通滤波器,该阈值为 3.5 (10.9dB)。

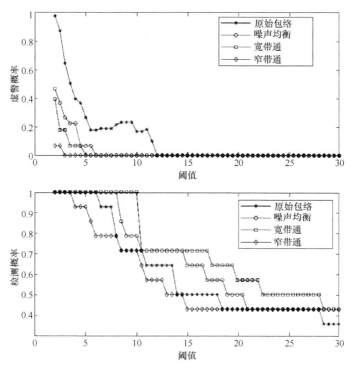

图 4.13　滤波器降噪后的检测性能

对于原始包络检测器,最强的虚警信号高出最弱信号 6dB。阈值的选择需要以虚警概率和检测概率为依据进行权衡。对于噪声均衡、宽带通滤波器以及窄带通滤波器,目前最强虚警信号远在最弱信号之下,对于噪声均衡滤波器,约差

2.5dB；对于宽带通滤波器，差 6dB；对于窄带通滤波器，则差 1.4dB。选择最优阈值，可以检测出所有信号同时无虚警产生。根据结果所知，宽带通滤波器为最佳滤波器，其原因是该滤波器允许检测阈值比数据集中信号低将近 6dB 而不会增加虚警概率。

图 4.14 通过 ROC 曲线展示噪声均衡对检测器检测性能的提升。理想的检测器检测概率为 100%，虚警概率为 0。当信号较弱时，两种检测器的 ROC 曲线均会偏离 100% P_{det} ～0 P_{FA}，仅显示均衡滤波器的结果。

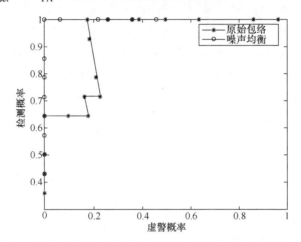

图 4.14　噪声均衡之前(星标线)和之后(圆圈标记线)包络检测器的 ROC 曲线

4.3　信号检测脉冲压缩

根据上述章节可知，带通滤波器能够提高信号的信噪比，提高检测器的检测性能。本节将讨论是否存在一种最优滤波器，该滤波器可以在提高信噪比的同时，将信噪比最大化。最优或最佳的滤波器将取决于具体待检测信号，因此仅适合对已知信号进行检测。

4.3.1　匹配滤波器理论

匹配滤波器是雷达和声呐信号处理中的标准信号处理方法之一。该匹配滤波器是已知信号表达式的最优滤波器。以下理论遵循 Winkler(1977)的理论。

已知信号 $s(t)$ 的能量如下：

$$E_0 = \int_0^T \left| s(t) \right|^2 \mathrm{d}t \tag{4.21}$$

一个脉冲响应为 $h(t)$ 的线性滤波器在 T 时间点的输出为时间序列 $x(\tau)$ 和滤波器

脉冲响应 $h(\tau)$ 的卷积，即

$$y_X(T) = \int_0^T x(\tau)h(T-\tau)\mathrm{d}\tau \qquad (4.22)$$

信号滤波后，信号能量变小，若选择与时间反转信号成比例的滤波器，即将滤波器与信号匹配，可能达到信号能量：

$$h(t) = ks(T-t) \qquad (4.23)$$

则可得到如下方程：

$$y_S(T) = \int_0^T s(\tau)h(T-t)\mathrm{d}\tau = k\int_0^T s(\tau)s(\tau)\mathrm{d}\tau = kE_0 \qquad (4.24)$$

滤波器不仅对信号有影响，还影响噪声，下面对滤波器处理噪声进行讨论。

假设噪声 $n(t)$ 具有零均值及自相关的随机过程：

$$R_{NN}(t,\tau) = E\{n(t)n(\tau)\} \qquad (4.25)$$

式中，$E\{\cdot\}$ 表示平均或期望算子。

滤波器输出端的噪声功率为

$$E\{|y_N(T)|^2\} = \int_0^T \left(\int_0^T R_{NN}(t,\tau)h(T-\tau)\mathrm{d}\tau\right)h(T-t)\mathrm{d}t \qquad (4.26)$$

假设噪声为白噪声，即所有频率的噪声频谱密度均为常量，且对于所有 $t \neq \tau$ 的情况，自相关函数均为零。如此得到

$$E\{|y_N(T)|^2\} = k^2 R_{NN}(0)\int_0^T s^2(T-t)\mathrm{d}t \qquad (4.27)$$

如果定义 T 时间点滤波器输出端的信噪比为

$$\left(\frac{S}{N}\right)_{\max}^2 = \frac{|y_S(T)|^2}{E\{|y_N(T)|^2\}} \qquad (4.28)$$

则可以得到

$$\left(\frac{S}{N}\right)_{\max} = \sqrt{\frac{E_0}{R_{NN}(0)}} \qquad (4.29)$$

将信号能量 E_0 与平均信号强度 I_0 关联，注意输入噪声 N_0 由方程 $N_0 = BR_{NN}(0)$ 得到，其中 B 为信号的带宽，则可得到

$$\left(\frac{S}{N}\right)_{\max} = \sqrt{BT}\left(\sqrt{\frac{I_0}{N_0}}\right) = \sqrt{BT}\left(\frac{S}{N}\right)_{IN} \qquad (4.30)$$

匹配滤波器的处理增益为处理前后的强度比，方程如下：

$$PG_{MF} = 10 \lg(BT) \tag{4.31}$$

通过用信号能量取代平均信号强度、用频谱噪声值取代宽频带噪声，匹配滤波器提高了信噪比。时延-带宽积 BT 越大，处理增益越大。真实噪声很少为白噪声，方程(4.31)的处理增益方程为匹配滤波器可获增益的近似。

4.3.2　露脊鲸上扫频叫声的匹配滤波

本节以低能量的北露脊鲸上扫频叫声序列为研究对象，采用匹配滤波器进行研究。图 4.15 与图 2.29 相同，为大约 75s 数据的频谱图，包含 6 个来自北露脊鲸的上扫频叫声，并用向下箭头进行标识。

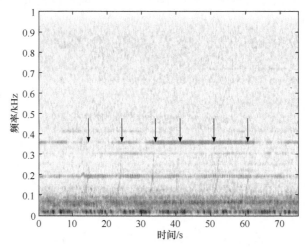

图 4.15　北露脊鲸叫声序列(箭头标记了 6 个微弱上扫频叫声)

本节首先解决是否存在最优分类以及最优决策规则可能是什么的一般性问题(Niemann，1974)。为此，回想一下，分类过程需要测量值、观察结果或特征，并试图确定产生测量特征的适当物种或动物类别。

为了应用匹配滤波器需要构造一个参考信号波形，该信号波形可用作匹配滤波器的输入。输入信号之一就是使用无噪声的真实信号；另一个为构建一个尽可能准确反映真实信号频率的合成信号。在纯净信号的情况下后者是非常重要的。图 4.16 显示了对数据进行匹配滤波前后的对比。本节对露脊鲸上扫频叫声进行合成重建。首先生成一个立方频率函数，该函数高度贴合可视化的上扫频叫声，如图 4.16(a)下图所示。

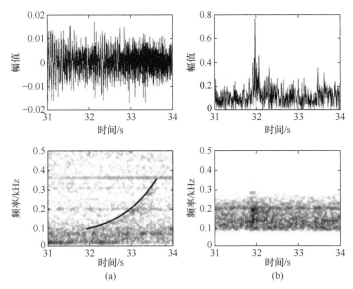

图 4.16 单头露脊鲸上扫频叫声前后脉冲压缩

黑线表示频率特性(向上移动 0.02kHz 以保持露脊鲸上扫频哨声的可见性),
系数 q_n 阶数的选择与 MATLAB 多项方程拟合函数的输出相同

重建上扫频哨声,将其定义为复值信号:

$$R(t) = W(t)\exp\{-2\pi \mathrm{i} f(t)t\} \tag{4.32}$$

式中,$W(t)$为振幅加权函数;频率函数 $f(t)$通过以下方程由一系列数字 $q_1, q_2, \cdots, q_4$
进行构建:

$$f(t) = \frac{q_1}{4}t^3 + \frac{q_2}{3}t^2 + \frac{q_3}{2}t + q_4 \tag{4.33}$$

对比图 4.16 的频谱图,可注意到信号在低频叫声(小于 100Hz)的时间序列中
完全不可见(图 4.16(a)上图),经过匹配滤波后,在上扫频叫声起始处(图 4.16(b)
上图)有强峰值出现。由于匹配滤波器的构建方式,峰值位于信号开始之时,但是
在一些应用中,峰值也可能出现在信号末端(参见 MATLAB 代码的解释)。

对比图 4.16 中的两个频谱,匹配滤波器将长宽频带信号转变成短宽频带脉冲,
构造信号的频带带宽保持不变,但是信号时间被压缩了。图 4.17 将原始时间序列
与匹配滤波器输出进行了比较。原始时间序列中存在一些低频噪声相关峰。

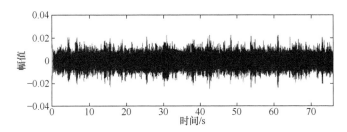

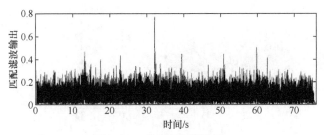

图 4.17　匹配滤波器结果

　　匹配滤波器后的输出清楚地显示出图 4.15 所标识的 6 个信号,图 4.17 还显示了 3 个附加峰值(18s、47s、63s),这些附加峰值在图 4.15 中不可见,因此难以判定是否为露脊鲸上扫频叫声。在应用匹配滤波器之后,检测器更容易对信号进行判定。由于合成信号与真实信号可能不是最佳匹配,因此对于选定的真实露脊鲸上扫频叫声,可能难以达到估计的 25dB 的处理增益($BT = 340$,$T = 1.7s$,$B = 200Hz$)。

MATLAB 代码

```
%产生一个合成的露脊鲸上扫频叫声
qq=[0.025 0.02 0.05 0.07]; %基于 kHz 频谱
tr=31.9:0.1:33.6;
dt=1/fs;
tt_r=(0:dt:(tr(end)-tr(1)))';
ff_r=polyval(qq.*[1/4 1/3 1/2 1],tt_r);
nw=length(tt_r);
R = hann(nw).*exp(-2*pi*i*ff_r.*tt_r*1000);
```

匹配滤波器的 MATLAB 代码

```
%使用 fftfilt 匹配滤波数据
y=fftfilt(flipud(R),[ss;zeros(floor(nw),1)]);y(1:floor(nw))=[];
```

MATLAB 代码解释

　　如果采用 fftfilt 实现匹配滤波器,需要按照方程(4.23)对信号复本进行时间反转,可以通过 flipud(R) 对列向量处理实现。如果要在信号末尾得到峰值,则匹配滤波器简化为 $y = $ fftfilt(flipud(R),ss)。

4.4　海豚哨声检测

　　短的传统调频叫声检测是时间域瞬态检测器的特殊应用,匹配滤波器将调频叫声转换为短瞬态形式,但当检测海豚哨声时,该方法存在检测困难。

海豚的哨声在持续时间和频率覆盖范围内都存在很大的差异。简单匹配滤波仅适用于在一个大数据集中搜寻具体的哨声,但是在实际的被动声学监测应用中,经典匹配滤波方法检测哨声是有挑战的。

尽管所有信号均可通过取复值函数的实部进行描述,如下所示:

$$S(t) = A(t)\exp\{-2\pi i f(t)t\} \tag{4.34}$$

但是一般来说,从测量值重建振幅及频率函数较为复杂。为了简化该过程,哨声仅用频率函数 $f(t)$ 描述,则基于频谱图对哨声进行检测。

例如,图 4.18 中包含多个条纹海豚哨声的时间序列及频谱。在这段海豚声音中混合着嘀嗒声及哨声,因此信号处理存在难度。其中,嘀嗒声在时间序列中较明显,哨声在频谱图展示时较为明显。

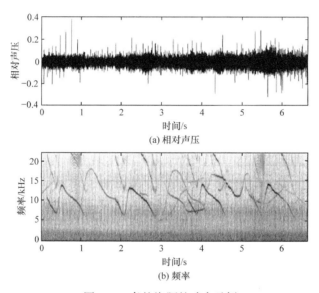

(a) 相对声压

(b) 频率

图 4.18　条纹海豚的哨声示例

因此哨声检测是二维信号处理问题,与嘀嗒声检测不同。根据声呐方程可知,首先对信噪比进行评估,若信噪比超出设定阈值,则判定该段为信号。图 4.19 为在时间-频率坐标下的频谱图(2.5s,10.85kHz)处作水平与垂直剖面。从图中可看出,时间序列在 2.5s 处存在一个峰值,对应的频谱在 10.85kHz,因此在时间序列剖面图或者在频谱剖面图中,哨声容易被检测出。

频谱图是基于短时间窗的短时傅里叶变换,则时间序列可认为是一个窄带通滤波的数据集,其中频谱峰值的宽度由短时傅里叶变换的窗长度及形状决定。如图 2.17 所示,声音信号的频谱峰值宽度由短时傅里叶变换窗函数的长度和外形决定。观察图 4.19,图中至少存在三个音调峰值(10.86kHz、11.84kHz 和 21.75kHz),

其中第三个峰值的频率是第一个峰值频率的 2 倍左右，因此第三个峰值可能是第一个峰值的二次谐波。

　　根据上述信息可知，哨声检测要求能够随时间推移跟踪同一哨声的瞬时信息。在开始讨论提取追踪哨声研究技术之前，还需考虑嘀嗒声对哨声检测的影响。图 4.20 为在时间-频率坐标系中的剖面图，可以看出在 12.57kHz 时存在音调峰值，且峰值较宽，能量较强，可能为嘀嗒声的频谱。

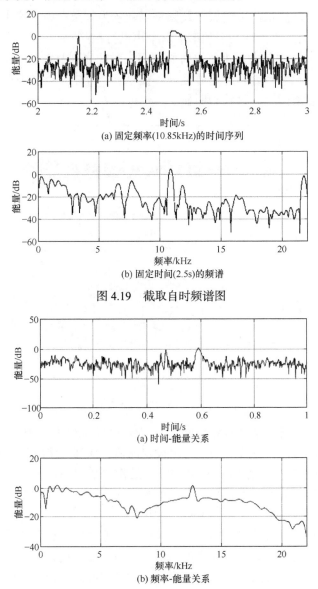

(a) 固定频率(10.85kHz)的时间序列

(b) 固定时间(2.5s)的频谱

图 4.19　截取自时频谱图

(a) 时间-能量关系

(b) 频率-能量关系

图 4.20　截取自一个滴答声的频谱(0.59s, 12.57kHz)

对于图 4.19 和图 4.20 的时间切割剖面图，在图 4.20 中的时间峰值(0.6s)为短嘀嗒声信号，图 4.19 中峰值 2.5s 处为典型的哨声，该种信号有一定的脉冲宽度。

4.4.1 频谱均衡

从频谱图和频谱剖面图中可以看出，环境噪声在低频段比在高频段的能量更大。由于研究的频率范围较大，因此无法采用简单的带通滤波器去除噪声。因此，信号处理的第一步就是对数据进行均衡。对于嘀嗒声检测器，采用一个低阶高通滤波器来抑制较低频率的部分，使得噪声频谱变得近乎平坦。对于哨声检测器，本节采用简单模型拟合测量值的算法来抑制噪声。在两个不同频率上估计频谱噪声，并依据这两个测量值建立一个简单的噪声模型：

$$N(f) = N_0 - 20\lg(f + f_0) \tag{4.35}$$

式中，N_0、f_0 为噪声频谱中待估计的参数；$20\lg(f)$ 表明该模型假设环境噪声符合 6dB 每倍频的衰变定律。

给定两个频率 f_1、f_2，和频率对应的两个噪声估计值为 N_1、N_2，参数 f_0、N_0 根据以下方程进行估计：

$$f_0 = \frac{qf_2 - f_1}{1 - q} \tag{4.36}$$

$$N_0 = N_2 + 20\lg(f_2 + f_0) \tag{4.37}$$

式中

$$q = 10^{\frac{N_2 - N_1}{20}} \tag{4.38}$$

无论是嘀嗒声还是哨声，均可在无信号存在的情况下通过对窄带通滤波器输出进行平方运算来计算噪声级。

图 4.21 为叠加在背景噪声估计值上的最终噪声模型，分别是在 1000Hz 和 4000Hz 两个频率处估计的背景噪声，这两个频率一般不存在哨声。从图中可以看出，两频率间的频谱差异约为 11dB，和每倍频 6dB 的理论衰减相吻合(在噪声估计准确的前提下)。

从频谱图中减去估计的噪声级，可以得到均衡后的归一化频谱图，如图 4.22 所示。归一化的频谱图更适用于检测器的阈值设定。

4.4.2 局部最大检测器

观察图 4.19～图 4.21，检测哨声的合适方法是检测频谱中的峰值。嘀嗒声的频谱较为平滑，哨声局部频谱有陡峭的峰值，若检测器对频谱包络求导，则可以很容易分辨出滴答声和哨声。

为了分类声音数据，需要对频谱做二阶差分来寻找局部极大值。因此，将二阶差分后的频谱转化为适合阈值检测的表达形式：

$$D(f) = 2P(f) - (P(f - \mathrm{d}f) + P(f + \mathrm{d}f)) \tag{4.39}$$

式中，$\mathrm{d}f$ 为频谱的幅值增量。峰值越陡峭，方程(4.39)的值越大。

图 4.23 显示了用方程(4.39)分别拟合图 4.19 和图 4.20 中频谱的结果。可以发现两个结果是相似的，并未发现存在宽嘀嗒声(图 4.23 中的灰线)。对二阶差分后的频谱做阈值判决后，得到二值化的频谱图。图 4.24 显示了此操作的结果，哨声的轮廓清楚可见，但也存在明显的随机点状的错误判断。

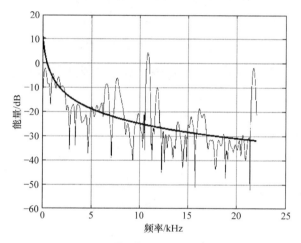

图 4.21　覆盖模拟环境噪声的频谱

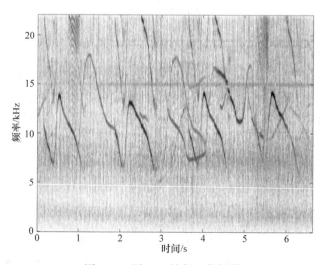

图 4.22　图 4.18 的归一化频谱

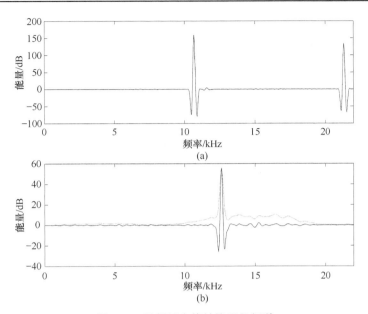

图 4.23　局部最大值转换后的频谱

(a)与图 4.19 相对应，(b)与图 4.20 相对应；灰线为原始功率图，按比例缩放后，
其峰值与局部最大值转换后的频谱吻合

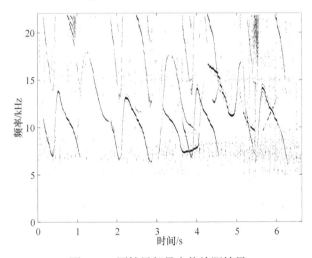

图 4.24　原始局部最大值检测结果

　　接下来就是对二值化的频谱图做去噪处理，并提取不同的哨声。简单的去噪方法就是仅保留频谱的局部极大值。然而，将宽阈值频带缩减为单个的值会增加其他连续哨声中产生非连续频率变化的概率。重叠的估计频谱图有助于避免频谱中的小跃变，并获得更平滑的哨声轮廓。

　　图 4.25 显示了单个哨声的频谱局部最大值，能够清晰地观察出哨声的不同部

分，但仍存在间断从而影响后续哨声的提取。频谱跃变可能是哨声的真实情况，甚至可能是特定物种的特征。

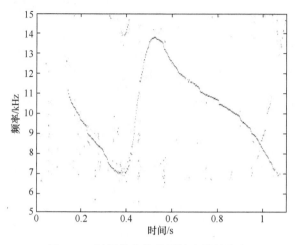

图 4.25　局部最大值检测输出结果放大

采用二阶导数是强调窄哨声频谱峰值存在的一种方法。另外一种常用方法是边缘检测器(Gillespie，2004)。边缘检测器使用一阶导数来定位窄哨声频谱峰值的起(正梯度)止(负梯度)点。

搜索局部最大值的 MATLAB 代码

```
%二阶导数阈值化
th=4;
B4=(D2>th).*B2;
```

```
%在频率方向找到局部最大值
M1=[0*B4(1,:);B4(2:end,:)>B4(1:end-1,:)];
M2=[B4(1:end-1,:)>B4(2:end,:);0*B4(end,:)];
M=M1.*M2; clear M1 M2 % 清除矩阵
```

4.4.3　哨声频谱轮廓跟踪及提取

为实现哨声分类，需要在数据集中提取哨声谱轮廓。哨声提取的方法是设置一个跟踪器，负责将检测到的不同局部频谱最大值连接起来，形成哨声轨迹。哨声追踪器获取局部频谱最大值对应的频率，将同一哨声的所有频率合并为一个哨声轨迹。哨声跟踪的关键问题在于，当前测量值是应该与现有哨声轨迹联系起来，还是应该以该值为起点启动新的哨声轨迹。

哨声跟踪算法的核心在于建立适当的模型去描述噪声轨迹的时间变化。通常是利用预设模型拟合测量值来确定预设模型的参数。任何跟踪算法的性能都会被测量误差所影响，因此可以使用追踪器来改进测量或过滤异常观测值。本章主要介绍追踪器用于连接测量值形成哨声轨迹，对于过滤观测值的内容不做讨论。

一个数据集，前 N_e 条哨声已被检测出，第 N_m 个新的测量值也在检测中。数据关联的做法是在(哨声)轨迹估计值 $y_e(j)(j=1,2,\cdots,N_e)$ 和新(频率)测量值 $y_m(i)(i=1,2,\cdots,N_m)$ 之间建立联系，其中轨迹预测值的数量不需要和测量值的数量等同。

例如，考虑以下现有的轨迹估计值(表 4.1)，其中第一行代表的是元素数目，每一个元素都是唯一的轨迹，第二行代表每个轨迹的标签，第三行代表轨迹预测值。

表 4.1　现有的轨迹估计值(频率窗口)

1	2	3	4	5
10	11	12	13	14
50	100	120	130	170

假设有如下新的测量值(表 4.2)，其中第一行仍然代表元素数目，第二行代表新的测量值。为了进行数据关联，生成一个成对的差异矩阵(表 4.3 中的灰色区域)。找到表 4.3 中每行的最小值，并将其数值和位置放到差异矩阵右侧，命名为 E2 和 I2。这些最小值将每个新的测量值与最近的现有轨迹联系起来。找到表 4.3 中每列的最小值，并将其数值和位置放到差异矩阵下方，命名为 E1 和 I1。这些每列的最小值将每个轨迹与最接近的测量值相关联。

表 4.2　测量的数值(频率窗口)

1	2	3	4
94	105	129	200

表 4.3　关联表(5 条轨迹和 4 次测量)

n_1		1	2	3	4	5					
L_1		10	11	12	13	14					
n_2		50	100	120	130	170	E2	I2	I1(I2)	F2	
1	94	*44*	*6*	*26*	*36*	*76*	6	2	2	1	*new*
2	105	*55*	*5*	*15*	*25*	*65*	5	2	2	0	old
3	129	*79*	*29*	*9*	*1*	*41*	1	4	3	0	old
4	200	*150*	*100*	*80*	*70*	*30*	30	5	4	1	*new*

续表

n_1	1	2	3	4	5
E1	44	5	9	1	30
I1	1	2	3	3	4
I2(I1)	2	2	4	4	5
F1	1	0	1	0	1
	idle	old	*idle*	old	*idle*

注：详细说明参见正文。

接下来采用一个简单分配规则：

(1) 假如每一行最小值也是某一列最小值，则轨迹是连续的。

(2) 只有当轨迹预测值与实际测量值之间的距离不超过给定的阈值时，轨迹才是连续的，否则轨迹有中断。

(3) 没有按照该方式连接起来的轨迹视为是空闲的。

(4) 没有按照该方式与现有轨迹关联起来的测量值被视为新轨迹的开端。

(5) 中断的轨迹可能会被视为空闲轨道，也可能会被视为新轨迹。

从表 4.1 中，注意到规则(1)要求：

$$I_2(I_1) = n_1$$
$$I_1(I_2) = n_2 \tag{4.40}$$

在表 4.3 中，该规则会生成以下轨迹-测量值关联结果：2-2、4-3、5-4(前一项代表轨迹，后一项代表测量值)。

规则(2)要求轨迹估计值与测量值相关联后，之间的距离不能超过预设的距离阈值。假设距离阈值为 6，发现在表 4.3 中，5-4 距离为 30，超出了阈值，此时应该断开这对关联。

轨迹 1、3、5 未连接到新测量值，根据上述规则视为空闲轨道。同样，测量值 1 和 4 未与现有轨迹关联，可以视为新轨迹的开端。

将这些规则应用到表 4.3 后会得到表 4.4 所示的结果。该结果显示了最终轨迹与测量集。为了完善结果，通过复制测量值来启动新的轨迹(表 4.3 中标识为"new")，并用新的轨道编号(在图 4.4 中标为 15 和 16)对它们进行标记。在轨迹可能结束(表 4.4 中表示为空闲的)的情况下，通过复制上一个预测轨道估计值，或者通过插入下一个轨迹预测值，来模拟丢失的测量值。接着对空闲轨迹或没有新测量值的轨迹应用该方式，使得中间有丢失的孤立测量值可以连接起来。重复上述操作直到补充后的轨迹不再是空闲。

表 4.4 关联结果

		est		meas	label
old	2	100	2	105	11
old	4	130	3	129	13
idle	1	50	*1*	*50*	10
idle	3	120	*3*	*120*	12
idle	5	170	*5*	*170*	14
new	*1*	*94*	1	94	**15**
new	*4*	*200*	4	200	**16**

数据关联函数的 MATLAB 代码

```
function [ya ntr]=doAssoc(ye,ym,dy,yl,yb,ntr,th,mx)
% 处理有测量但没有轨迹的情况
if isempty(ye)
    yln=ntr+(1:length(ym))'; ntr=ntr+length(ym);
    ya=[ym ym 0*ym yln 0*ym 1+0*ym];
    return
end
%处理有轨迹但没有测量的情况
if isempty(ym)
    ya=[ye ye dy yl yb-1 2+0*ye];
    return
end
%
% 标准情况
% 差分矩阵
E=ym*ones(1,length(ye))-ones(length(ym),1)*ye';
%
%定位行和列的最小值
[E1,I1]=min(abs(E),[],1);
[E2,I2]=min(abs(E),[],2);
%
%以列形式估计反向指针
I21=I2(I1); I21=I21(:);
```

```
I12=I1(I2); I12=I12(:);
%
```

% 查找新的和空闲的轨迹

```
F1=~(E1<th & I21'==(1:length(I1)));
F2=~(E2<th & I12==(1:length(I2))');
%
```

% 分配新的轨迹标签

```
if ~isempty(ym(F2))
    yln=ntr+(1:length(ym(F2)))';ntr=ntr+length(ym(F2));
else
    yln=0*ym(F2);
end
%
```

%生成关联矩阵

% 对于连续轨迹，使用 I2(~F2)，~F2 对，也可以使用 I1(~F1)，~F1 对

```
I3=I2(~F2);
%
ya=[ye(I3), ym(~F2), dy(I3),yl(I3),0*yb(I3), 0*ym(~F2);
    ym(F2), ym(F2), 0*yln, yln, 0*ym(F2), 1+0*ym(F2);
    ye(F1), ye(F1), dy(F1), yl(F1), yb(F1)-1, 2+0*ye(F1)];
%
```

%裁剪

```
ifl=ya(:,5)<-mx;
ya(ifl,:)=[];
%
return
```

MATLAB 代码解释

除了基本的分配算法，该脚本还可以处理没有任何测量值或没有任何轨迹可用的情况。此外，所有超出最大空闲长度的空闲轨迹应被终止并从轨迹列表中移除。

为了检测哨声，必须用跟踪算法来扩充分配算法。这里采用简单的预测校正方案。将新测量值与轨迹预测值关联后，根据轨迹预测值 y_e 与测量值 y_m 之间的差来校正预测值：

$$y_c = y_e + \alpha(y_m - y_e) \tag{4.41}$$

式中，y_c 为轨迹预测值校正后的最新估计；α 为增益系数，$\alpha=0$ 时忽略测量值的影响，$\alpha=1$ 时忽略轨迹预测值的影响。

新的轨迹预测值则可由以下方程估计出：

$$y_e = y_c + \mathrm{d}y \tag{4.42}$$

式中，$\mathrm{d}y$ 为预测值和测量值之间的平均误差做指数运算后的结果。

$$\mathrm{d}y = \beta \mathrm{d}y + (1-\beta)(y_m - y_e) \tag{4.43}$$

式中，β 为指数加权常量。

跟踪模块的 MATLAB 代码

```
function [DET,ntr]=doTracking(M,iox,th,mx,gain,beta)
DET=[];
ye=[]; dy=[]; yl=[]; yb=[];
ntr=0;
%
%定位局部极大值
[Mr,Mc]=find(M);
%
for io=iox
    ij=Mc==io;
    ym=Mr(ij);
    %
    [ya ntr]=doAssoc(ye,ym,dy, yl,yb,ntr,th,mx);
    %
    ye=ya(:,1);
    dy=ya(:,3);
    yl=ya(:,4); %track number
    yb=ya(:,5); %idle counter
    % 校正实际测量值
    dya=gain*(ya(:,2)-ya(:,1));
    yc=ye+dya;
    %
    % 存储实际的跟踪
    DET=[DET;[io+0*yc, yc, yl, yb dy]];
    %
```

```
%预测下一个采样值
dy=beta*dy+(1-beta)*dya;
ye=yc+dy;
    end
```

图 4.26 为哨声检测算法的结果。该结果是从图 4.25 中提取的一个小样本，其中测量值显示为灰色，轨迹结果显示为点线。完整的图将在第 5 章展示。从图 4.26 中可以看到，除了在空闲轨迹处的补充段以外，短的虚假检测段已成功从哨声轨迹列表中移除。关联阈值 TH 设为 10，最大空闲数 MX 取 6。跟踪处理后，所有短于 10 个元素的轨迹均被排除。

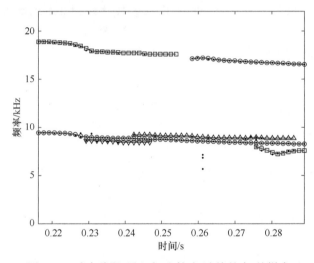

图 4.26　哨声片段(孤立点)和轨迹(连接的点)的样本

以上提出的跟踪算法实现简单但是跟踪效果显著。它具备了任何跟踪器所必需的元素，并且可以根据应用场景修改数据关联规则、预测步骤以及校正步骤。一种效果较好的修改方案解决了现有轨道附近散落多个测量值的情况。图 4.26 显示，在接近 10kHz 时两个虚假轨迹与长的主轨迹平行。该问题可以通过生成新轨迹解决，但也有替代的解决方案。将附近散落的测量值考虑为同一轨迹的多次测量，并将它们合并成单个测量值。这种做法相当于将两个轨迹中能量较弱的一方视为哨声的虚假旁瓣，虚假旁瓣应从测量值列表中移除。

以上实现预测和校正的算法是非常基础的，可以有复杂的修改方案。例如，可以将预测器从单时间滞后算法扩展到多时间滞后算法(Hamming，1986)，或者像卡尔曼滤波器那样可以自适应地估计增益系数 α。卡尔曼滤波器详细介绍与实现详见 6.11 节。

第5章 分类方法

本章的目的是介绍检测对象的分类方法。也就是说，要把检测到的信号(嘀嗒声或哨声)归类给不同的鲸类物种。本章将集中讨论两种分类方法，即基于单一或基于多种信号的分类方法。基于单一信号的分类方法利用的是各种鲸类声音的固有特征，可在时域和频域进行区分；基于多信号的分类方法则需要检测同一物种的多个信号才能进行分类。

5.1 分 类 基 础

分类是将测量值分配给不同类别的过程。当分配过程有多种解决方案时，分类方法的选择就会起到至关重要的作用。在哨声追踪器中，运用了一个简单直接的方法。一般的分类问题都是相类似的，既可以利用单一的频率参数对哨声进行分类，也可以利用多个测量参数组成的特征矢量进行分类。

为证明该问题，假设嘀嗒声检测器对每一个检测样本均生成了一个简单"三元素"特征矢量，如信号长度、频谱带宽和频谱峰值频率。分类算法的任务就是根据这个特征向量，分辨出这是哪种物种的嘀嗒声。这种方法理论上是可以实现的，具体请参考实例(图 2.14)。在 100kHz 以上频率的窄频带嘀嗒声可能是来自一只港湾鼠海豚的；而频率在 15kHz 左右的宽频带嘀嗒声则最有可能来自抹香鲸；持续时间非常长、频率在 40kHz 左右的宽频带嘀嗒声可能是来自喙鲸的；而频率在 20kHz 以上、非常短的嘀嗒声极有可能是由海豚发出的。使用术语"可能是"、"最可能"、"可以是"代表分类是一个概率过程，不会产生肯定的结果。例如，单音嘀嗒声也可以是伪虎鲸释放出的，领航鲸也会产生低频嘀嗒声，此外，一些海豚种群也会发出非常长的嘀嗒声。所以，对于不确定性问题的解决方案要么是选择不同的特征，要么是添加新的特征，这两种方案都可以提高分类算法的分辨能力。举个例子，抹香鲸嘀嗒声为多脉冲信号，这就是抹香鲸和领航鲸嘀嗒声的区别。而喙鲸嘀嗒声往往频率较低，这也是海豚嘀嗒声所不具备的。

一般来说，一个成功的分类通常要求有一些先验知识，鲸类声音的分类也是如此。先验知识的缺乏也是鲸类声音分类算法发展依旧停滞不前的主要原因，可以利用被动声学监测系统通过同一套软硬件设备从不同种群收集海量数据，所以分类方法在未来一定会取得很大发展。

5.2　最 优 分 类

本节首先解决是否存在最优分类以及最优决策规则可能是什么的一般性问题 (Niemann, 1974)。为此，我们回想一下，分类过程需要测量值、观察结果或特征，并试图确定产生测量特征的适当物种或动物类别。

针对 K 个分类，有

$$\Omega_k, \quad k = 1, 2, \cdots, K \tag{5.1}$$

其先验概率为

$$p(\Omega_k) = p_k \tag{5.2}$$

进而可以得到条件概率密度函数为

$$w_m(c \mid \Omega_k) = w(c_1, c_2, \cdots, c_m \mid \Omega_k), \quad k = 1, 2, \cdots, K \tag{5.3}$$

当种类为 Ω_k 时，观察 m 维特征矢量的测量值 $c = (c_1, c_2, \cdots, c_m)$ 的条件概率密度。

即针对每一分类，均存在先验概率方程(5.2)，这可能是测量值的来源，也可能为观察某一特征矢量 c 的条件概率方程(5.3)。

$$\delta(\gamma_l \mid c), \quad l = 1, 2, \cdots, K \tag{5.4}$$

方程描述的是当观察到 c 时，分类 l 的 γ_l 判定，方程(5.4)中的 $\delta(\gamma_l \mid c)$ 是一个表示符号，即判定为 γ_1 时其值为 1，否则其值为 0。具体来说，$\delta(\gamma_l \mid c)$ 表示测量值矢量 c 属于 Ω_1 分类，$\delta(\gamma_2 \mid c)$ 则表示矢量 c 属于 Ω_2 分类。

以下针对所有测量值的积分表示为

$$\delta(\gamma_l \mid \Omega_k) = \int_{R_c} \delta(\gamma_l \mid c) w_m(c \mid \Omega_k) \mathrm{d}c \tag{5.5}$$

当分类 Ω_k 给定时，方程(5.5)为判定 γ_1 的概率。

用方程(5.6)表示分类 Ω_k 时，判定 γ_1 的代价为

$$R(\gamma_l, \Omega_k), \quad k, l = 1, 2, \cdots, K \tag{5.6}$$

$$V(\gamma_k \mid \delta) = \sum_{l=1}^{K} R(\gamma_k, \Omega_l) P(\gamma_k \mid \Omega_l) \tag{5.7}$$

方程(5.7)为判定分类 Ω_k 时，判定规则 δ 有关的代价。

当正确判定的代价低于错误判定的代价时，有

$$R(\gamma_k, \Omega_k) < R(\gamma_l, \Omega_k), \quad l \neq k \tag{5.8}$$

定义一个预期风险函数 $V(\delta)$:

$$V(\delta) = \sum_{k=1}^{K} p(\Omega_k) V(\gamma_k \mid \delta) \tag{5.9}$$

代入式(5.7)和式(5.5),可以得到

$$V(\delta) = \sum_{l=1}^{K} \sum_{k=1}^{K} R(\gamma_k, \Omega_l) p(\Omega_k) \int_{R_c} \delta(\gamma_l \mid c) w_m(c \mid \Omega_k) \mathrm{d}c \tag{5.10}$$

假设

$$\sum_{l=1}^{K} \delta(\gamma_l, c) = 1 \tag{5.11}$$

测量值始终从已知分类中提取

$$\int_{R} w_m(c \mid \Omega_k) \mathrm{d}c = 1 \tag{5.12}$$

可以得到期望的风险函数为

$$
\begin{aligned}
V(\delta) = {} & \sum_{k=1}^{K} R(\gamma_k, \Omega_k) P(\Omega_k) \\
& + \sum_{l=1}^{K} \sum_{k=1}^{K} R(\gamma_k, \Omega_k) P(\Omega_k) \int_{R} \delta(\gamma_l, c) w_m(c \mid \Omega_k) \mathrm{d}c \\
& - \sum_{k=1}^{K} R(\gamma_k, \Omega_k) P(\Omega_k) \int_{R} \sum_{l=1}^{K} \delta(\gamma_l, c) w_m(c \mid \Omega_k) \mathrm{d}c
\end{aligned}
\tag{5.13}
$$

或

$$
\begin{aligned}
V(\delta) = {} & \sum_{k=1}^{K} R(\gamma_k, \Omega_k) P(\Omega_k) \\
& + \int_{R} \sum_{l=1}^{K} \delta(\gamma_l, c) U_l(c) \mathrm{d}c
\end{aligned}
\tag{5.14}
$$

式中

$$U_l(c) = \sum_{k=1}^{K} (R(\gamma_l, \Omega_k) - R(\gamma_k, \Omega_k)) w_m(c \mid \Omega_k) p(\Omega_k) \tag{5.15}$$

为待最小化的测试函数。

现在令 $U_0(c) = \min(U_l(c))$ 为测试函数的最小值。从方程(5.14)可以看出,如果判定分类 Ω_0,那么风险函数 $V(\delta)$ 会取得最小值,也就是说,假如方程(5.16)为唯一方程,则方程(5.14)中第二项中的和减小为最小值 $U_0(c)$。

$$\delta_0(\gamma_l \,|\, c) = \begin{cases} 1, & l = 0 \\ 0, & 其他 \end{cases} \tag{5.16}$$

为获得最优分类，按照方程(5.15)，需要为各个不同分类 Ω_l 估计一个判定测试函数 $U_l(c)$ 具有最小值 $U_0(c)$ 的分类。

方程(5.15)中给出的测试函数是常规的测试函数。针对更为具体的问题，可有略微修改。

现在假设不同判定函数的代价未知，在大多数案例中，可以假设正确和错误判定的代价是不同的，否则为常量，假设

$$R(\gamma_k, \Omega_k) = R_c \tag{5.17}$$

$$R(\gamma_l, \Omega_k) = R_F, \quad k \neq j \tag{5.18}$$

测试函数变为

$$\begin{aligned} U_l(c) &= \sum_{k=1}^{K} (R(\gamma_l, \Omega_k) - R(\gamma_k, \Omega_k)) w_m(c \,|\, \Omega_k) p(\Omega_k) \\ &= R_F \left(\sum_{k=1}^{K} w_m(c \,|\, \Omega_k) p(\Omega_k) - w_m(c \,|\, \Omega_l) p(\Omega_l) \right) \end{aligned} \tag{5.19}$$

从方程(5.19)中可以看到，假如乘积 $w_m(c \,|\, \Omega_l) p(\Omega_l)$ 达到最大值，产生判定该分类 Ω_0 的判定规则，则测试函数达到最小值。此时，乘积 $w_m(c \,|\, \Omega_l) p(\Omega_l)$ 最大。

$$w_m(c \,|\, \Omega_0) p(\Omega_0) = \max_l (w_m(c \,|\, \Omega_l) p(\Omega_l)) \tag{5.20}$$

或者简化为

$$\Omega_0 = \arg\max_l \left\{ w_m(c \,|\, \Omega_l) p(\Omega_l) \right\} \tag{5.21}$$

利用贝叶斯准则，方程(5.21)可写作不同形式，即

$$w_m(c \,|\, \Omega_k) p(\Omega_k) = w_m(c, \Omega_k) = w_m(c \,|\, \Omega_k) p(c) \tag{5.22}$$

因为方程解与 $p(c)$ 无关，所以可以得到

$$w_m(\Omega_0 | c) = \max_l (w_m(\Omega_l | c)) \tag{5.23}$$

或

$$\Omega_0 = \arg\max_l \left\{ w_m(\Omega_l | c) \right\} \tag{5.24}$$

5.2.1 二分类检测

针对 $K = 2$ 的二分类检测，利用方程(5.20)，可以得到 Ω_2 分类的最优判定，其条件是

$$w_m(c \,|\, \Omega_2) p(\Omega_2) > w_m(c \,|\, \Omega_1) p(\Omega_1)$$

或等同于

$$\frac{w_m(c \,|\, \Omega_2)}{w_m(c \,|\, \Omega_1)} > \frac{p(\Omega_1)}{p(\Omega_2)} \tag{5.25}$$

以上方程中将 Ω_1 分类考虑为噪声，将 Ω_2 分类考虑为信号，并假设噪声的测量值服从瑞利分布，即

$$w_m(y \,|\, \Omega_1) = \frac{y}{\sigma^2} \exp\left\{-\frac{y}{2\sigma^2}\right\} \tag{5.26}$$

信号的振幅 a 恒定，但在瑞利噪声背景下随时间变化，即

$$w_m(y \,|\, \Omega_2) = \frac{y}{\sigma^2} \exp\left\{-\frac{y^2 + a^2}{2\sigma^2}\right\} \tag{5.27}$$

则对于分类 Ω_2 (信号的存在)，有以下判定规则：

$$\frac{w_m(y \,|\, \Omega_2)}{w_m(y \,|\, \Omega_1)} = \exp\left\{-\frac{a^2}{2\sigma^2}\right\} > \frac{p(\Omega_1)}{p(\Omega_2)} \tag{5.28}$$

当 $p(\Omega_1) + p(\Omega_2) = 1$，并且取对数后，方程变为

$$\frac{a^2}{\sigma^2} > -2\ln\left(\frac{p(\Omega_1)}{1 - p(\Omega_1)}\right) \tag{5.29}$$

如果选择非常小的先验概率分类噪声，即 $p(\Omega_1) \ll 1$，则

$$\frac{a}{\sigma} > \sqrt{-2\ln(p(\Omega_1))} \tag{5.30}$$

这就是第4章瑞利分布噪声的奈曼-皮尔逊检测标准，若将信噪比定义为 snr = $\frac{a}{\sigma}$，则虚警概率 $P_{\text{FA}} = p(\Omega_1)$。然而，方程(5.30)在信号振幅 a 已知的条件下成立，方程(5.30)表明，在已知信号振幅 a、噪声为瑞利分布、虚警概率较低的情况下，该方程定义的阈值是最优的。

5.2.2 呈高斯分布的特征矢量

接下来假设特征矢量遵循多维高斯分布：

$$w_m(c \,|\, \Omega_l) = \frac{1}{\sqrt{(2\pi)^m |K_l|}} \exp\left\{-\frac{1}{2}(c - \mu_l)^{\text{T}} K_l^{-1}(c - \mu_l)\right\} \tag{5.31}$$

Ω_l 各分类的平均特征矢量用 μ_l 表示，协方差矩阵用 K_l 表示，决定性因素用 $|K_l|$ 表

示，方程中上角标 T 表示矢量转置。

代入方程(5.22)后，测试函数变为

$$w_m(c\,|\,\Omega_l) = \frac{p(\Omega_l)}{\sqrt{(2\pi)^m |K_l|}} \exp\left\{-\frac{1}{2}(c-\mu_l)^{\mathrm{T}} K_l^{-1}(c-\mu_l)\right\} \tag{5.32}$$

最优分类由方程(5.21)给出，同时该解并未因取对数而发生变化：

$$\Omega_0 = \arg\max_l\{w_m(c,\Omega_l)\} = \arg\max_l\{\ln(w_m(c,\Omega_l))\} \tag{5.33}$$

方程(5.32)也可以写为

$$\ln(w_m(c,\Omega_l)) = -\frac{1}{2}(c-\mu_l)^{\mathrm{T}} K_l^{-1}(c-\mu_l) + \ln\left(\frac{p(\Omega_l)}{\sqrt{(2\pi)^m |K_l|}}\right) \tag{5.34}$$

则最优分类规则变为

$$\Omega_0 = \arg\min_l\left\{\frac{1}{2}(c-\mu_l)^{\mathrm{T}} K_l^{-1}(c-\mu_l) - \ln\left(\frac{p(\Omega_l)}{\sqrt{(2\pi)^m |K_l|}}\right)\right\} \tag{5.35}$$

方程(5.35)要求已知每个类别的先验概率、每个类别的期望平均特征向量以及协方差矩阵。

针对大量已测数据属于同一类的情况，需要估计出主要特征矢量及其协方差矩阵。假设 N_k 个观察值属于同一分类 O_k，则分类平均值 μ_k 和协方差矩阵 K_k 定义为

$$\mu_k = \frac{1}{N_k}\sum_{n=1}^{N_k} c_n \tag{5.36}$$

和

$$K_k = \frac{1}{N_k - 1}\sum_{n=1}^{N_k}(c_n - \mu_k)(c_n - \mu_k)^{\mathrm{T}} \tag{5.37}$$

协方差矩阵在此定义为样本协方差矩阵，即总和与自由度的数量有关，等于间隔数 $N_k - 1$。对于任何有限和，平均值和样本协方差矩阵均为估计值，所以观察值越大，该估计值越精确。

实际应用中，迭代估计平均值和协方差是很容易得到的，而且可以利用分类的新测量值改善估计值。

对此，令 μ_{N-1} 为估计出的平均特征矢量，利用某一给定分类的 $N-1$ 个已测特征矢量 $c_n(n=1,2,\cdots,N-1)$ 使平均特征矢量的估计遵循以下递归关系：

$$\mu_N = \frac{N-1}{N}\mu_{N-1} + \frac{1}{N}c_N \tag{5.38}$$

对于协方差矩阵，也同样得到一个类似的递归方程：

$$K_N = \frac{N-1}{N}K_{N-1} + \frac{N-1}{N^2}(c_N - \mu_{N-1})(c_N - \mu_{N-1})^{\mathrm{T}} \tag{5.39}$$

方程(5.35)需要利用协方差矩阵的逆矩阵。但如果可以避免计算逆矩阵，并能够直接更新协方差矩阵的逆矩阵，则将会是十分方便的，该方法将在后面提到。

对于矩阵 A，用以下方程组表示：

$$A = B + axx^{\mathrm{T}} \tag{5.40}$$

式中，x 为矢量，则根据矩阵求逆定理得出

$$A^{-1} = B - a(1 + ax^{\mathrm{T}}B^{-1}x)^{-1}B^{-1}xx^{\mathrm{T}}B^{-1} \tag{5.41}$$

利用方程(5.41)，协方差矩阵逆矩阵(方程(5.39))的递归估计方程如下：

$$\begin{aligned}
K_N^{-1} = {}& \frac{N}{N-1}K_{N-1}^{-1} \\
& - \frac{1}{N-1}\left[1 + \frac{1}{N}(c_N - \mu_{N-1})^{\mathrm{T}}K_{N-1}^{-1}(c_N - \mu_{N-1})\right]^{-1} \\
& \cdot \left[K_{N-1}^{-1}(c_N - \mu_{N-1})\right]\left[K_{N-1}^{-1}(c_N - \mu_{N-1})\right]^{\mathrm{T}}
\end{aligned} \tag{5.42}$$

式中，$x = c_N - \mu_{N-1}$；$a = \frac{N-1}{N^2}$；$B = \frac{N-1}{N}K_{N-1}$。

5.2.3　方差分析

本节分析中使用的大数据集是由多个分类的多维特征矢量组成的，分类效果与大数据集方差和协方差的分析与数据集的分组紧密相关(Steinhausen and Langer，1977)。

对于数据集 c_n ($n = 1,2,\cdots,N$) 遍历所有样本，且单个样本一般为 m 维特征矢量，所以总平均特征矢量 μ_t 可以估计为

$$\mu_t = \frac{1}{N}\sum_{n=1}^{N}c_n \tag{5.43}$$

假设数据集被分为 K 组 Ω_k，其中 $k = 1,2,\cdots,K$，则通过以下方程，获得分类 Ω_k 的平均特征矢量或分类质心为

$$\mu_k = \frac{1}{N_k}\sum_{n\in\Omega_k}c_n \tag{5.44}$$

式中，$N_k = |\Omega_k|$ 为分类 Ω_k 的样本数量，$N = \sum_{k=1}^{K} N_k$。

$$\mu_t = \frac{1}{N} \sum_{n=1}^{N} c_n = \frac{1}{N} \sum_{n=1}^{N} \sum_{n \in \Omega_k} c_n = \frac{1}{N} \sum_{k=1}^{K} N_k \mu_k \tag{5.45}$$

数据 T 的总散布矩阵定义为

$$T = \sum_{n=1}^{N} (c_n - \mu_t)(c_n - \mu_t)^{\mathrm{T}} \tag{5.46}$$

由于

$$c_n - \mu_t = (c_n - \mu_k) + (\mu_k - \mu_t) \tag{5.47}$$

代入方程(5.44)可以得到

$$\sum_{n \in \Omega_k} (c_n - \mu_k) = 0 \tag{5.48}$$

此时，方程(5.46)中的交叉项因方程(5.48)而消失，那么就可以将总散布矩阵分成两组，如方程(5.49)所示：

$$\begin{aligned}
&\sum_{n=1}^{N} (c_n - \mu_t)(c_n - \mu_t)^{\mathrm{T}} \\
&= \sum_{k=1}^{K} \sum_{n \in \Omega_k} (c_n - \mu_k)(c_n - \mu_k)^{\mathrm{T}} + \sum_{k=1}^{K} N_k (\mu_k - \mu_t)(\mu_k - \mu_t)^{\mathrm{T}}
\end{aligned} \tag{5.49}$$

定义一个类内散布矩阵 W_K：

$$W_K = \sum_{k=1}^{K} \sum_{n \in \Omega_k} (c_n - \mu_k)(c_n - \mu_k)^{\mathrm{T}} \tag{5.50}$$

以及一个类间散布矩阵 B_K：

$$B_K = \sum_{k=1}^{K} N_k (\mu_k - \mu_t)(\mu_k - \mu_t)^{\mathrm{T}} \tag{5.51}$$

方差分析方程(5.49)的结果可以写为

$$T = W_K + B_K \tag{5.52}$$

由方程(5.52)除以自由度数量后可以得到结论：散布矩阵与协方差矩阵是相关的。所以，总协方差矩阵会被估计为

$$K = \frac{1}{N-1} \sum_{n-1}^{N} (c_n - \mu_t)(c_n - \mu_t)^{\mathrm{T}} \tag{5.53}$$

并对类内协方差矩阵进行类比估计：

$$K_k = \frac{1}{N_k - 1} \sum_{n \in \Omega_k} (c_n - \mu_k)(c_n - \mu_k)^{\mathrm{T}} \tag{5.54}$$

那么，特征分量的各个方差就是类内协方差矩阵的对角线。分类 Ω_k 的总方差则为对角线的总和或称为协方差矩阵的迹：

$$v_k = \mathrm{trace}(K_k) \tag{5.55}$$

同时分类 Ω_k 的标准差可以写为

$$\sigma_k = \sqrt{v_k} \tag{5.56}$$

5.2.4　主分量

特征矢量 c 距离平均分类矢量 μ 的一般加权距离 d 表达为

$$d = (c - \mu)^{\mathrm{T}} K^{-1} (c - \mu) \tag{5.57}$$

协方差矩阵 K 有效权衡了不同成分对距离估计的影响。可以定义一个转化过的矢量，从而获得未加权距离：

$$z = K^{-1/2}(c - \mu) \tag{5.58}$$

而后，距离变为

$$d = z^{\mathrm{T}} z = \|z\|^2 \tag{5.59}$$

获得矩阵 $K^{-1/2}$ 的方法如下。如果存在一个矩阵 U，能够将矩阵 K 转化为对角阵，如式(5.60)所示：

$$U^{-1} K U = \Lambda \tag{5.60}$$

式中，$\Lambda = \mathrm{diag}(\lambda_i)$ 为矩阵 K 的特征值；U 由本征矢量构成。

对于正特征值 λ_i，$\Lambda^{-1/2} = \mathrm{diag}\left(\lambda_i^{-1/2}\right)$，可得

$$K^{-1/2} = U \Lambda^{-1/2} U^{-1} \tag{5.61}$$

针对距离 d_n 的估计，需要假设特征值是标准正交的，即 $U U^{-1} = I$，所以可以用以下方程取代方程(5.58)：

$$z = \Lambda^{-1/2} U^{-1} (c - \mu) \tag{5.62}$$

如果特征值不全是正值，或者某些特征值与最大特征值相比太小，即存在一个特征值的下限，此时 $\Lambda^{-1/2}$ 是仅针对 $\lambda_i > \lambda_{\min}$ 的情况而估计出的，且所有其他对角线值均被设为零。其结果等价于降阶伪逆。

根据方程(5.62)变换的特征向量是互不相关的，其均值为 0，方差为 1，因此可以用来直接实现聚类算法。

5.2.5　聚类分析

为了实现最优分类，针对先验分类样本，只需要学习不同类别的均值特征向量和协方差矩阵。假定数据集的各个样本未进行预分类，并且需要先将数据分组为一个或多个不同的类，这是解决方案的前提。聚类分析的任务是找到正确数量的类或聚类，以便将每个特征向量最优地分配给其对应的类。

首先，需要定义最优解决方案的标准。一种常见的方法是利用数据集的散布矩阵，并要求最优分类，以使类内散布矩阵的迹最小化，即

$$C = \text{trace}(W) \to \min \tag{5.63}$$

最优分类可以很轻松地通过实施一个算法实现，该算法具体步骤如下(Steinhausen and Langer，1977)：

(1) 为初始分类分布估计分类质心和方差。

(2) 通过将元素移到另一个类中，测试每个元素是否改进了优化准则。若是，则切换到其他分类并重新评估分类质心和方差。

(3) 继续步骤(2)，如在给定次数内，分类没有发生改变，则将其终止。

所有的元素每经过一个步骤，它的所有类内方差的总和都会减小，并且生成新的配置，但由于配置的数量有限，该过程将始终以最小方差作为终止条件。

步骤(1)估计了特征矢量集合的初始划分所对应的分类质心(主特征矢量)。若无初始划分，则任何临时分类均有效，如在分类之间的均匀分布样本。唯一判定准则是通过将元素移到另一个类中，测试每个元素是否改进了优化准则。若没有有关分类数量的先验知识，则聚类操作应针对不同数量的聚类展开。

步骤(2)要求元素 c 从分类 Ω_i 向分类 Ω_j 转移，目标分类 Ω_j 中的方差减小幅度比原分类 Ω_i 的减小幅度要大。

在开始将样本 c 从 Ω_i 转移到 Ω_j 之前，令 W_i 和 W_j 表示 Ω_i 和 Ω_j 的类内散布矩阵，转移之后，散布矩阵变为

$$\tilde{W}_i = W_i - \frac{N_i}{N_i - 1}(c - \mu_i)(c - \mu_i)^{\text{T}} \tag{5.64}$$

$$\tilde{W}_j = W_j + \frac{N_j}{N_j + 1}(c - \mu_j)(c - \mu_j)^{\text{T}} \tag{5.65}$$

由方程(5.64)和方程(5.65)可以推断得出，若有下述情况，则类内散布矩阵的迹减小：

$$\frac{N_j}{N_j + 1}\left\| c - \mu_j \right\|^2 < \frac{N_i}{N_i - 1}\left\| c - \mu_i \right\|^2 \tag{5.66}$$

在将样本 c 从分类 Ω_i 转移到分类 Ω_j 后，可以通过以下递归关系更新分类质心：

$$(N_i - 1)\tilde{\mu}_i = N_i\mu_i - c \tag{5.67}$$

$$(N_j + 1)\tilde{\mu}_j = N_j\mu_j + c \tag{5.68}$$

分类的方差 v 由以下方程得到

$$(N_i - 2)\tilde{v}_i = (N_i - 1)v_i + \frac{N_i}{N_i - 1}\|c - \mu_i\|^2 \tag{5.69}$$

$$N_j\tilde{v}_j = (N_j - 1)v_j + \frac{N_i}{N_i + 1}\|c - \mu_i\|^2 \tag{5.70}$$

以上分析都是假设分类的数量先验已知，但实际情况往往并非如此。因此，需要一个过程来估计采样数据集的分类情况。假设数据集是由取自 K_{true} 个分类的样本构成的，在不清楚 K_{true} 的情况下，针对不同数量(从最少 2 个到最多 K_{max} 个)的分类执行了聚类分析，并就最优解 K_{opt} 得出后验结论，该解与分类 K_{true} 的真实数量近似相等。

这种最优性准则的一个很好示例是基于"F-比率"(Steinhausen and Langer, 1977)的。当使用类内散布矩阵的迹(W_K)来搜索数据集在 K 个类之间的最佳划分时，使用获得的样本方差来搜索最佳类数是很直观的。因此，可以通过用自由度的数值除迹(对角和)来估计不同散布矩阵的样本方差。

如果得到完整的数据集的(样本)方差：

$$v_T = \frac{\text{trace}(T)}{m(N-1)} \tag{5.71}$$

那么累积的类内方差为

$$v_{W,K} = \frac{\text{trace}(W_K)}{m(N-K)} \tag{5.72}$$

类间方差为

$$v_{B,K} = \frac{\text{trace}(B_K)}{m(K-1)} \tag{5.73}$$

F-比率为

$$F(K) = \frac{v_{B,K}}{v_{W,K}} = \frac{\text{trace}(B_K)}{\text{trace}(W_K)}\frac{N-K}{K-1} \tag{5.74}$$

引入 F-比率是用来表示不同类别的质心是否有显著差异。但是类质心的差异是否显著并不重要，重要的是找到数据集的最佳划分，使类质心尽可能不同，也就是说，要寻找分类 K_{opt} 的最优数量，使 F-比率的数值最大化：

$$K_{\text{opt}} = \arg\max_{K}\left\{F(K)\right\} \tag{5.75}$$

实例 5.1　以下例子被分成 4 部分，每部分均给出了 MATLAB 代码：

(1) 模拟测量值；

(2) 转换测量值，从而获得分量方差的均匀性；

(3) 不同分类数量的聚类分析；

(4) 最优结果的展示。

为使案例更真实一些，对嘀嗒声检测器的结果做了仿真。具体来说，假设数据集是由 4 个物种的数据组成的，即抹香鲸、柯氏喙鲸(Z_c)、瓶鼻海豚(T_t)和港湾鼠海豚(P_p)。3 个不同的测量值类型被建模为高斯变量，分别为嘀嗒声长度、频谱峰值的频率和频谱带宽。

在 MATLAB 代码中可以找到平均值和标准差的假设值，仿真结果如图 5.1 所示。该图显示 4 个物种在参数空间内间距较大，嘀嗒声得到了正确分类。图 5.1 中显示的分类编号是随机的。其最终任务是检验聚类质心，并将不同聚类用相应物种标识清楚。

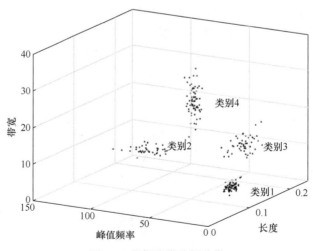

图 5.1　根据聚类分析分类

将数据集划分到以分类平均值 μ 和协方差矩阵 K 为特征的不同分类之后，可以应用方程(5.35)作为新特征矢量的最优分类，这点将在本章后续部分进行介绍。

用于产生图 5.1 的 MATLAB 代码

```
%Scr5_1
%
% 聚类分析
% 仿真
% 每个聚类的仿真样本
% Pm, Zc, Tt, Pp
nc=[60 50 70 40];
% 假定的质心
mc=[0.1 0.2 0.05 0.2; %长度
    15   40   30   120; %峰值频率
    5    10   30   5]; %带宽
% 假定的δ
sc=[0.01 0.02 0.005 0.01; %长度
    1.5   4    3      10; %峰值频率
    1     2    4      1]; %带宽
%
xx=[];
randn('state',0);
for ii=1:length(nc)
    xx=[xx;ones(nc(ii),1)*mc(:,ii)'+(ones(nc(ii),1)
    *sc(:,ii)') ...*randn (nc(ii),size(mc,1))];
end
% Z 变换
zz=doTrans(xx);
%
%
Kmax=10;
F=zeros(Kmax,1);
FW=zeros(Kmax,1);
FB=zeros(Kmax,1);
for K=2: Kmax;
    % 为 K 个簇进行聚类分析
    np=doCluster(zz,K);
```

```
%聚类参数
    [cm,cv,kct]=doCentroids(zz,np);
    [F(K),FW(K),FB(K)]=doFcrit(zz,np,cm,kct);
end
% 找出最优聚类数
K=find(F==max(F));
np=doCluster(zz,K);
%
%原始样本的聚类参数
[cm,cv,kct]=doCentroids(xx,np);
% 显示
[kct;cv;cm]
%
%绘图
figure(1)
plot3(xx(:,1),xx(:,2),xx(:,3),'k.')
grid on
for ii=1:length(cm)
text(cm(1,ii)+0.05,cm(2,ii),cm(3,ii)-2, ...
    sprintf('Class %d',ii),'backgroundcolor','w')
end

cp=[-0.012 -4.18 0.84]*1000;
set(gca,'CameraPosition',cp)
box on
xlabel('长度')
ylabel('峰值频率')
zlabel('带宽')
```

数据转换函数的 MATLAB 代码

```
function X=doTrans(xx)
[N,M]=size(xx);
% 平均数据向量
S=mean(xx);
V=var(xx);
```

```
Z=(xx-repmat(S,N,1))./repmat(sqrt(V),N,1);
% 数据互相关矩阵
R=Z'*Z/N;
% 特征值分析
[U,E] = eig(R);
X=Z*U*pinv(sqrt(E));
%diag(E)'
```

聚类分析函数的 MATLAB 代码

```
function np=doCluster(X,K)
%
[N,M]=size(X);
vv=zeros(M,1);
%
np=mod((0:N-1)',K)+1;
%
cv=zeros(1,K);
kct=zeros(1,K);
cm=zeros(M,K);
%
ind=0;
%
for kk=1:K
    nn=(np==kk);
    kct(kk)=sum(nn);
    if kct(kk)>0
        cm(:,kk)=mean(X(nn,:))';
    end
end
%
noshift=0;
loop=true;
while loop
  for ii=1:N
    noshift=noshift+1;
```

```
if noshift>N, loop=false; break, end
% 实际聚类
npi=np(ii);
if kct(npi)<=1, continue, end
%
%去除中心样本的方差估计
vv1=sum((cm(:,npi)'-X(ii,:)).^2) ...
    *kct(npi)/(kct(npi)-1);

% 寻找最好聚类改善方法

vmin=inf;
for jj=1:K
    if jj==np(ii), continue, end
    %
    %添加中心样本的方差估计
    vv2=sum((cm(:,jj)'-X(ii,:)).^2) ...
        *kct(jj)/(kct(jj)+1);
    if vv2<=vmin
        vmin=vv2;
        npneu=jj;
    end
end
if vmin<vv1
    %聚类变换
    noshift=0;
    %
    cm(:,npi) = ...
        (kct(npi)*cm(:,npi)-X(ii,:)')/(kct(npi)-1);
    cm(:,npneu)=...
        (kct(npneu)*cm(:,npneu)+X(ii,:)')/(kct(npneu)+1);
%
    np(ii)=npneu;
    kct(npi)=kct(npi)-1;
    kct(npneu)=kct(npneu)+1;
end
```

```
    end
end
```

F-比率准则函数 MATLAB 代码

```
function [F, FW,FB]=doFcrit(X,np,cm,kct)
[N,M]=size(X);
K=max(np);
W=zeros(M);
B=zeros(M);
mcm=mean(cm,2);
vcm=cm-repmat(mcm,1,K);
for kk=1:K
    nn=(np==kk);
    vx=X(nn,:)-repmat(cm(:,kk)',kct(kk),1);
    W=W+vx'*vx;
    B=B+kct(kk)*vcm(:,kk)*vcm(:,kk)';
end
FB=sum(diag(B));
FW=sum(diag(W));
F=FB/FW*(N-K)/(K-1);
```

5.3 鲸类动物分类

最优分类器的实现取决于特征矢量的定义。显然，应该以提高支持分类器辨别能力为原则选择特征向量的分量。针对鲸类回声定位嘀嗒声或海豚哨声，有效特征向量的选择取决于具体的应用情况。

5.3.1 嘀嗒声分类

对于一个典型的嘀嗒声检测器，特征矢量理应包含特定基本信息，如信号长度、频谱峰值的频率、频谱带宽。

一般来说，分类特征应与环境无关。例如，每一段嘀嗒声的能量和峰值虽然很容易得到，但是它们会受到动物与动声监测系统距离的影响，所以这两个数值并不适合当作特征。然而，这两个数值的比值，即与积分能量相关的最大信号功率，可以看成对信号形状的一种度量，相比其他特征，该比值与环境无关。因此，可将此比值添加进特征矢量。

由于接收到的鲸类动物声音信号在形式上依赖于整体几何结构，即由于离轴畸变和频谱选择性传播损失，上述特征将略有变化，因此始终具有适度的环境依赖性。例如，回声定位嘀嗒声的离轴畸变会导致特征协方差矩阵的扩大，特别是当动物相对水听器位置的平均朝向是随机的情况时。相对位置的改变会导致所接收到的叫声频谱相应变化，进而影响估计信号特征的能力。具体来说，传输损失的增加将导致信噪比降低，并有可能跌到阈值以下，导致此后一些特征变得不可靠。

由于没有特定类别的平均值，因此不能选择使用单个信噪比作为特征向量来控制这种依赖性。确保良好特征估计的一种方法是从分类过程中消除所有具有低信噪比的检测。原则上，这种消除可以在检测过程中完成。最初，检测阈值是允许虚警情况出现的。现在，需要选择一个新的检测阈值作为分类用到的信噪比。由于该新标准取决于个体特征，所要求的信噪比可能不如虚警概率那么容易被估计出，因此需要凭经验来确定。

但是，也有论点反对在早期检测过程使用高信噪比阈值，而更青睐于多阶段解决方案。高信噪比仅仅是根据方程(5.35)做最优分类时所要求的。方程(5.35)对每一单个特征矢量均做了分类，但是也可能有不同分类办法，依旧可以用其处理不适合方程(5.35)使用的特征矢量组成部分。多步骤阈值转换则可允许多步骤分类(针对特征测量值质量的不同要求)。

处理信噪比依赖性的另外一个可能办法就是要针对该依赖性建模，并使用模型参数作为特征矢量。例如，当频谱峰值频率随信噪比减小而显著减小时(因频率相关传输损失)，就可以使用该模拟趋势的斜率作为特征。但是，使用描述性模型可能产生无法控制的副作用，因为模型一般只是近似现实情况，可能存在偏差。

此时，假设信噪比满足对嘀嗒声做分类的条件。进一步假设获得来自同一物种的一系列嘀嗒声，如柯氏喙鲸的，如图 4.1 所示。鉴于还未构建一个分类描述，所以适合将聚类算法应用到检测中。如 4.2.1 节所讨论的，数据首先用高低通组合滤波器滤波，从而对频谱进行均衡。接下来，如 4.1.1 节和 4.1.3 节所述，将数据传给简单的嘀嗒声检测器。对于每个检测提取过的嘀嗒声，按照以下方程，将嘀嗒声时间及长度分别估计为"强度加权平均 t_C"和"信号长度均方根 τ_C"，即

$$t_C = \frac{\sum\limits_{n=1}^{N} t_n |P_n|^2}{\sum\limits_{n=1}^{N} |P_n|^2} \tag{5.76}$$

和

$$\tau_C = \sqrt{\frac{\sum_{n=1}^{N}(t_n - t_C)^2|P_n|^2}{\sum_{n=1}^{N}|P_n|^2}} \qquad (5.77)$$

式中，N 为从嘀嗒声中提取的样本数量；t_n 为时间；P_n 为样本 n 的压力值。

平均频谱峰值频率 f_C 和频带宽均方根 β_C 由以下方程估计出：

$$f_C = \frac{\sum_{m=1}^{M/2}f_m|F_m|^2}{\sum_{m=1}^{M/2}|F_m|^2} \qquad (5.78)$$

和

$$\beta_C = \sqrt{\frac{\sum_{m=1}^{M/2}(f_m - f_C)^2|F_m|^2}{\sum_{m=1}^{M/2}|F_m|^2}} \qquad (5.79)$$

式中，M 为嘀嗒声频谱的频率窗数量，且 f_m 和 F_m 分别为第 m 个频谱窗的频率和频谱数值。

图 5.2 展示了应用于喙鲸数据的聚类算法结果。图 5.2 相比于图 4.2，显示出较少的检测值。

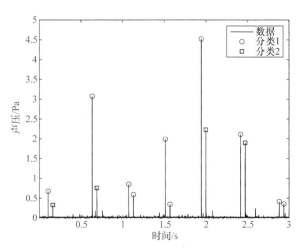

图 5.2　回声定位嘀嗒声序列的分类

聚类算法有两个不同分类，10 个在分类 1 中，4 个在分类 2 中。由于所有嘀嗒声均为柯氏喙鲸的嘀嗒声，这样的分类结果看似不合理。但是由于分类 2 中的嘀嗒声始终紧随分类 1 中的嘀嗒声，同样可以推断得出，即使分类 2 与分类 1 中的嘀嗒声是相关联的，分类 2 中的嘀嗒声和分类 1 还是不同的。

事实上，分类 2 中的嘀嗒声为分类 1 中嘀嗒声的表面反射，是回声定位嘀嗒声直接抵达水听器的结果。从动物处直接抵达水听器的声音一般先于在抵达水听器之前首先经表面反射过的声音。由于表面反射会改变声的特征描述，聚类算法会将嘀嗒声区分为两类。现在的问题就转换为如何对表面反射的声音进行正确分类。

为了说明这个问题，表 5.1 展示了所有提取用于聚类的特征(表 5.1 中后五个指标)以及聚类输出(左侧第一列，标识为 C)。与预期一致：平均频谱(中间列)频率 f_C 和频谱峰值频率 f_P 在 40kHz 附近出现，同时它们似乎是冗余或相关的信息。

表 5.1　特征矢量集合和分类

C	t_C	E	P2E	τ_C	f_C	β_C	f_P
1	0.108	11.16	−14.58	37.97	35.55	7.22	36.00
2	0.163	8.73	−18.40	232.03	35.92	7.44	34.50
1	0.6363	24.70	−14.94	39.67	39.97	5.61	40.50
2	0.692	16.14	−18.53	176.30	38.41	5.91	41.25
1	1.073	12.87	−14.26	32.23	35.07	7.26	34.13
1	1.129	12.08	−16.64	133.98	41.21	7.17	43.50
1	1.511	20.11	−14.13	34.19	37.74	5.38	40.13
1	1.566	5.79	−15.06	81.63	38.45	11.68	44.25
1	1.942	28.08	−14.98	41.64	41.17	6.09	41.25
2	1.998	24.69	−17.73	190.72	38.11	4.90	41.00
1	2.417	21.03	−14.52	41.40	40.12	5.94	42.38
2	2.473	23.35	−17.78	230.94	41.72	7.25	41.63
1	2.885	8.14	−15.84	61.38	40.83	7.58	42.00
1	2.941	8.67	−17.78	110.88	38.07	7.66	34.13

注：C 为结果分类；t_C 为强度加权平均(s)；E 为累积强度；P2E 为峰值强度比累积强度；τ_C 为信号长度均方根(μs)；f_C 为平均频谱峰值频率(kHz)；β_C 为频带宽均方根(kHz)；f_P 为频谱峰值的频率(kHz)。

检验特征表后，注意到 P2E 和信号长度均方根具有双峰值(在较小值和较大值之间切换)。去除多余峰值频率特征可适当改善误分类现象，仅第八个嘀嗒声存留在错误分类中。

现在面临以下问题，即表面反射被部分归类到其自身分类当中，同时其中还有一部分与直达波合并。从原理上并不奇怪，两个信号均来自同一物种，有时显示出类似特征也是正常的情况。然而，直达声和表面反射到达波之间的紧密关系表明应利用这些明显双嘀嗒声作为单独的分类线索，从而制定深海潜水生物叫声的分类方案。

5.3.2　深海潜水生物分类

处理深海潜水生物的回声定位嘀嗒声(如柯氏喙鲸)与浅处水听器(即鲸类动物在水听器以下做回声定位)时，会面临显著的表面反射现象，如图 5.2 所示。直达波与其表面反射波之间的时延为环境相关型，也就是说，它们取决于鲸和水听器的相对位置。然而，这并不是一个严重问题，因为深潜鲸类和水听器之间的相对几何位置，对于连续嘀嗒声来说，并不会产生很大影响，直达波和表面反射波之间的时延变化非常缓慢。

尽管连续回声定位嘀嗒声之间的时延有时会有较大的变化(因为时延与动物的行为有很大关系，会发生巨大的变化)，鲸类动物与水听器之间的相对距离仅发生缓慢变化。在较短的时间段，如数十次嘀嗒声期间，表面反射时延几乎是恒定的或随时间呈线性变化的。这种缓慢变化着的时延差描绘着整体几何结构，所以可以被用作独特分类特征。

在图 5.3 中，通过利用直达波和表面反射波之间的时延作为对回声定位嘀嗒声系列分类和标记的唯一标准，对柯氏喙鲸的嘀嗒声序列做了进一步分析。由于这里仅对通过表面反射检测分类喙鲸，所以特征矢量中并未加入其他特征。在将数据传递到简单嘀嗒声检测器之前(如 4.1.1 节及 4.1.3 节所述)，再次按照 4.2.1 节所述对数据进行均衡。嘀嗒声分类器按照两个阶段操作，首先，它会发现直达波和表面反射波之间的特征性时延现象，接下来，它会将恰当的"标签"分配给嘀嗒声序列中的单个嘀嗒声。

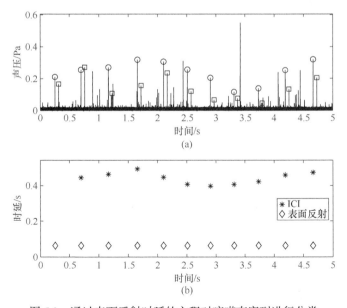

图 5.3　通过表面反射时延的方程对嘀嗒声序列进行分类

一般来说，找到嘀嗒声序列相关函数峰值所在的时刻就可以得到不同生物的时延，但是需要处理的数据较多(这里 1s 长度的数据已经包含 384000 个样本)，使得该经典方法变得并不实用。可以使用描绘所有可能时延(在单个检测时间内)的直方图来替代。给定检测到的嘀嗒声的一个时间序列 $t_C(n)$，其中 $n = 1, 2, \cdots, N$，从以下方程可以得到一个直方图 h_C。

$$h_C(m) = h_C(m) + 1 \tag{5.80}$$

式中

$$m = \text{round}(a(t_C(j) - t_C(i))) \tag{5.81}$$

其中，$i = 1, 2, \cdots, N$, $j = i+1, i+2, \cdots, N$，且 a 为选择用来获得直方图良好"分箱效果"的常量。

假如嘀嗒声时间是以 s 为单位给出的，则倍数 $a = 1000$ 可导致 1ms "箱宽"，而这对于大多数案例来说都是合适的。由于表面反射的抵达时延有一定的范围，通过取时延 $t_C(j) - t_C(i)$ 为极大值的方法减少方程的处理时间。基于几何学考虑，当动物刚好位于水听器正下方时，此时表面反射的到达延迟为最大值。已知水听器深度为 h，则最大时延 $\Delta t_{\max}$ 被估计为声音从水听器传到表面，再返回水听器的往返时间：

$$\Delta t_{\max} = 2\frac{h}{c} \tag{5.82}$$

在找到疑似表面反射延迟后，使用简单算法"doAllocTrain"将单个检测标记为直达波、表面反射，或不予分配标识。

图 5.3 显示出该方法适合获取表面反射的持续到达延迟。两连续嘀嗒声之间表现稳定的间隔(嘀嗒声之间间隔或简称 ICI)表明没有错过或错误添加过任何成对嘀嗒声。注意，尽管有 11 个已分类嘀嗒声连带 11 个表面反射到达延迟，但在这 11 个嘀嗒声之间仅有 10 个 ICI 估计值。这些延迟的时间点遵循以下规则进行绘制，表面反射延迟在直达波到达时刻绘制，ICI 在下一个嘀嗒声达到时刻绘制。出于此原因，在 0.33s 时无 ICI。不出所料，ICI 的变化远大于观察到的表面反射的到达延迟。

时延直方图的 MATLAB 代码

```
function [icm,Hc]=doDelayHisto(tcl,dt1,dt2, ac,Hcmin)
%
Hc=zeros(ceil(1.1*ac*dt2),1);
for ii=1:length(tcl)-1
    itcl = tcl>tcl(ii)+dt1 & tcl<=tcl(ii)+dt2;
```

```
        tclj = tcl(itcl);
        if ∼isempty(tclj)
            ind=round(ac*(tclj(:)'-tcl(ii)));
            Hc(ind)= Hc(ind)+1;
        end
    end
    %
    locmax=1+find(Hc(2:end-1)>Hc(1:end-2) & Hc(2:end-1) >
Hc(3:end));
    icm=locmax(Hc(locmax)>Hcmin)';
```

MATLAB 代码解释

仿真结果显示,直方图矢量 Hc 比要求覆盖所有延迟(最高延迟达 dt2)的矢量略大。因为 Hc 定义为行矢量,操作 tclj(:)确保 ind 矢量也为行矢量。比例因子 ac 有效定义了直方图的"箱宽"。对于当前应用,采取 ac = 1000,选择 1 个 1ms "箱宽"的直方图。并且将潜在表面延迟 icm 考虑为直方图(具有超出 Hcmin 个采样数)中的局部极大值。Hcmin 的恰当选择取决于数据量,但是一般来说,该值将超过 2。

双 click 分类的 MATLAB 代码

```
function inp=doAllocDoubleClick(tcl,pcl,icm,ac,dt2,xdx_min)
%
inp=zeros(length(tcl),3);
%
pcm=0*icm;
for ii=1:length(tcl)-1
    %
    xdx=inf-0*icm;
    ij=0*icm;
    for jj=ii+1:length(tcl)
        if inp(ii,1)>0, continue,end
            tclij=(tcl(jj)-tcl(ii));
            if tclij>dt2, break,end
            % 在 ICI 基础上,判断我们的参数是否符合 icm
            dd=abs(ac*tclij-icm);
```

```
            [dx,kx]=min(dd);
            %
            if dx<xdx(kx)
                xdx(kx)=dx;
                ij(kx)=jj;
            end
        end
%在预定义的限制范围内寻找最佳方案
kk=find(xdx<xdx_min);
if isempty(kk)
    continue
elseif length(kk)==1
    kx=kk;
else
    [dx,kx]=min(abs(pcl(ii)-pcm));
end
inp(ii,:)=[1+2*(kx-1),ii,ij(kx)];
inp(ij(kx),:)=[2*kx,ii,ij(kx)];
pcm(kx)=pcl(ii);
end
```

该算法实现了分层的分类方案。根据时间延迟，它首先尝试通过分配双重嘀嗒声来进行分类。在可接受的时间延迟有多种可能性的情况下，将实际信号幅度与不同延迟级别的最后测量值进行比较，并选择观察到最佳信号的幅度。

5.3.3　嘀嗒声串分类

截至目前，分析所选择的数据集仅限于单一个体。但是，根据位置和物种的不同，更有可能同时检测多只动物，从而导致潜在的分类冲突增加。解决分类困难的一个方法是认为得到的检测均来自同一物种，并根据标准特征矢量，利用单个嘀嗒声进行分类。另外一个选择是对鲸类进行计数，并将鲸类声音合集划分成回声定位嘀嗒声序列。

对不同个体进行区分时，可以通过延迟最终分类，允许将多个嘀嗒声全部分类给一套潜在嘀嗒声序列。面临这样的境况，就需要最低数量的检测值来分类多个属于同一种群的回声定位鲸类或海豚，进而在数据集中找到个体唯一的特征。假如动物在不同的深度发出嘀嗒声，则表面反射的到达延迟会不同，所以表面延迟也可被用于区分个体。

如 2.3.7 节所述,回声定位嘀嗒声的序列可以用 ICI 来描述。ICI 一般在短时间内是缓慢变化的。由于嘀嗒声序列是个体动物在觅食活动过程中所发出的,不同动物的瞬时 ICI 会有所不同。另外一个有效的测量方法是嘀嗒声的强度。该特征会随时间变化,但是对于个体可能有显著差异,这是由于接收到的声压作为动物朝向及距离的函数是会发生变化的。

使用 ICI 做分类并非一件小事,因为 ICI 是仅当多个嘀嗒声属于同一动物时才能够测量出来,严格地说,这是在分类之后才能判断的。该问题的一个解决方法是,不要仅仅在种群层次做分类,而是要更进一步,记录同一种群个体动物的情况(Gerard et al.,2008)。利用 ICI 的分类方案里面需要建立一个"追踪器"。接收到的声级是一个可以添加进来的特征,如果分类过程中存在相关冲突可以用该特征加以解决。

图 5.4 显示了至少有两头抹香鲸存在情况下记录和检测结果。数据按照 31.25kHz 的采样频率进行采样,用 1~14kHz 的通频带滤波,并用 th = 3.5 的阈值做阈值检测。检测器的窗长设定为 4ms,目的是除去因抹香鲸嘀嗒声多脉冲结构产生的多重检测。数据用拖曳阵列予以记录,拖曳阵列的布置深度约为 80m,该深度下可以检测到表面反射。从矩阵中选择一个水听器的数据以供分析。

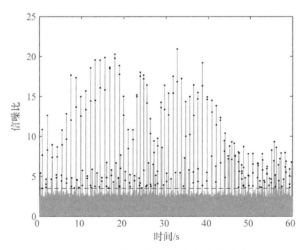

图 5.4 多个抹香鲸的回声定位嘀嗒声

因此,第一步是对数据进行整体分析,检测可能存在表面反射的两次检测之间的延迟。应用函数 doDelayHisto 之后,将潜在表面延迟考虑为具有超过 Hcmin 个采样数的直方图中的局部极大值。Hcmin 的恰当选择取决于数据量。而对于当前数据集,所选取的 Hcmin 为 6,适用于 60s 的数据集。60s 数据集的选择是由实际文件大小决定的,会比需要略大一些。对于其他情况,利用 20s 的分析窗就可以分析回声定位嘀嗒声序列。

确定了不同表面反射延迟的数值之后可以给一套嘀嗒声序列构建初始值。以柯氏喙鲸案例(图 5.3)作为基础的情况下，进行适当的操作来构建。多个嘀嗒声序列的存在可能导致分类冲突，如同时检测不同嘀嗒声所带来的干扰。这些干扰中的大部分可以通过参考接收到的直达声压振幅值(除考虑为表面延迟以外)进行判断，予以排除。例如，在图 5.4 中，可以观察到一个具有较大信噪比波动的嘀嗒声序列，以及一个或可能更多的具有较低信噪比数值的嘀嗒声序列。

为将声压振幅作为额外分配的标准进行使用，可以在双嘀嗒声分类程序中修改距离函数，同理，遵循等级分类原则，仅在分配冲突发生时使用声压振幅，这种做法要更为简单一些。假如将分配冲突考虑为某种程序性错误，则已选方法和标准错误处理(标准错误处理检测并去除结果中的差异)是有可比性的。然而，一旦这些"错误"变为常规错误，则与其把它们当作错误，不如把它们考虑为缺陷，从而对分配算法进行完善。有时，这些分配冲突可能是数据获取系统错误的结果(如缓存溢出或缓存载入问题)，因此需要进一步研究。

图 5.5 展示了基于初始表面延迟的分类结果。图中有两个嘀嗒声序列，一强一弱。同预期一样，强嘀嗒声序列观察到的表面延迟数值要比弱嘀嗒声序列观察到的表面延迟数值高，表示在弱嘀嗒声序列的初始分类中存在更多的漏检情况。

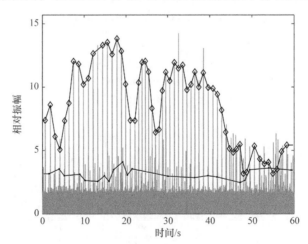

图 5.5　多个抹香鲸嘀嗒声序列的初始分类

针对多个双重嘀嗒声分类的改进 MATLAB 代码

```
function inp=doAllocTrain(tcl,pcl,icm,ac,dt2, xdx_min)
inp=doAllocDoubleClick(tcl,pcl,icm,ac,dt2,xdx_min);
%
```

```
%检查多个表面延迟
for ii=1:length(tcl)
    if inp(ii,1)==0, continue, end
    if mod(abs(inp(ii,1))-1,2)==0 %have click
        j1=inp(ii,2);
        j2=inp(ii,3);
        if mod(abs(inp(j2,1))-1,2)==0
            %多个直达声
            if pcl(j1)>pcl(j2)
                n1=j2;
            else
                n1=j1;
            end
            inp(n1,:)=[0,0,0];
        end
    end
end
%
%进行交错检测
for ii=1:length(tcl)-1
 if inp(ii,1)==0, continue,end
 if mod(abs(inp(ii,1)),2)==0
    j1=inp(ii,2);
    j2=inp(ii,3);
    for jj=j1+1:j2-1
        if abs(inp(ii,1))==abs(inp(jj,1))
            %有交错检测
            if pcl(ii)>pcl(jj)
                n1=jj;
                n2=inp(jj,2);
            else
                n1=ii;
                n2=inp(ii,2);
            end
            inp(n1,:)=[0,0,0];
```

```
                inp(n2,:)=[0,0,0];
            end
        end
    end
end
```

MATLAB 代码解释

在以上代码中，两种分配冲突得到处理：同一表面反射到达波的多嘀嗒声以及针对同一嘀嗒声序列的交错分配。

利用表面反射延迟将一些嘀嗒声初始分配给嘀嗒声序列后，将余下的嘀嗒声分配给这些初始嘀嗒声序列。对此，使用"强度"以及"嘀嗒声间隔"来处理。

为了保证分类的成功，需要针对嘀嗒声序列的结果做些假设。假设嘀嗒声接收到的声压振幅与 ICI 具有相似的趋势。具体来说，假设三个连续的测量值 y_{n+1}、y_n、y_{n-1} 是相关的，具体关系如以下方程所示：

$$y_{n+1} - y_n = y_n - y_{n-1} + N(0, \sigma_y) \tag{5.83}$$

和

$$y_{n+1} = 2y_n - y_{n-1} + N(0, \sigma_y) \tag{5.84}$$

在这里假设一个正态分布 $N(0, \sigma)$，标准差为 σ。使用方程(5.84)来计算两种类型的预测方程，其中一种利用检测接收到的声压 P 来取代变量 y；而另一种，则使用 ICI 来代替变量 y，即

$$P_{n+1} = 2P_n - P_{n-1} + N(0, \sigma_P) \tag{5.85}$$

$$\text{ICI}_{n+1} = 2\text{ICI}_n - \text{IC}_{n-1} + N(0, \sigma_{\text{ICI}}) \tag{5.86}$$

由于 ICI 是连续嘀嗒声之间的时间差 t_C，方程(5.86)也可写为

$$t_{C_{n+1}} = t_{C_{n-2}} + 3\text{ICI}_n + N(0, \sigma_{\text{ICI}}) \tag{5.87}$$

在需要处理两个测量值的情况下(如当开始一次追踪时)，式(5.85)和式(5.87)可化简为

$$P_{n+1} = P_n + N(0, \sigma_P) \tag{5.88}$$

$$t_{C_{n+1}} = t_{C_{n-1}} + 2\text{ICI}_n + N(0, \sigma_{\text{ICI}}) \tag{5.89}$$

当不存在任何 ICI 测量值的情况下，且当且仅当具有单一嘀嗒声时，假设有一个 ICI_0 来预测嘀嗒声序列中下一个潜在嘀嗒声的时间。

$$t_{C_{n+1}} = t_{C_n} + \text{ICI}_0 + N(0, \sigma_{\text{ICI}}) \tag{5.90}$$

该 ICI_0 和物种相关，可能随着行为环境的函数发生变化。整体 ICI 预期给出了一个合理数值。对于抹香鲸，该数值为 1s；对于喙鲸，该数值为 0.4s；对于领航鲸，该数值为 0.2s；对于海豚，该数值为 0.1s。

为建立嘀嗒声序列，首先要取一些互不相关的嘀嗒声，并将其时间及声压振幅和针对产生各个嘀嗒声序列所做的预测进行对比。从所有嘀嗒声序列中选择一个可以将预测与测量值之间的距离最小化的序列。再一次使用层次分析法，首先使用时延差，接下来，若存在分配冲突，则使用声压测量值进行区分。

图 5.6 展示了自动嘀嗒声序列分类的结果。应用的算法依旧是初级的，主要目的是展示嘀嗒声序列分类的概念以及处理真实数据时可能产生的问题。

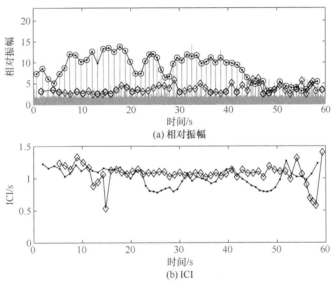

图 5.6　自动嘀嗒声序列分类

与此同时，图 5.6 也表明：对于两个嘀嗒声序列，ICI 和相对振幅随时间都是缓慢变化的函数，特别是对于高信噪比的情况。在低信号振幅下，分类的效果并不理想。

截至目前，本节仅完成了对嘀嗒声序列的分类，对于物种分类问题并未进行研究。如 5.2 节所述，如果能获得嘀嗒声序列的参数特征(如平均 ICI、ICI 变化、嘀嗒声序列长度等)，并将其用标准分类或聚类方法进行分类后，这一问题将迎刃而解。

Click 串分类的 MATLAB 代码

```
function inp=doClickTrain(inp,tcl,pcl,icm,cmin)
```

```
K=length(icm);
%
in0=0*icm;
in1=0*icm;
in2=0*icm;
% %
for nn=1:10
    count=0;
    %
    for ii=2:length(tcl)
        %
        if inp(ii,1)==0
            dd1k=inf+0*icm;
            dd2k=inf+0*icm;
            ij=length(tcl);
            for kk=1:K
                % 寻找下一个嘀嗒声
                for jj=ii+1:length(tcl)
                    if abs(inp(jj,1))==1+2* (kk-1)
                        ij=jj;
                        break
                    end
                end
                % 检查 kk 中是否还有新的嘀嗒声
                if in0(kk)>0
                    if tcl(ij)-tcl(in0 (kk))<1.5
                        continue
                    end
                end
                %
                if in2(kk)>0
                icin=tcl(in0(kk))-tcl (in1(kk));
                if icin<0, icin=1/3; end
                ddkx=abs(tcl(ii)-tcl(in2(kk))-3*(icin));
                if ddkx<dd1k(kk), dd1k(kk) =ddkx; end
```

```
        end
        if dd1k(kk)>cmin && in1(kk)>0
            icin=tcl(in0(kk))-tcl(in1 (kk));
            if icin<0, icin=1/2; end
            ddkx=abs(tcl(ii)-tcl(in1 (kk))-2*(icin));
            if ddkx<dd1k(kk), dd1k(kk) =ddkx; end
        end
        if dd1k(kk)>cmin && in0(kk)>0
            icin=1;
            ddkx=abs(tcl(ii)-tcl (in0(kk))-icin);
            if ddkx<dd1k(kk), dd1k (kk)=ddkx; end
        end
        if in1(kk)>0
            dpcl=pcl(in0(kk))-pcl (in1(kk));
            dd2k(kk)=abs(pcl(ii)-pcl(in1(kk))-2*dpcl);
        elseif in0(kk)>0
            dd2k(kk)=abs(pcl(ii)- pcl(in0(kk)));
        end
    end
    %是否为最优分类?
    [d1x,k1x]=min(dd1k);
    [d2x,k2x]=min(dd2k);
    if k1x==k2x %最优分类
        kx=k1x;
        if d1x<cmin %
            inp(ii,:)=[1+2*(kx-1), ii,0];
            count=count+1;
        end
    else %冲突分类
        %暂时跳过
        %  [d1x k1x,d2x,k2x pcl(ii) pcl (in0(kk))]
    end
end
if mod(abs(inp(ii,1))-1,2)==0, % 已标记的 click
    kx=1+floor((abs(inp(ii,1))-1)/ 2);
```

```
    in2(kx)=in1(kx); % 全部转移回来
    in1(kx)=in0(kx);
    in0(kx)=ii;
        end
    end
    if count==0, break,end
end
```

MATLAB 代码解释

该算法实现了针对嘀嗒声时延差的式(5.87)、式(5.89)和式(5.90)，以及针对声压振幅的式(5.85)和式(5.88)。但是分类冲突问题还未解决，所以可以参考下面对哨声检测所讨论的分配策略。

5.3.4　哨声分类

对回声定位动物物种的分类是复杂的，因为除了经典特征矢量，还要考虑追踪的概念，并且必须将简单的测量结合到某种可用于物种分类的结构中。海豚哨声的分类面临另一问题，哨声不仅仅是物种相关的，而且是复杂的，可从更广泛、更多变的类型范畴内提取出来。即使是相似的哨声也不会被动物完全复制，而是在持续时间和带宽上表现出差异，这些差异并不明显(Buck and Tyack, 1993)，所以很难做出分类。

描述哨声的定量方法是接收哨声(图 4.18)，并尝试估计已测瞬时频率函数 $f(t)$ 的显著特征。典型的参数是持续时间、起始频率、结束频率、最低频率、最高频率、局部极值数量和谐波的存在性。

为判定这些"全局性"参数，需要从数据中提取出完整的哨声，这有时是不可能实现的。具体来说，多个能发出哨声的动物存在，可能会导致产生的哨声信号重叠，使得这种提取尝试变得富有挑战性。除此之外，低信噪比干扰原因也导致了哨声追踪临时中断可造成哨声提取不完整，进而存在潜在的误分类。未分辨的脉冲声音的存在(如突发脉冲)可能是另一混杂因素。

如果接收完整且干净的哨声是实际被动声学监测应用程序中的例外，那么明智的做法是设想一种基于哨声的本地描述而不是全局参数化的替代方法。哨声一般是被时间相关瞬时频率函数 $f(t)$ 所描述的。靠近时间 t_0 的局部描述遵循 Taylor 的任意函数定理：

$$f(t) = f(t_0) + \frac{\mathrm{d}f}{\mathrm{d}t}\bigg|_{t=t_0} (t-t_0) + \frac{\mathrm{d}^2 f}{\mathrm{d}t^2}\bigg|_{t=t_0} (t-t_0)^2 + R_2(t) \tag{5.91}$$

式中，$R_2(t)$ 为残余误差，该残余误差是通过在二次项上近似"停止系列扩张"产生的。假如 t 和 t_0 之间的距离足够小，则残余误差 $R_2(t)$ 会小到可以忽略，也就是说，可以用一个二次函数近似该函数。

利用二次函数描述哨声的局部外形，需要有效估计三个参数：$f(t_0)$、$\dfrac{\mathrm{d}f}{\mathrm{d}t}$ 和 $\dfrac{\mathrm{d}^2 f}{\mathrm{d}t^2}$。这三个参数描述了哨声片段的参考频率、斜率和曲率，可通过将二次多项方程最小均方拟合到哨声轮廓的小片段上获得。

图 5.7 展示了应用图 4.24 中数据(仅包括超出最低长度的片段，即大于 50ms)之后，哨声检测器得出的结果。从图中可以看出，如不同线型所表示的那样，一些哨声由多个片段构成。这些片段的长度不一，从最低的 50ms 到几百毫秒。该数据集的所有片段均在 6kHz 以上，且大多数片段的斜率都为负值并且其绝对值在不断变大，这表明这些数据片段都在围绕一个负斜率值呈现一个偏斜分布，且局部极值似乎可以描述整段哨声。较高频率的一些哨声踪迹似乎为较低频率哨声踪迹的二次谐波。值得研究分析的是两个位于 1s 和 5.5s 处的 20kHz 高频爆发。

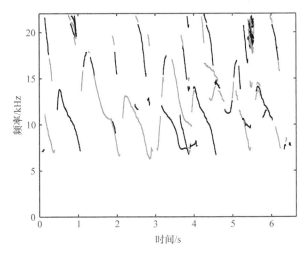

图 5.7　使用 4.4 节中描述的哨声检测器检测条纹海豚的调频声
也可参见图 4.18 和图 4.26，不同灰度区分不同片段

既然在统计分类器中有上斜率哨声和下斜率哨声，那么就可以直接使用平均斜率作为特征矢量对这些哨声进行区分。但是基频和曲率这两个参数却不能作为特征使用，这是由于不同哨声片段的基频在整个频带范围内都是趋向于呈统一分布；虽然曲率包含了极值的半径、曲率数值、二次导数等信息，但是大多数哨声(不仅仅是当前数据集中的)只是具有少量的陡峭局部极值，而且在大多数哨声片段中曲率都是接近于零的。基于以上分析，基频和曲率这两个参数并不适合用来当成

区分哨声的特征参量。

　　图 5.8 展示了图 5.7 中哨声斜率的统计情况,符合该数据集中大多数下扫频哨声的情况。

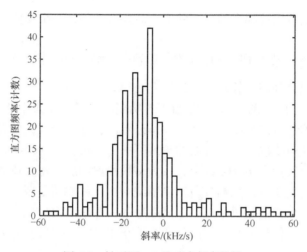

图 5.8　针对图 5.7 的哨声斜率统计

　　因此,统计哨声分类的最佳方法是将哨声斜率以及最低频率作为特征。然而,只从单一种群的单一数据集中选取特征矢量的做法是不科学的,必须用同样的方法分析更多的来自不同种群的数据集,这样才能设计出针对哨声分类的有效方法。浏览文献之后,读者会发现哨声分类属于热点研究领域,还有诸多工作需要深入研究。

第6章 定位与跟踪

定位并跟踪目标对象对于被动声学监测来说是十分重要的，它可以帮助人们通过声学分析方法对目标对象进行行为分析。常用的被动测距技术有多水听器测距、三角测距、多路径测距和波束形成。如果要对声学活跃状态下的鲸类动物进行定位，还要对它们的行为进行监测，那么跟踪是重要的一环，这就意味着需要连续判定每一动物的位置，即对个体进行跟踪。

定位声源需要多次独立测量。可以从大面积覆盖的多个传感器中获得这些测量值，以用于多水听器测距方法；也可以基于多路径时延和到达角估计等测量值，采用三角测量法和多路径测距法。

一般来说，对于任何未知参数(如距离、深度、方向)，需要至少一次独立测量，然而，多次测量的结果也许独立，也许不独立，这取决于水听器相对于声学活跃物体之间的几何关系。密集排列水听器的测量结果通常彼此关联，是高度相关的。

通常来说，有两种互补的定位方法：一种是基于时延估计的定位方法，而另一种是基于波束形成的定位方法。基于时延估计的定位方法利用了不同水听器被布置在距声源不同距离时所产生的传播时延，一般针对的是稀疏排列的水听器阵列。既可以直接利用时延信息，也可先将其转化为角度，从而对到达声的方向进行估计。另外，波束形成会使用密集排列水听器阵列，在这种排列情况下，可以利用多个水听器之间的关联性来获得声音到达的方向。

需要注意的是，为保证定位的可靠性，物体的估计位置需位于真实或虚拟水听器的近场。虽然可以利用外推插值法满足近场条件，但应该避免大范围的外推，这会造成较大的定位误差。

6.1 多水听器测距

多水听器测距方法利用声音到达时间的不同，使用多个水听器来定位声学活跃状态的动物，在水下及在陆地上均得到应用(Spiesberger and Fristrup，1990；Spiesberger，1999；McGregor et al., 1997)，与现代全球定位系统(global positioning system，GPS)非常相似。

已知位置点 (x_i, y_i, z_i) 有一套水听器 $h_i (i = 1, 2, \cdots, M)$ ，以及一头位于位置点

(x_w, y_w, z_w) 的鲸类，则鲸类和水听器之间的距离 R_{wi} 可以用一组 M 个方程表示为

$$R_{wi}^2 = (x_i - x_w)^2 + (y_i - y_w)^2 + (z_i - z_w)^2 \tag{6.1}$$

为避免大范围外推，假设鲸类与水听器间的距离处于同一数量级。

　　为获取鲸类的位置，需要估计 3 个变量，即假设水听器的位置是已知的，则至少需要 3 个方程来求解 3 个未知数。虽然无法直接测量单个距离 R_i(否则也就不需要做距离估计了)，但可以测量声音从一个水听器传播到另一个水听器所需要的时间。也就是说，可用 $R_i = R_0 + \delta R_i$ 来取代单个距离，其中 R_0 是当前相对于参考水听器 h_0 的未知距离，δR_i 是水听器 h_i 和参考水听器 h_0 之间的声学估计距离。测量出的声学距离 δR_i 与声音 δT_i 的传播时差有关，即 $\delta R_i = c \delta T_i$，其中 c 为两个水听器之间的有效声速。

　　展开方程(6.1)，作为参考水听器后有

$$R_0^2 = x_0^2 - 2x_0 x_w + x_w^2 + y_0^2 - 2y_0 y_w + y_w^2 + z_0^2 - 2z_0 z_w + z_w^2 \tag{6.2}$$

且对于所有其他水听器：

$$R_0^2 + 2R_0(\delta R_i) + (\delta R_i)^2 = x_i^2 - 2x_i x_w + x_w^2 + y_i^2 - 2y_i y_w + y_w^2 + z_i^2 - 2z_i z_w + z_w^2 \tag{6.3}$$

式(6.3)减去式(6.2)后，将所有未知数的二次项移除，而后得到

$$\begin{aligned} 2R_0(\delta R_i) + (\delta R_i)^2 = {} & x_i^2 - x_0^2 - 2(x_i - x_0)x_w + y_i^2 - y_0^2 - 2(y_i - y_0)y_w \\ & + z_i^2 - z_0^2 - 2(z_i - z_0)z_w \end{aligned} \tag{6.4}$$

　　现在有 4 个未知数 R_0、x_w、y_w 和 z_w。利用 5 个水听器，可形成 4 个方程，通过求解以下线性方程，可得到唯一解

$$\begin{pmatrix} (x_1^2 - x_0^2) + (y_1^2 - y_0^2) + (z_1^2 - z_0^2) - (\delta R_1)^2 \\ (x_2^2 - x_0^2) + (y_2^2 - y_0^2) + (z_2^2 - z_0^2) - (\delta R_2)^2 \\ (x_3^2 - x_0^2) + (y_3^2 - y_0^2) + (z_3^2 - z_0^2) - (\delta R_3)^2 \\ (x_4^2 - x_0^2) + (y_4^2 - y_0^2) + (z_4^2 - z_0^2) - (\delta R_4)^2 \end{pmatrix} = 2 \begin{pmatrix} \delta R_1 & (x_1 - x_0) & (y_1 - y_0) & (z_1 - z_0) \\ \delta R_2 & (x_2 - x_0) & (y_2 - y_0) & (z_2 - z_0) \\ \delta R_3 & (x_3 - x_0) & (y_3 - y_0) & (z_3 - z_0) \\ \delta R_4 & (x_4 - x_0) & (y_4 - y_0) & (z_4 - z_0) \end{pmatrix} \begin{pmatrix} R_0 \\ x_w \\ y_w \\ z_w \end{pmatrix}$$

$$\tag{6.5}$$

这组方程形式如下：

$$b = Ax \tag{6.6}$$

很容易就可以通过标准代数的方程予以解决，如

$$x = A^{-1}b \tag{6.7}$$

　　注意到，为解决方程(6.7)中一般的定位问题，至少需要 5 个水听器。若有更多的水听器可用，则该问题是超定的，并适用于最小均方解：

$$x = (A^{\mathrm{T}}A)^{-1}A^{\mathrm{T}}b \tag{6.8}$$

利用最小均方解可提高解的可靠性，测量时延过程中的一些小误差可进一步得到降低。

以上矩阵求逆要求矩阵不为奇异或不处于病态条件下，也就是说，矩阵的行列方程不应该接近于零。需注意，传感器不能都处于同一深度，否则，矩阵 A 的最后一列就都变为零。更一般化地说，矩阵 A 的任何列均不能为零，也就是说，5 个水听器应构成一个严格的体积阵。

在所有传感器均处于同样深度的情况下，就不能用以上方程来直接估计鲸类深度 z_w，此时方程组减小为

$$\begin{pmatrix} (x_1^2 - x_0^2) + (y_1^2 - y_0^2) - (\delta R_1)^2 \\ (x_2^2 - x_0^2) + (y_2^2 - y_0^2) - (\delta R_2)^2 \\ (x_3^2 - x_0^2) + (y_3^2 - y_0^2) - (\delta R_3)^2 \end{pmatrix} = 2 \begin{pmatrix} \delta R_1 (x_1 - x_0)(y_1 - y_0) \\ \delta R_2 (x_2 - x_0)(y_2 - y_0) \\ \delta R_3 (x_3 - x_0)(y_3 - y_0) \end{pmatrix} \begin{pmatrix} R_0 \\ x_w \\ y_w \end{pmatrix} \tag{6.9}$$

方便起见，将必要水听器的数量减少为 4 个。

最终通过以下方程估计鲸类深度 z_w：

$$z_w = z_0 \pm \sqrt{R_0^2 - (x_w - x_0)^2 - (y_w - y_0)^2} \tag{6.10}$$

如预想的那样，鲸类深度要么在水听器深度之上，要么在水听器深度之下，因而其解并不唯一。在水听器阵列接近海底或海面的情况下，两个解中的一个显然是不合理的，最后可以得到唯一符合实际的解。

虽然方程(6.5)中描述的方法适合 5 个或更多水听器且在数学上很容易实现，但是鲸类的位置完全是由 3 个未知参数决定的，那么为什么需要 4 个时延去求解呢？虽然 R_0 不是一个自变量，但可利用位置点 (x_w, y_w, z_w) 和 (x_0, y_0, z_0) 估计出其值。

如果 4 个水听器中至少有一个位于不同深度处，则可以不求解 R_0(即使用水听器 $h_0 \sim h_3$ 作为参数的 3 个方程)来获得方程(6.5)给出的另一个解：

$$\begin{pmatrix} (x_1^2 - x_0^2) + (y_1^2 - y_0^2) + (z_1^2 - z_0^2) - (\delta R_1)^2 \\ (x_2^2 - x_0^2) + (y_2^2 - y_0^2) + (z_2^2 - z_0^2) - (\delta R_2)^2 \\ (x_3^2 - x_0^2) + (y_3^2 - y_0^2) + (z_3^2 - z_0^2) - (\delta R_3)^2 \end{pmatrix} - 2 \begin{pmatrix} \delta R_1 \\ \delta R_2 \\ \delta R_3 \end{pmatrix} R_0$$
$$= 2 \begin{pmatrix} (x_1 - x_0)(y_1 - y_0)(z_1 - z_0) \\ (x_2 - x_0)(y_2 - y_0)(z_2 - z_0) \\ (x_3 - x_0)(y_3 - y_0)(z_3 - z_0) \end{pmatrix} \begin{pmatrix} x_w \\ y_w \\ z_w \end{pmatrix} \tag{6.11}$$

其可用矢量符号写为

$$b_0 - b_1 R_0 = A u_w \tag{6.12}$$

式中

$$b_0 = \begin{pmatrix} (x_1^2 - x_0^2) + (y_1^2 - y_0^2) + (z_1^2 - z_0^2) - (\delta R_1)^2 \\ (x_2^2 - x_0^2) + (y_2^2 - y_0^2) + (z_2^2 - z_0^2) - (\delta R_2)^2 \\ (x_3^2 - x_0^2) + (y_3^2 - y_0^2) + (z_3^2 - z_0^2) - (\delta R_3)^2 \end{pmatrix} \tag{6.13}$$

$$b_1 = 2 \begin{pmatrix} \delta R_1 \\ \delta R_2 \\ \delta R_3 \end{pmatrix} \tag{6.14}$$

$$A = 2 \begin{pmatrix} (x_1 - x_0) & (y_1 - y_0) & (z_1 - z_0) \\ (x_2 - x_0) & (y_2 - y_0) & (z_2 - z_0) \\ (x_3 - x_0) & (y_3 - y_0) & (z_3 - z_0) \end{pmatrix} \tag{6.15}$$

u_w 是描述鲸类位置的矢量。

利用 $u_0 = A^{-1} b_0$ 和 $u_1 = A^{-1} b_1$，将方程(6.12)的解变为参考距离 R_0 的一个线性函数，其中 R_0 是一个未知参数。

$$u_w = u_0 - u_1 R_0 \tag{6.16}$$

然而，回顾之前的方程，距离 R_0 也由式(6.17)决定：

$$R_0^2 = (u_w - h_0)^{\mathrm{T}} (u_w - h_0) \tag{6.17}$$

式中，h_0 为参考水听器的位置，通过方程(6.16)可得到

$$R_0^2 = (u_0 - h_0 - u_1 R_0)^{\mathrm{T}} (u_0 - h_0 - u_1 R_0) \tag{6.18}$$

在经过重新排列之后，该方程变为 R_0 的二次方程：

$$R_0^2 (1 - u_1^{\mathrm{T}} u_1) + 2(u_0 - h_0)^{\mathrm{T}} u_1 R_0 - (u_0 - h_0)^{\mathrm{T}} (u_0 - h_0) = 0 \tag{6.19}$$

其解为

$$R_0 = \frac{-b \pm \sqrt{b^2 + ac}}{a} \tag{6.20}$$

式中

$$a = (1 - u_1^{\mathrm{T}} u_1) \tag{6.21}$$

$$b = (u_0 - h_0)^{\mathrm{T}} u_1 \tag{6.22}$$

$$c = (u_0 - h_0)^{\mathrm{T}} (u_0 - h_0) \tag{6.23}$$

方程(6.20)中的加减符号表示其解并非唯一的，但是对于 $a > 0$ 的情况，就可

以唯一地确定其解(加号表示距离范围为正)。

用 4 个水听器估计距离时,一个水听器总是得到两个解(方程(6.20)),并且只有当鲸类位置是有限子集时,这两个解才收敛,从而得到鲸类的正确位置。因此,建议使用 5 个水听器,并将方程(6.8)应用于特定的鲸类测距。如果存在外部信息,又或者距离估计是整体跟踪工作的一部分,那么鲸类从一个明确的区域移动到一个模糊的区域,方程(6.20)潜在的距离模糊性就可以得到解决。

对于 $u_0 = h_0$ 的条件,距离 R_0 未被定义,因为方程(6.19)缩减为 $R_0^2(1 - u_1^{\mathrm{T}} u_1) = 0$,表明要么 R_0 为零,要么对于所有距离 R_0,$1 - u_1^{\mathrm{T}} u_1 = 0$。由于 $u_0 = h_0$,矢量 u_1 变成一个从参考水听器指向鲸类的单位矢量,即 $u_1^{\mathrm{T}} u_1 = 1$。

对于 $1 - u_1^{\mathrm{T}} u_1 = 0$ 和 $u_0 \neq h_0$,二次方程(方程(6.19))变为一个线性方程,其解为

$$R_0 = \frac{(u_0 - h_0)^{\mathrm{T}}(u_0 - h_0)}{2(u_0 - h_0)^{\mathrm{T}} u_1} \tag{6.24}$$

测试多水听器测距的 MATLAB 代码

```
%Scr6_1
% 水听器几何分布
h0=[0,0,0.5]';
h1=[2,0,0.5]';
h2=[0,2,0.5]';
h3=[0,0,-0.5]';
%
% 仿真
% 鲸类位置
w=[1,5,1]';
% 真实声学距离
R0=sqrt((w-h0)'*(w-h0));
R1=sqrt((w-h1)'*(w-h1));
R2=sqrt((w-h2)'*(w-h2));
R3=sqrt((w-h3)'*(w-h3));
%
% 真实声学距离差
dR1=R1-R0;
dR2=R2-R0;
dR3=R3-R0;
```

```
%
Rs=R0；%仅用于比较结果
%
%距离估计
%
A=2*[(h1-h0)'
    (h2-h0)'
    (h3-h0)'];
%
Ainv=inv(A);
b0=[h1'*h1-dR1.^2;
    h2'*h2-dR2.^2;
    h3'*h3-dR3.^2]-h0'*h0;
%
b1=2*[dR1;dR2;dR3];
x0=Ainv*b0;
x1=Ainv*b1;
%
rr1=-(x0-h0)'*x1;
rr2=rr1*rr1+(1-x1'*x1)*(x0-h0)'*(x0-h0);
rr3=(1-x1'*x1);
R0=(rr1+sqrt(rr2))/rr3;
fprintf('%f %f\n',R0,R0~Rs)
```

6.2 三角测距

被动方法估计声源范围的一个经典方法是三角测量法，即从不同位置测量声源的方向，并估计这些方向交叉的位置(图 6.1)。

给出两个水听器的位置 h_1、h_2，以及两个已测声音方向(即方位 γ_1、γ_2)，高度角 β_1、β_2，则每个声音矢量可表示为

$$w_i = h_i + m_i R_i \qquad (6.25)$$

式中

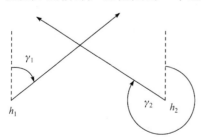

图 6.1 双矢量三角测量法(水平方向)

$$h_i = \begin{pmatrix} x_i \\ y_i \\ z_i \end{pmatrix} \tag{6.26}$$

方位 m_i 用以下方程表示：

$$m_i = \begin{pmatrix} \sin\gamma_i \cos\beta_i \\ \cos\gamma_i \cos\beta_i \\ \sin\beta_i \end{pmatrix} \tag{6.27}$$

两个矢量的交叉点可以定义出鲸类位置。具体来说，可以得到

$$h_2 - h_1 + \begin{pmatrix} \sin\gamma_2 \cos\beta_2 \\ \cos\gamma_2 \cos\beta_2 \\ \sin\beta_2 \end{pmatrix} R_2 - \begin{pmatrix} \sin\gamma_1 \cos\beta_1 \\ \cos\gamma_1 \cos\beta_1 \\ \sin\beta_1 \end{pmatrix} R_1 = 0 \tag{6.28}$$

方程(6.28)乘以 x 和 y 分量，可以得到

$$\begin{pmatrix} (x_2 - x_1)\cos\gamma_1 \\ (y_2 - y_1)\sin\gamma_1 \end{pmatrix} + \begin{pmatrix} \cos\gamma_1 \sin\gamma_2 \cos\beta_2 \\ \sin\gamma_1 \cos\gamma_2 \cos\beta_2 \end{pmatrix} R_2 - \begin{pmatrix} \cos\gamma_1 \sin\gamma_1 \cos\beta_1 \\ \sin\gamma_1 \cos\gamma_1 \cos\beta_1 \end{pmatrix} R_1 = 0 \quad (6.29)$$

在减去两个方程后，可以消除 R_1 的系数，得到距离估计 R_2：

$$R_2 = \frac{(x_2 - x_1)\cos\gamma_1 - (y_2 - y_1)\sin\gamma_1}{\sin(\gamma_1 - \gamma_2)\cos\beta_2} \tag{6.30}$$

通过使用最初的一个矢量表达式，可以对鲸类位置进行估计：

$$w = h_2 + m_2 R_2 \tag{6.31}$$

这里通过第二个传感器来估计鲸类位置。理论上，通过求解 R_1，可找到同一解。实际上，这一替代方法可能会得到一个略微不同的鲸类位置，这主要是由三维方向估计不一致性(方程(6.27))造成的。其结果是仅利用方向矢量的水平分量来估计距离似乎更好，这样可确保有解存在，而基于真实测量的两个方向矢量在三维空间中可能不会相交。只要从水听器到鲸类的方向有明显的水平分量，那么这种方法在数学上就是可行的。假如鲸类接近一个水听器的上方或下方，则可以使用另一个水听器作为三角测量的参考点。

以上方法在估计两个方位时假设鲸类是静止的。当使用分布的水听器阵列做测量时，人们总会这么假设。然而，当某一个移动测向仪在不同时间点做测量时，如果传感器的速度比鲸类的速度明显快很多，那么鲸类可被认为是几乎静止的，这种技术仍然适用。

三角测距要求被动声学监测系统能够测量声音传来的角度，而想要测得角度，要么通过定向水听器，要么用密集排列水听器，后面会对这一部分进行进一步讨论。

6.3　多路径测距

多水听器测距要求布置更多的水听器，覆盖研究区域。虽然确实存在这种方法，尤其是在军事测距中，但这种方法实施起来十分昂贵，所以很少见。作为一种替代方法，可以用多路径测距方法利用水下声音传播的特性来定位声源。

图 6.2 描绘了多路径测距的原理。左边是深度 h 处的水听器，右边是深度 d 处的声源。水听器和声源之间的水平距离为 x，深度为 b。深度值均为负数，以使用 z 轴向上的右手坐标系。虚线为展开的反射声音路径，其中，R_x 表示声音路径的长度，R_0 为直达声，R_S 为表面反射声音路径，R_B 为海底反射声音路径，R_{BS} 为海底-海面反射声音路径，R_{SB} 为海面-海底反射声音路径。

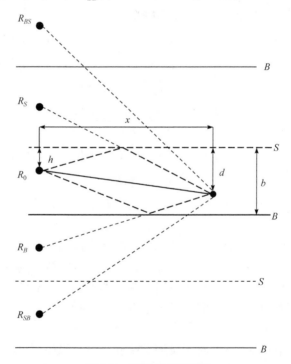

图 6.2　多路径测距原理

粗水平虚线表示海面；粗水平实线表示海底；细水平虚线和实线分别表示来自海面和海底的反射

在图 6.2 中，所有声学路径都以反射路径和展开路径的形式呈现。将反射路径展开不仅有助于表达不同的路径长度表达式，还展现了多路径测距背后的基本几何概念。从图 6.2 中可以清楚地看到，所有反射声音路径均可被真实水听器正上方或正下方的虚拟水听器阵列接收。可以认为声音到达真实水听器的时间和到达我们构造的垂直水听器阵列的时间是一样的。这种方法只适用于严格径向传播的声音，即球面波，因而声速恒定且海洋边界是平行且平坦的。

由于多路径测距相当于使用了一个垂直阵列，所以它也受垂直阵列缺点的影响，即它给出的是一个旋转方向不确定的解，例如，单纯的多路径测距只给出了声源的距离范围和深度，而没有给出水平方向或方位。

利用简单的几何关系，可以得到一组方程：

$$R_0^2 = x^2 + (h-d)^2 \tag{6.32}$$

$$R_S^2 = x^2 + (h+d)^2 \tag{6.33}$$

$$R_B^2 = x^2 + [(b-d)+(b-h)]^2 = x^2 + [2b-(h+d)]^2 \tag{6.34}$$

$$R_{BS}^2 = x^2 + [(b-d)+(b+h)]^2 = x^2 + [2b+(h-d)]^2 \tag{6.35}$$

$$R_{SB}^2 = x^2 + [(b+d)+(b-h)]^2 = x^2 + [2b-(h-d)]^2 \tag{6.36}$$

可继续添加更多反射，对于海面-海底-海面反射声音路径，可以得到

$$R_{SBS}^2 = x^2 + [2b+(h+d)]^2 \tag{6.37}$$

形成了不同距离估计值之间的差值，可以得到

$$R_S^2 - R_0^2 = 4hd \tag{6.38}$$

$$\begin{aligned} R_B^2 - R_S^2 &= 4b^2 - 4b(h+d) \\ &= 4b[b-(h+d)] \end{aligned} \tag{6.39}$$

$$R_B^2 - R_0^2 = 4b^2 - 4b(h+d) + 4hd = 4(b-d)(b-h) \tag{6.40}$$

很明显，还有许多其他的"自然"差值：

$$R_{BS}^2 - R_{SB}^2 = 8b(h-d) \tag{6.41}$$

$$R_{SBS}^2 - R_B^2 = 8b(h+d) \tag{6.42}$$

$$R_{BS}^2 - R_B^2 = 4b(h-d) + 4b(h+d) - 4hd = 8bh - 4hd \tag{6.43}$$

$$R_{SB}^2 - R_B^2 = -4b(h-d) + 4b(h+d) - 4hd = 8bd - 4hd \tag{6.44}$$

所有这些差值可以被认为是独立的测量，并适用于估计声源的范围和深度。

6.3.1　声源距离估计

结合直达路径表达式及表面反射路径表达式，即在测量了到达路径差 δR_{S_0} 或直达声路径与表面反射声路径的时间延迟后，得到方程(6.45)：

$$2(\delta R_{S\_0})R_0 + (\delta R_{S\_0})^2 = 4hd \tag{6.45}$$

倾斜距离 R_0 变为

$$R_0 = \frac{4hd - (\delta R_{S\_0})^2}{2(\delta R_{S\_0})} \tag{6.46}$$

该解需要知道鲸类深度，否则倾斜距离 R_0 会是动物所处深度的线性函数(对于给定时延)。

6.3.2　声源深度估计

为估计倾斜距离 R_0 和动物深度 d，需要使用另外一个数据集。对于海底反射，有如下方程：

$$R_B^2 - R_0^2 = 4(b-d)(b-h) \tag{6.47}$$

对于两个未知数 R_0 和 d，现在有两个方程：

$$2(\delta R_{S\_0})R_0 + (\delta R_{S\_0})^2 = 4hd \tag{6.48}$$

$$2(\delta R_{B\_0})R_0 + (\delta R_{B\_0})^2 = 4(b-d)(b-h)$$

矩阵表示为

$$2\begin{pmatrix} 2h & -\delta R_{S\_0} \\ 2(b-h) & -\delta R_{B\_0} \end{pmatrix}\begin{pmatrix} d \\ R_0 \end{pmatrix} = \begin{pmatrix} (\delta R_{S\_0})^2 \\ 4b(b-h) + (\delta R_{B\_0})^2 \end{pmatrix} \tag{6.49}$$

倾斜距离 R_0 和鲸类深度 d 的值可用经典方法进行求解。

该方法要求海底深度 b 是已知的。该信息既可从海图中获取，也可在现场用回声测深仪测量得出。为从数据中估计出海底深度，还需要一个方程，即额外的反射时延测量方程。例如，可选择以下三个线性方程，在未知的 d 和 b 中没有交叉项。

$$R_S^2 - R_0^2 = 4hd \tag{6.50}$$

$$R_{BS}^2 - R_{SB}^2 + R_{SBS}^2 - R_B^2 = 16bh \tag{6.51}$$

$$R_{BS}^2 - R_B^2 = 8bh - 4hd \tag{6.52}$$

经过一些处理后，可用矩阵表示法写为

$$2\begin{pmatrix} 2h & 0 & -\delta R_{S\_0} \\ 0 & 8h & -\delta R_{BS\_SB} - \delta R_{SBS\_B} \\ -2h & 4h & -\delta R_{BS\_B} \end{pmatrix}\begin{pmatrix} d \\ b \\ R_0 \end{pmatrix}$$
$$= \begin{pmatrix} (\delta R_{BS\_B})^2 \\ (\delta R_{BS\_SB})(\delta R_{BS\_SB} + 2\delta R_{SB\_0}) + (\delta R_{SBS\_B})(\delta R_{SBS\_B} + 2\delta R_{B\_0}) \\ (\delta R_{BS\_B})(\delta R_{BS\_B} + 2\delta R_{B\_0}) \end{pmatrix} \tag{6.53}$$

　　这组线性方程可用标准方法进行求解。方程(6.53)需要 6 个不同时延测量值，而这只在某些情况下才可以做到，其实用性有限。

　　多路径测距要求存在以及能够识别单个到达声，因为多路径主要是由声音在边界(海面和海底)上的反射所致，能否检测到多路径到达声很大程度上取决于整体几何结构。若反射声的声能与直达声的声能相当，则可以判断存在明显的反射。对于全向声发射，若声源处于海边界附近，则可能发生这种情况；而对于有指向性的声音，如回声定位嘀嗒声，声能是集中于一个方向的，假如动物朝向接收器，同时将声音波束指向边界、海面或海底，那么就会发生有规律的反射。一般来说，识别多种海洋边界反射十分困难，但有了额外的信息就会容易很多。据了解，对于能够靠近海底觅食的深潜鲸类，水听器也许能较早接收到其海底反射声，尤其是当鲸类相对海底的距离小于水听器的深度时。如果鲸类接近海面时发声，所产生的海面反射声则会较快到达水听器。此外还可以从原理上区分第一海底反射和第一海面反射，第一海面反射的特征是由于水-空气界面的反射，导致信号发生180°相移(如 1.4.2 节所讨论的那样)。然而，正确识别高阶反射可能会变得非常困难，并且可能需要额外的信息，如对于动物行为建模的信息。

6.3.3　基于到达角的声源深度估计

　　在不使用额外反射的情况下，估计深度 d 的另一种方法是测量直达波的仰角(图 6.3)，对于直达路径仰角 ϑ_0，隐方程定义为

$$d - h = R_0 \sin \vartheta_0 \tag{6.54}$$

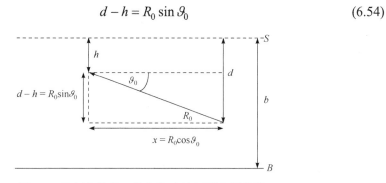

图 6.3　几何和仰角 ϑ 的定义(在这幅图中是负数)

同时，利用方程(6.45)，可以得到 d 和 R_0 所在的两个线性方程：

$$d - h = R_0 \sin \vartheta_0 \tag{6.55}$$

$$2(\delta R_{S\_0})R_0 + (\delta R_{S\_0})^2 = 4hd \tag{6.56}$$

即有如下线性方程组：

$$\begin{pmatrix} 1 & -\sin\vartheta_0 \\ 4h & -2(\delta R_{S\_0}) \end{pmatrix}\begin{pmatrix} d \\ R_0 \end{pmatrix} = \begin{pmatrix} h \\ (\delta R_{S\_0})^2 \end{pmatrix} \tag{6.57}$$

该方程可通过标准方法求解。通过一个海面延迟和一个角度测量，即使不知道海底深度仍然可以完成声源的完整定位，因此该方法成为多路径测距的首选方法。

6.3.4 仅使用到达角的声源深度估计

还可以使用两个仰角来代替表面反射和直达声路径的距离差。

从图 6.4 中可以得出

$$d - h = R_x \tan\vartheta_0$$
$$d + h = R_x \tan\vartheta_S \tag{6.58}$$

或者

$$\begin{pmatrix} 1 & -\tan\vartheta_0 \\ 1 & -\tan\vartheta_S \end{pmatrix}\begin{pmatrix} d \\ R_x \end{pmatrix} = h\begin{pmatrix} 1 \\ -1 \end{pmatrix} \tag{6.59}$$

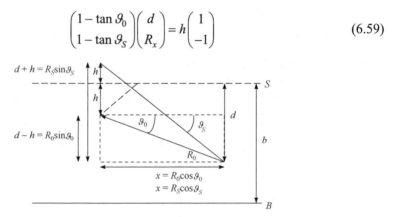

图 6.4 直达声和表面反射声路径到达角的几何形状和定义

这些可通过标准方法求解。该方法要求能够同时估计出直达路径和表面反射路径的到达角。这是可以实现的，因为表面反射声比起直达声总是更晚到达水听器，同时信号呈现反相现象。

6.4 声学建模测距

6.3 节描述的多路径测距使用了两个假设：声速恒定，即声音沿直线传播；不同路径的声音很容易识别。然而，基于模型的距离测量放宽了这些要求，并以不同的方式来获得鲸类的位置。

基于模型的测距技术假设鲸类的位置已知，预测不同路径的差异(针对某一特定几何模型而测量得到)。然后，将预测的测量值和实际测量值进行对比，并通过对多个假设的鲸类位置重复该过程，利用预测与测量之间的失配建立一个模糊曲面，这个曲面描述了鲸类最有可能的位置。最有可能的鲸类位置是模型声场和实测声场之间失配最小的位置。

为通过声学建模估计鲸类位置，可以使用标准声学模型来预测到达时间。一个合适的声学模型是 Bellhop，该传播损失模型在前面的 3.3.1 节给出。该模型能够预测多种声音路径下的声音传播时间，并能解释与声速和距离有关的海洋测深学。

使用声学模型来预测声音到达的时间分布对扩展距离来说是特别重要的，一般而言，声路径通常是折射的，只有少数真实的反射声路径可以确定。

与目前提出的测距方法相比，基于模型的测距方法通过引入更多信息以取得改进。一个潜在的困难是从复杂解空间(即模糊面)中确定动物的真实位置，这与声学建模所需的环境输入参数的不确定性有很大关系。目前为止，基于声学模型的鲸类测距依旧处于初始阶段，需要声学建模专家的参与(Baggeroer et al., 1988, 1993；Thode et al., 2000；Tiemann and Porter, 2003；Tiemann et al., 2006；Tiemann, 2008)。

6.5　到达时间差的测量

目前为止，只需要两个水听器之间到达时间差的测量值。判定这一差值的方法之一就是精确测量同一嘀嗒声抵达两个水听器的时间，并计算两个时间差。类似方法还在 5.3.2 节使用，用以判定回声定位嘀嗒声直达音和表面反射声之间的时延。这种方法适用于信号足够强、易于检测，并且对到达时间有一个共同的定义，无论这是信号的开始还是信号幅度达到最大值的时间，这种方法都是适用的。

另外一种判定到达时间差的方法是将两个水听器接收到的声音进行互相关，并通过找出互相关最大的滞后时间来确定相对延迟。互相关函数由以下积分给出：

$$C(\tau) = \int_{-\infty}^{\infty} s_0(t)s_1(t+\tau)\mathrm{d}t \tag{6.60}$$

式中，s_0 和 s_1 分别为水听器 h_0 和 h_1 的时间序列；τ 为两个时间序列之间的可变滞后时间。仅当 τ 对应于信号 s_1 和 s_0 之间时延的情况下，$C(\tau)$ 才变为最大。

如果信号具有明显的时间或频谱特征，那么采用互相关方法进行时延估计效果最好。这些特征可能是信号的突然开始或明显的幅度调制，但也可能是明显的非线性调频。方程(6.60)和匹配滤波器(方程(4.22))的相似性说明了较高的时间带宽积对于克服噪声引起的不确定性来说是非常重要的。

由于缺少期望时延的先验信息，时延估计的互相关计算是非常耗时的。必须针对所有可能时延来求解方程(6.60)。所有可能时延的数量取决于采样频率以及水听器对之间的距离，这对于非常高的采样频率以及非常稀疏排列的水听器来说可能是一个问题。例如，如果用 500kHz 采样频率去覆盖所有可能的鲸类动物的声音，并使用两个间隔为 15m 的水听器拖曳阵列做测量，则两个水听器之间的最大传播时间是 10ms(15m/1500m/s)，可能时延量为 5000kHz·ms(500kHz×10ms)。考虑到时延可能是正或负，那么时延量增加到 10000kHz·ms。这个处理量即使是对于最短嘀嗒声也可能有些大，例如，25μs 的持续时间，相当于 125 个样本的采样信号长度。对于典型信号，如 1ms～1s 的信号，计算量可能是非常大的。

幸运的是，产生所有可能时延的互相关也并不总是必要的，特别是当互相关只是被认为是多步骤测向过程中的一种改进时。首先可以通过个体检测的时间差来确定近似的时延，然后在第二步中利用互相关来细化时延估计，这会显著减少计算量。

在确定存在多个嘀嗒声的时延时，如果两个水听器之间的预期时延大于回声定位脉冲串的嘀嗒声间隔(ICI)，情况就比较复杂。幸运的是，ICI 从来都不是真正的常量，通过匹配两个水听器测量的 ICI 变化情况，可以实现粗略的同步。

6.6　到达方向测量

测量声音来源最简单的方法是使用一对水听器。根据水听器的间距以及声源的距离，可以得到略有不同的估计到达方向的方程。

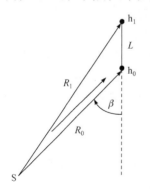

图 6.5　声波到达角估计

(S 为声源，h_1、h_0 代表两个水听器)

如图 6.5 所示，给定两个水听器，它们接收来自远处声源的声音，则标准几何结构产生：

$$R_1^2 = R_0^2 + L^2 + 2R_0 L \cos\beta \qquad (6.61)$$

若用 $\delta R_{1\_0} = R_1 - R_0$ 表示声音路径的差值，则可以得到水听器 h_0 的入射角 β：

$$\cos\beta = \frac{\delta R_{1\_0}}{L} + \frac{L^2 - (\delta R_{1\_0})^2}{2R_0 L} \qquad (6.62)$$

对于非常大的距离，如 $R_0 \to \infty$，利用声音路径差和传播时差之间的关系，$\delta R_{1\_0} = c\delta\tau_{1\_0}$ 可得

$$\cos\beta = \frac{c\delta\tau_{1\_0}}{L} \qquad (6.63)$$

对于远距离声源，两个紧密排列的水听器足以估计声音的到达方向。

可从图 6.5 中注意到旋转对称现象，如整个图向右翻转，那么会得到同一入射角 β。需要进一步说明的是，$R_0 \to \infty$ 等同于假设两个水听器的声音入射角是相等的，如可以假设声音按平面波传播。

6.7　三　维　测　向

为消除所有潜在方位模糊，需要一个三维测向仪。该装置可由 4 个水听器，以三维或立体结构配置而成。图 6.6 展示了一个立体阵列，其中 4 个水听器被布置成一个四面体形状，提供了一个可能是最小的立体阵列形式。

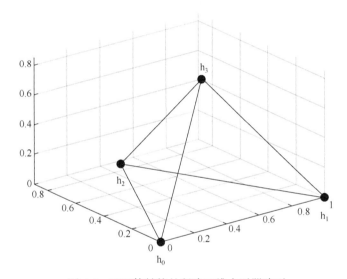

图 6.6　四面体结构的紧凑三维水听器阵列

在 6.1 节中，注意到一般 4 个水听器是不足以定位声源的。但其数量足以估计到声源的方向。与方程(6.63)的推导相类似，假设立体阵列非常小，小到符合平面波的假设，也就是说，声源的方向矢量对于所有 4 个水听器来说都是等同的。

给定 4 个水听器：

$$h_i = \begin{pmatrix} h_{ix} \\ h_{iy} \\ h_{iz} \end{pmatrix}, \quad i = 0,1,2,3 \tag{6.64}$$

使用 3 对水听器来构建 3 个水听器基线矢量 $d_i = h_i - h_0$, $i = 0,1,2,3$。

将两个水听器之间的距离定义为 $L_i = |d_i|$。为形成一个立体阵列，假设 3 个基

线矢量非共线，即 3 个矢量之中的 2 个矢量之间的点乘绝对值不为 1；因此，3 个矢量 d_i 可用于构建一个坐标系。

方向(单位)矢量 $\hat{s}$ 和 3 对水听器之间的角度 ϑ_i 的隐方程为

$$
\begin{aligned}
L_1 \cos \vartheta_1 &= d_1^{\mathrm{T}} \hat{s} \\
L_2 \cos \vartheta_2 &= d_2^{\mathrm{T}} \hat{s} \\
L_3 \cos \vartheta_3 &= d_3^{\mathrm{T}} \hat{s}
\end{aligned}
\tag{6.65}
$$

或以矩阵形式表示为

$$
\begin{pmatrix} L_1 \cos \vartheta_1 \\ L_2 \cos \vartheta_2 \\ L_3 \cos \vartheta_3 \end{pmatrix} = \begin{pmatrix} d_{1x} & d_{1y} & d_{1z} \\ d_{2x} & d_{2y} & d_{2z} \\ d_{3x} & d_{3y} & d_{3z} \end{pmatrix} \begin{pmatrix} s_x \\ s_y \\ s_z \end{pmatrix}
\tag{6.66}
$$

利用方程(6.63)，可以把方程(6.65)的各个分量替换为

$$
L_i \cos \vartheta_i = c \delta \tau_{i\_0}
\tag{6.67}
$$

用矩阵形式表示，则方程(6.66)变为

$$
c(\delta \tau) = D^{\mathrm{T}} \hat{s}
\tag{6.68}
$$

式中

$$
\delta \tau = \begin{pmatrix} \delta \tau_{1\_0} \\ \delta \tau_{2\_0} \\ \delta \tau_{3\_0} \end{pmatrix}, \quad D^{\mathrm{T}} = \begin{pmatrix} d_1^{\mathrm{T}} \\ d_2^{\mathrm{T}} \\ d_3^{\mathrm{T}} \end{pmatrix}, \quad d_i = \begin{pmatrix} d_{ix} \\ d_{iy} \\ d_{iz} \end{pmatrix}
\tag{6.69}
$$

更一般地说，现在允许水听器向量的任意旋转，即水听器向量 d_i 的实际方向可以根据式(6.70)从默认方向 d_{0i} 导出：

$$
d_i = M d_{0i}
\tag{6.70}
$$

以矩阵符号表示，则变为

$$
D = M D_0
\tag{6.71}
$$

然后通过转置矩阵乘积得到

$$
c(\delta \tau) = (D_0^{\mathrm{T}} M^{\mathrm{T}}) \hat{s}
\tag{6.72}
$$

声音方向现在通过标准代数进行估计：

$$
\hat{s} = c (D_0^{\mathrm{T}} M^{\mathrm{T}})^{-1} (\delta \tau)
\tag{6.73}
$$

声音方向的方位角 φ 和高度角 ϑ 最终通过求解以下方程进行估计：

$$\tan \varphi = \frac{s_y}{s_x} \tag{6.74}$$

且

$$\sin \vartheta = s_z \tag{6.75}$$

或

$$\tan \vartheta = \frac{s_z}{\sqrt{s_x^2 + s_y^2}} \tag{6.76}$$

将立体阵列的旋转纳入三维测向技术中，允许在标准地理基准系统中使用任意朝向的立体阵列，在该系统中，如下定义出三个基本旋转(图 6.7)。

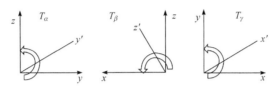

图 6.7　旋转矩阵的定义

T_α：围绕 x 轴旋转，使 y 轴朝 z 轴移动(横摇角)。

T_β：围绕 y 轴旋转，使 z 轴朝 x 轴移动(负俯仰角)。

T_γ：围绕 z 轴旋转，使 x 轴朝 y 轴移动(航向角的余角)。

从(x, y, z)坐标系到(x', y', z')坐标系的变换可以看成三个基本旋转序列，三个旋转的实际顺序是很重要的，通常遵循以下顺序：

(1) 围绕γ旋转，则 x 轴处于 x' 的垂直面上。

(2) 围绕β旋转，则 x 轴与 x' 轴平行。

(3) 围绕α旋转，则 z 轴与 z' 轴平行，或者用矩阵表示为

$$M = T_\alpha T_\beta T_\gamma \tag{6.77}$$

6.8　二维限制下的测向

假设仅有 3 个水听器，其中一个可能无法形成矢量 d_3，那么下面的过程仍然允许在一定约束条件下进行三维测向。3 个水听器总能描述一个平面，然而在寻找方向时会存在残余的模糊性，因为无法确定声音的正确方向应该在平面的哪一边。

图 6.8 用来定义朝向声源 S 的矢量与连接不同水听器的矢量之间的不同角度。仅水听器 h_0 和 h_1 在这里有显示。声源方向与水听器 h_0、h_2 之间存在相似的角度。

假设使用水听器 h_0、h_1 和 h_2 进行测向，不使用水听器 h_3。

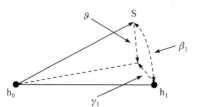

图 6.8　二维约束测向角的定义

根据图 6.8，将方向余弦表示为

$$\cos \beta_i = \cos \gamma_i \cos \vartheta, \quad i=1,2 \qquad (6.78)$$

式中

$$\gamma_1 + \gamma_2 = \omega_{1,2} \qquad (6.79)$$

$\omega_{1,2}$ 为两个矢量 d_1、d_2 之间的角度。

具体来说，可将两个方向余弦表示为

$$\cos \beta_1 = \cos \gamma_1 \cos \vartheta \qquad (6.80)$$

$$\cos \beta_2 = \cos \gamma_2 \cos \vartheta \qquad (6.81)$$

或用方程(6.79)表示为

$$\cos \beta_2 = \cos(\omega_{1,2} - \gamma_1) \cos \vartheta \qquad (6.82)$$

因此

$$\cos \beta_2 = (\cos \gamma_1 \cos \omega_{1,2} + \sin \gamma_1 \sin \omega_{1,2}) \cos \vartheta \qquad (6.83)$$

利用方程(6.80)，可以得到

$$\cos \beta_2 = \cos \beta_1 \cos \omega_{1,2} + \cos \beta_1 \frac{\sin \gamma_1}{\cos \gamma_1} \sin \omega_{1,2} \qquad (6.84)$$

即

$$\tan \gamma_1 = \frac{\cos \beta_2 - \cos \beta_1 \cos \omega_{1,2}}{\cos \beta_1 \sin \omega_{1,2}} \qquad (6.85)$$

在估计了 γ_1 之后，或根据方程(6.79)和 γ_2，可以使用方程(6.80)或方程(6.81)来估计仰角 ϑ。若 γ_1 小于 45°，则可使用方程(6.80)，否则使用方程(6.81)。

在水听器平面的上方或下方，存在相位模糊，也就是说 ϑ 可以是正的，也可以是负的。

为利用线性方程组(6.72)得到获取所需的声源方向矢量，会通过以下方程表示第三个水听器矢量：

$$d_3 = d_1 \times d_2 \qquad (6.86)$$

方程中×表示两个矢量的叉乘。假设缺失的延迟为

$$c\delta\tau_3 = \pm L_3 \sin \vartheta \qquad (6.87)$$

"+" 表示水听器平面以上；"–" 表示水听器平面以下；同时 $L_3 = |d_3|$。

显然，无法克服 3 个水听器阵列位置上的模糊性，但是在获得额外信息后，

就可以解决这种模糊性。例如，如果这 3 个水听器在海面附近形成了一个近乎水平的阵列，那么所有深潜鲸类的回声定位嘀嗒声的直达声都会从阵列下方直接到达。表面反射信号将始终来自于阵列之上，而与阵列深度无关。

6.9 波 束 形 成

当多个水听器组成一个紧凑的阵列时，波束形成是一个典型的处理方法。波束形成的主要目的并不在于测向，而是利用接收数据，即假如水听器距离够近，在某一方向上接收到的信号应为相同目标信号的某一延迟信号，但是每个水听器都会受到不同环境噪声波动的影响。实际上，不需要估计不同水听器之间的时间延迟，而是将所有水听器接收信号的振幅时延相加，进而形成波束模式，这种模式会加强相干信号，并将阵列输出的总噪声降至最低。

为了解波束形成是如何工作的，假设一个 3 元等间隔分布的线列阵接收到远场声源的声音 $s(t)$，如图 6.9 所示。声音首先到达水听器 h_0(h_0 也是参考水听器)，然后声音到达水听器 h_1，最终到达水听器 h_2。不同水听器与参考水听器之间的时间延迟是一个以角度 β 到达阵列的平面波，根据

$$\delta\tau_{n\_0} = n\frac{L}{c}\cos\beta = n\delta\tau_\beta, \quad n=1,2 \quad (6.88)$$

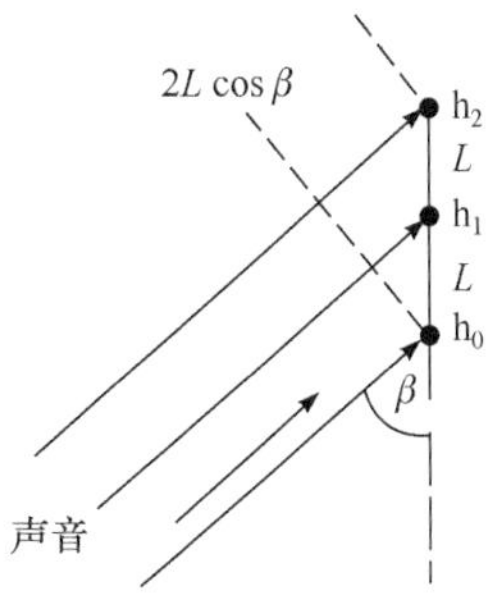

除了目标信号，水听器也会接收来自所有方向的随机噪声，即局部声压测量值是由信号加随机噪声 $n(t)$ 组成的：

$$x(t) = s(t) + n(t) \quad (6.89)$$

图 6.9 水听器线列阵的几何形状

对于第 n 个水听器，该方程变为

$$x_n(t) = s(t - n\delta\tau_\beta) + n(t) \quad (6.90)$$

方程(6.90)中的 "−" 反映了信号需要花费时间 $n\delta\tau_\beta$ 才能到达第 n 个水听器。

为了对阵列数据做波束形成处理，需要补偿声音到达的延迟并取平均值：

$$x_{A\_3}(t, \delta\tau_\beta) = \frac{1}{3}\sum_{n=0}^{3} x_i(t + n\delta\tau_\beta) = \frac{1}{3}\sum_{n=0}^{3} s(t) + \frac{1}{3}\sum_{n=0}^{3} n(t + n\delta\tau_\beta) \quad (6.91)$$

如果时间延迟选择正确，即当信号确实从方向 β 到达时，则可以得到

$$x_{A\_N}(t, \delta\tau_\beta) = s(t) + \frac{1}{N}\sum_{n=0}^{N} n(t + n\delta\tau_\beta) \quad (6.92)$$

可以从 3 个水听器类推到 n 个水听器。

很明显，假如取 n 个相同信号的平均值，那么其结果(平均信号)应与单个信号是一样的，然而相比于单个水听器，求 n 个不同噪声测量值的平均值必然会减小噪声，噪声抑制的大小取决于不同噪声测量值之间的独立性。

在完全不相关的噪声测量中，噪声振幅随水听器数量的平方根增加而减小。这与观察结果是一致的，即如果噪声不相关，那么不同测量值是相互独立的，阵列所测量的平均噪声能量应与水听器的数量无关。波束形成可实现的噪声抑制数值与 3.5 节讨论的水听器阵列的阵列增益相关(式(3.30)和式(3.31))。

6.10　波　束　图

到目前为止，已经估计了当信号到达方向已知时，对水听器数据适当时延和平均处理时的阵列响应。那么，如果真实信号方向和假设信号方向之间略微不匹配会发生什么？显然，在噪声抑制方面没有变化，但是对于信号分量，由于平均 N 个略微不同的信号会产生较低的阵列输出或阵列响应，其结果必然降低。

水听器阵列的波束图型表征了该阵列的响应函数。假设声音以 β_0 角度到达线阵列，但在方向 β 上形成波束。

为获得阵列响应，现在假设声信号可以表示为一个复值谐波：

$$s(t) = \exp\{i(\omega t - kr)\} \tag{6.93}$$

式中，ω 为圆频率；k 为波数；r 为传播距离。

声波现在被 n 个不同水听器接收到，其距离 r_n 由 $r_n = r_0 + nL\cos\beta (n = 0,1, 2,\cdots,N)$ 进行估计。

$$s_n(t) = \exp\{i(\omega t - kr_n)\} = \exp\{i(\omega t - kr_0 - nkL\cos\beta_0)\} \tag{6.94}$$

然后通过补偿假定的延迟并对所有水听器进行平均，得到阵列响应 x_{A_N}：

$$x_{A\_N}(t, \beta; \beta_0) = \frac{1}{N}\sum_{n=0}^{N} s_n\left(t + n\frac{L}{c}\cos\beta\right) = \exp\{i(\omega t - kr_0)\}B_N(\beta, \beta_0) \tag{6.95}$$

且

$$B_N(\beta, \beta_0) = \frac{1}{N}\sum_{n=0}^{N} \exp\{inkL(\cos\beta - \cos\beta_0)\} \tag{6.96}$$

总和可以用封闭形式求值，即用 $\psi = \dfrac{kL}{2}(\cos\beta - \cos\beta_0)$ 可以得到。

$$B_N(\beta,\beta_0) = \frac{1}{N}\sum_{n=0}^{N}\exp\{inkL(\cos\beta-\cos\beta_0)\}$$

$$= \frac{\exp\{i2N\psi\}-1}{N\exp\{i2\psi\}-1} \tag{6.97}$$

$$= \exp\{i(N-1)\psi\}\frac{\sin(N\psi)}{N\sin\psi}$$

这样波束形成器的输出就变为

$$x_{A\_N}(t,\beta;\beta_0) = \exp\{i(\omega t - kr_0 + (N-1)\psi\}\frac{\sin(N\psi)}{N\sin\psi} \tag{6.98}$$

由方程(6.98)可以将一个 n 元线阵列的波束图型 $BP(\beta;\beta_0)$ 最终表示为

$$BP(\beta;\beta_0) = \left|\frac{x_{A\_N}(t,\beta,\beta_0)}{x_{A\_N}(t,\beta_0,\beta_0)}\right|^2 = \left(\frac{\sin(N\psi)}{N\sin\psi}\right)^2 \tag{6.99}$$

$$BP(\beta;\beta_0) = \left(\frac{\sin\left(N\dfrac{kL}{2}(\cos\beta-\cos\beta_0)\right)}{N\sin\left(\dfrac{kL}{2}(\cos\beta-\cos\beta_0)\right)}\right)^2 \tag{6.100}$$

图 6.10 给出了三阵元阵列波束图型。假设由 3 个不同的到达角(0°、90°、180°)来生成方程(6.10)中的复合极坐标图。注意到有关波束形成的 3 个重要事实,对于与阵列在一条线上的信号,即到达 0°或 180°时,波束图比信号在 90°时要宽得多。

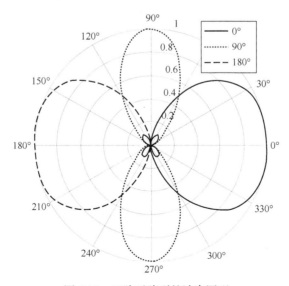

图 6.10 三阵元阵列的波束图型

进一步注意到所有的曲线均在 0.5 时相交, 2 个端射波束(0°或 180°)可产生明确方向, 而 90°或 270°侧面波束时给出的解是模糊的。

得出结论, 考虑到波束图型并不直接取决于角度差 $\beta - \beta_0$, 而是取决于角余弦差, 具体如方程(6.100)所示, 其结果是, 波束图型的形状为声音入射角的函数。进一步得出结论, 除两个端射方向, 所有方向均是模糊的, 因为如果用 $-\beta$ 替换 β, 波束图型也不会改变。

如果把波束宽度定义为波束模式减小至 0.5 的角度差, 从图 6.10 中可以看出, 侧边波束宽为 120°, 两个端射波束的波束宽度为 240°。因此图 6.10 表明, 如果波束图型在 0.5 处重叠是分辨两个不同声源的标准, 那么说明三元阵可以解决 3 个不同的声源问题。将其推广, 即一个阵列可同时分辨或探测到的最大声源数目等于水听器的数量。

由式(6.100)注意到, $\text{BP}(\beta; \beta_0)$ 变为 1 时产生最大响应, 即等同于

$$\frac{kL}{2}\left|\cos\beta - \cos\beta_0\right| = 2n\pi, \quad n = 0, 1, 2 \tag{6.101}$$

由于 $\sin x$ 的周期性, 周期为 2π, $\text{BP}(\beta; \beta_0)$ 也将为周期函数。注意到 $\text{BP}(\beta; \beta_0) = 1$, $\beta = \beta_0$, 对于量级较小的 x, 近似 $\sin x \approx x$, 因而 $\dfrac{\sin(Nx)}{N\sin x} \approx \dfrac{Nx}{Nx} = 1$。

方程(6.101)的直接结果是波束图型变成唯一的, 也就意味着只有一个整体最大值, 如果

$$\max\left\{\frac{kL}{2}\left|\cos\beta - \cos\beta_0\right|\right\} < \pi \tag{6.102}$$

或 $\max\left|\cos\beta - \cos\beta_0\right| = 2$ 时, 有

$$L < \frac{\lambda}{2} \tag{6.103}$$

仅当水听器之间的距离小于波长的一半时, 才能得到唯一的波束图型。在该距离之外存在栅瓣, 即对于与真实方向不一致的方向, 阵列也具有最大响应(把信号进行相干求和)。

图 6.11 展示了在不同水听器间隔下的波束图型。注意到假如减小间隔, 则波束宽度会显著变宽, 从而降低波束形成器的分辨能力。当水听器间距超出方程(6.103)所给出的临界极限时, 在 180°处会出现一个二次峰, 这就是上面提到的栅瓣。由于假设声源的真实到达角为零, 在 180°处存在旁瓣就产生了方向模糊。

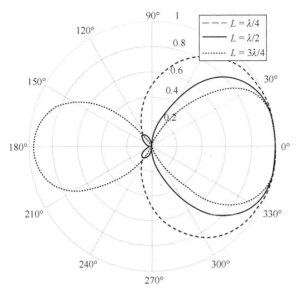

图 6.11　不同水听器阵列的波束图型

6.10.1　稀疏阵列波束形成

通常使用密集排列阵列进行波束形成，密集排列阵列的水听器间隔不超过所研究最高频率波长的一半，也就是方程(6.103)成立的情况。仅在这种情况下，波束图型是唯一的，不呈现栅瓣。但这并不是所有的情况，因为上面的波束图型是针对平面波推导出的且无时长限制。现在想象一个短脉冲(如 50μs 的海豚嘀嗒声)从前端($\beta = 0$)发射到一个水听器三元阵(6m 长，阵元间距为 3m)。从第一个水听器到第二个水听器的嘀嗒声时间延迟为 2ms，也就是脉冲长度的 40 倍，因此很难想象处理结果会与实际海豚嘀嗒声的传播方向相反。

为了检验论证是否正确，假设一个高斯脉冲到达阵列时角度为 β_0，t_n 为脉冲抵达水听器 n 的时间：

$$t_n = t + \frac{nL\cos\beta_0}{c} \tag{6.104}$$

也就是说，将第 n 个水听器的波形表示为(参见方程(6.94))

$$
\begin{aligned}
s_n(t) &= \exp\left\{-\frac{1}{2}\left(\frac{t - t_n}{\sigma}\right)\right\}\exp\{\mathrm{i}(\omega t - kr_n)\} \\
&= \exp\left\{-\frac{1}{2}\left(\frac{nkL\cos\beta_0}{\omega\sigma}\right)\right\}\exp\{\mathrm{i}(\omega t - kr_0 - nkL\cos\beta_0)\}
\end{aligned}
\tag{6.105}
$$

则波束图型变为

$$\text{BP}(\beta,\beta_0) = \left| \frac{1}{N} \sum_{n=0}^{N-1} \exp\left\{ -\frac{1}{2}\left(\frac{2n\psi}{\omega\sigma} \right) + i2n\psi \right\} \right| \tag{6.106}$$

式中，$\psi = \dfrac{kL}{2}(\cos\beta - \cos\beta_0)$。

由于方程(6.106)并不是一个简单的几何求和，所以最好使用 MATLAB 对波束图型进行可视化处理，从而观察方程(6.100)和方程(6.106)之间的不同。

图 6.12 显示了一个短高斯脉冲和一个水听器三元阵列的波束图型。信号频率假设为 40kHz，高斯振幅函数的 σ 为 30μs，阵列长度取值 1m，水听器间隔为 50cm 或 13.3λ。

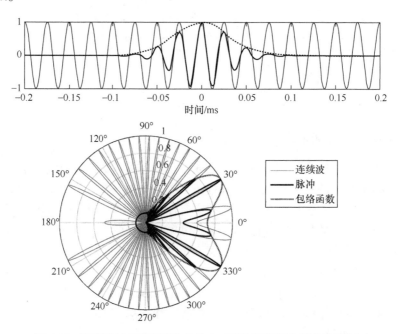

图 6.12　高斯脉冲(顶层)到达角为 30°的稀疏阵列波束模式(底层)

注意到，高斯脉冲的波束图型(图 6.12 中的实线)原则上由连续波(灰色线)的波束图与振幅包络函数(点线)的乘积构成。可以发现，只有在非振荡脉冲无旁瓣的情况下，角分辨率取决于阵列长度与有效信号长度之间的比值，所有振荡声波在正确方向附近都会存在旁瓣。

波束形成基于多个水听器的相干和，其主要目的是增加信噪比，同时确定声音到达的方向。即使使用大间距水听器阵列进行唯一测向十分困难甚至是不可能的，但一旦通过探测后的时延估计得到了粗略的方向，波束形成仍然可以用于精确测向并且提高信噪比。从这个意义上说，用宽间距阵列波束形成是一种简化的测向改进方法，但是无法应对信噪比特别低的检测信号，因为在用波束形成算法确定精确的方向之前，必须先检测不同的信号。

用于生成图 6.12 的 MATLAB 代码

```
%Scr6_5
beta=(-180:0.1:180)';
beta0=30;

N=3;
n=(0:N-1)';
%
fc=40; %kHz
sig=0.03; %ms
AL=1; % m
%
om=2*pi*fc;
lo=1.5/fc; %m
L=AL/(N-1);
dl=2*L/lo;
arg=dl*(cos(beta*pi/180)-cos(beta0*pi/180));
%
%矩形窗加权
w0=rectwin(N); w0=w0/sum(w0);
%
bp=beta*[0 0 0];
for ii=1:length(beta)
    arg1=2*n*arg(ii);
    arg2=-0.5*(n*arg(ii)/(om*sig)).^2;
    bp(ii,1)=sum(w0.*exp(arg1));
    bp(ii,2)=sum(w0.*exp(arg2+i*arg1));
    bp(ii,3)=sum(w0.*exp(arg2));
end
bp=abs(bp).^2;
%
figure(1)
set(gcf,'position',[100 100 560 600])
%subplot(211)
```

```
subplot('position',[0.1 0.75 0.8 0.2])
tt=-0.2:0.001:0.2;
hp=plot(tt,real(exp(i*om*tt)));
set(hp,'color',0.5*[1 1 1])
line(tt,real(exp(-0.5*(tt/sig).^2+i*om*tt)),…
    'color','k','linewidth',2)
line(tt,real(exp(-0.5*(tt/sig).^2)),…
    'color','k','linewidth',2,'linestyle','-')
set(gca,'fontsize',14)
xlabel('时间/s')
%
%subplot(212)
subplot('position',[0.05 0.05 0.6 0.6])
hp=polar(beta*pi/180*[1 1 1],bp);
set(gca,'fontsize',14)
set(hp(1),'color',0.5*[1 1 1],'linewidth',2)
set(hp(2),'color','k','linewidth',2)
set(hp(3),'color','k','linewidth',2,'linestyle','-')
hl=legend('CW','Pulse','Gauss');
xl=get(hl,'position');
set(hl,'position',[0.75 0.4 xl(3:4)])
```

6.10.2　采样数据波束形成

波束形成要求非常精确的时延来精准地叠加不同水听器的测量结果。为了使水听器的时间序列在每个转向方向(即阵列转向的方向β)上正确对齐,需要采用插值方法。可用经典插值滤波器进行插值。经典插值滤波器对整个数据流进行上采样至所需的采样频率。早期基于硬件的波束形成器就是按照这个概念进行设计的。这种方法虽从概念角度讲非常简单,但可能占用较大的计算资源,因为生成的插值数据点比波束形成需要的数据点通常要多。实际上,插值通常是通过对时间序列的加权样本求和来完成的,因此所需要做的就是为每个转向方向生成一组合适的插值系数,从而将计算负载降到最低。然而,插值系数的设定极大地影响着波束形成器的计算。所有解决方案不仅取决于处理器的体系结构,也需要考虑内存访问是否会影响处理速度。

6.11 跟 踪

跟踪是 DCLT 处理系统的核心。之前在讨论哨声或嘀嗒声序列检测及分类时，已经利用了基于跟踪的方法。在这里把跟踪本身作为独立的一节，可以帮助理解在跟踪单个目标抑或是多个相互作用或不相互作用目标时的困难和问题。

6.11.1 跟踪的基础知识

所有跟踪算法是从一个或多个对象(或动物，就此书所讨论的范围而言)处获得精准度不一的测量值，并用这些测量值来持续对动物当前行为状态进行估计。行为状态包括运动学参数(位置、速度等)、描述声学活动的参数(嘀嗒声帧内脉冲间隔、哨声频率等)，以及所有物种的典型特征。

这些测量值通常是对带噪行为状态的直接或间接的观测，如对位置、距离、方位、两个水听器之间信号到达时间差、嘀嗒声帧内脉冲间隔或声信号频率的直接估计。测量值并不一定是原始数据点，但通常是 DCLT 系统的输出。

4.4 节在频域跟踪了不同哨声。对哨声的频谱估计和轨迹的测量反映了哨声频率之间的关联性。任何时刻都可能存在多个哨声，但在每个时间步长中，却至多对每一哨声频率做一次估计。有很多跟踪的经典方法可用于解决移动车辆的位置估计问题。例如，车辆状态是用其位置和速度描述的，同一跟踪对象有多个测量值是很常见的。

跟踪意味着将测量值和单个对象关联起来，允许包含通常用于分类的测量值。这表明，对于单个目标的跟踪，不仅地理上测量可能是有用的，分类特征矢量也可能是有用的。

一般来说，跟踪器是一个顺序处理器，当测量值可以获得时，对其进行采集，并尝试更新待监测对象的状态。处理过程可以是实时的，也就是说，不仅可以对当前测量时刻的数据进行处理，也可以处理过去时刻的数据。

原则上，所有的跟踪遵循以下处理方案，其执行方法可能由简单的算法改为非常复杂的算法：

(1) 取经过预处理的测量值；
(2) 将这些测量值和已有轨迹关联起来；
(3) 延续现有轨迹；
(4) 发起新的轨迹；
(5) 终止旧的轨迹；
(6) 合并分离轨迹；
(7) 过滤并预测新的轨迹状态。

可用数据可直接作为测量值,但在大多数情况下,测量的原始数据需要经过大量的预处理才能用于跟踪。处理的目的则是简化后续跟踪,无论是对于数据关联,还是跟踪轨迹的维持。

数据关联是接下来的重要步骤。在这一步骤,多个测量可与一条或多条轨迹相互竞争。一般来说,不能假设测量值和现有轨迹之间存在简单的一对一的关系。可能测量值的数量多于已有轨迹,也可能已有轨迹的数量多于测量值,但是即使两者数量上是一致的,也仍有可能并非所有测量值均与已有轨迹有关联,也有可能是一些轨迹并未延续下去,而是有新的轨迹产生。在讨论哨声检测时(4.4.3 节),已经分析了这种情况。

跟踪轨迹维持是利用新的测量,确保现有轨迹得到更新。必要时,测量值可能导致新轨迹的产生或在没有测量值时停止跟踪。跟踪可以立即停止或延迟停止,也就是说,仅当在一个给定数量的时间步长中,没有新的测量值和某个轨迹有关联时,才可停止该轨迹的跟踪。跟踪维持必须进一步处理现有轨迹分裂为两条新轨迹以及两条现有轨迹合并为一条新轨迹的特殊情况。

跟踪器的最后一个步骤是使用测量值去优化并纠正跟踪的实际状态。通常使用标准滤波算法来完成,可以是递归算法,也可以是批处理滤波器。当得到滤波后的跟踪状态后,跟踪器就会预测新的状态,然后这种状态就变为新测量周期的一个有效预测。

6.11.2　数据关联

正确的数据关联对于多数据多目标跟踪器是必不可少的。如前所述,不能假设测量值和可用跟踪状态之间存在一对一的关系,或者测量值的数量与跟踪目标数量是一致的。在频谱图时频域内跟踪多个哨声时,已经遇到了这个问题。在那个例子中,通过计算实际测量值和预测的哨声频率状态之间的距离,将多个谱峰与现有哨声关联起来。一般来说,可以利用矢量距离观测值,而不只是简单估计测量值和状态变量之间的距离。

有两种将测量值与跟踪关联起来的方法用于生成哨声检测器的关联表(表 4.3):一种方法是对每个测量值进行处理,然后找到最佳跟踪轨迹;另一种方法则是为每条跟踪轨迹找到一个最佳测量值。这就如 4.4.3 节中已讨论过的那样。

数据关联也可视为一个分类问题,即尝试针对现有跟踪对新的测量值进行分类。从这个意义上说,可把跟踪的行为状态矢量考虑为分类器的一个特征矢量,并应用方程(5.35)来处理高斯分布状态矢量。

传统意义上的数据关联是针对每一组新的测量值来说的,从跟踪理论角度来说,就是在每个步长时间内对此数据进行数据关联。每当可以取得完整观测数据集时,就需要执行数据关联。然而,推迟数据关联,并等待一定数量的新数据出现后，再将测量值与跟踪全盘关联起来，这种做法似乎更好。这种推迟的目的是提高关联的性能，具体来说，减少错误的轨迹初始化以及错误的轨迹终止的情况，并更好地处理轨迹合并及分离情况。

将测量和轨迹关联起来之后，需要进行轨迹维持，从而确认、生成或终止轨道。如果现有轨道和新测量之间存在一对一的关系，则确认轨迹。跟踪初始化的一个简单方法是，当测量不能分配给现有的跟踪时，生成一个新的跟踪。没有新测量可以与某个轨迹对应时，或者说该轨迹无法被确认时，这个轨迹就可以被终止。在这个常见的方法中，若某个轨迹在一定时间间隔内都没有被更新，则删除该轨迹。

跟踪初始化及终止的问题与 4.1.5 节使用的序贯概率比检验(SPRT)有关，采用Page 检测器形式，即等到情况足够明了，可以做出较可靠的判决时才做出决定。这是一种序贯方法，即当跟踪评价函数按照两个阈值进行估计和比对时，一个是轨迹确认的上限阈值，一个是轨迹删除的下限阈值。若夹在上下限阈值之间，就推迟关于轨迹的决策，同时继续更新评价函数。

6.11.3　数据滤波和状态预测

数据滤波和状态预测的目的是用新的测量值修正或更新旧的跟踪状态，并预测未来跟踪状态，以便进行新一轮的数据关联。

4.4.3 节中用了一个非常简单的滤波器(方程(4.4))，目的是将预测的跟踪估计和新的测量值关联起来，从而获得有关跟踪状态的最佳估计。本节介绍卡尔曼滤波器，它是跟踪应用的一个关键算法(G. Minkler and J. Minkler, 1993；Grewal and Andrews, 2008)。

卡尔曼滤波器提出的目的是最优地估计带噪运动系统的状态，从而得到系统状态的残差不确定性。

下面假设一个离散或被采样的动态系统，对于该系统，状态矢量 x 按照以下方程随时间变化：

$$x(k+1) = A(k)x(k) - B(k)u(k) + w(k) \tag{6.107}$$

式中

$$A(k) = \Phi(t_{k+1}, t_k) \tag{6.108}$$

为状态矢量从时间 t_k 到时间 t_{k+1} 的线性过渡矩阵。除了状态更新，方程(6.107)还包括 $B(k)u(k)$ 项，该项描述了外部控制变量，$w(k)$ 描述了系统噪声或关于状态更新模型的残差不确定性。

假设测量值与状态矢量线性相关，即

$$y(k+1) = C(k+1)x(k+1) + v(k) \tag{6.109}$$

式中，$C(k+1)$ 为转移矩阵；$v(k)$ 为测量噪声。

假设状态模型和测量值的期望误差协方差矩阵为

$$E\{w(k)w^{\mathrm{T}}(k)\} = Q(k) \tag{6.110}$$

$$E\{v(k)v^{\mathrm{T}}(k)\} = R(k) \tag{6.111}$$

且假设状态模型和测量噪声是不相关的，则卡尔曼滤波器可以实现以下算法。从一个初始估计开始

$$\hat{x}(0) = \hat{x}_0 \tag{6.112}$$

并利用初始状态不确定性协方差矩阵

$$P(0) = P_0 \tag{6.113}$$

按照以下方程预测新状态矢量：

$$\hat{x}^*(k+1) = A(k)\hat{x}(k) + B(k)u(k) \tag{6.114}$$

预测误差协方差矩阵为

$$P^*(k+1) = A(k)P(k)A^{\mathrm{T}}(k) + Q(k) \tag{6.115}$$

预测的系统状态对应预测的测量值：

$$y^*(k+1) = C(k+1)\hat{x}^*(k+1) \tag{6.116}$$

卡尔曼滤波器利用预测测量值 $y^*(k+1)$ 与实际测量值 $y(k+1)$ 之间的差值对预测状态进行校正，并得到最优滤波后的系统状态：

$$\hat{x}(k+1) = \hat{x}^*(k+1) + K(k+1)[y(k+1) - y^*(k+1)] \tag{6.117}$$

式中，$K(k+1)$ 为卡尔曼增益，由以下方程估计：

$$K(k+1) = P(k+1)C^{\mathrm{T}}(k+1)E^{-1}(k+1) \tag{6.118}$$

$$E(k+1) = C(k+1)P^*(k+1)C^{\mathrm{T}}(k+1) + R(k+1) \tag{6.119}$$

并且

$$P(k+1) = [I - K(k+1)C(k+1)]P^*(k+1) \tag{6.120}$$

如果卡尔曼滤波器对较大的时间间隔进行滤波，则可以采用 Rauch、Tung 和 Striebel(Rauch et al.，1965)所开发的后向平滑算法来提高滤波性能。该算法向后遍历数据，并利用到了预测及修正后的状态不确定性协方差矩阵 $P^*(k)$ 和 $P(k)$。

初始参数：

$$\hat{x}(N,N) = \hat{x}(N) \tag{6.121}$$

$$P(N,N) = P(N) \tag{6.122}$$

平滑算法:

$$\hat{x}(k,N) = \hat{x}(k) + V(k)[x(k+1,N) - A(k)\hat{x}(k)] \tag{6.123}$$

$$V(k) = P(k)A^{\mathrm{T}}(k)P^{*-1}(k+1) \tag{6.124}$$

$$P(k,N) = P(k) + V(k)[P(k+1,N) - P^{*}(k+1)]V^{\mathrm{T}}(k) \tag{6.125}$$

将滤波方程(6.117)与用于哨声跟踪的方程(4.41)对比后可以看出,哨声跟踪可以看成卡尔曼增益保持不变的特例。此外,哨声检测器是对滤波器增益的指数进行加权更新(方程(4.43)),而不是卡尔曼滤波器的一步线性跟踪模型。因此,将卡尔曼滤波器用于哨声跟踪是非常有意义的。

为测试卡尔曼滤波器,本节模拟了一条正在进行回声定位的深潜中的抹香鲸。假设鲸类在 10min 内潜到 900m 的深度,在那里停留 30min,再次浮出水面。鲸类在 42min 内是处于声音活跃状态的,为把问题简化,假设嘀嗒声之间间隔恒定为 1s。这里模拟了 5 个水听器,目的是利用方程(6.7)进行直接定位。图 6.13 展示了下潜和水听器的一个三维视图。如 6.1 节所述,这个例子特别有趣,因为 5 个水听器的定位问题很容易用标准代数来解决。

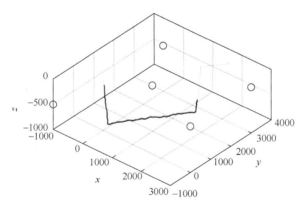

图 6.13 模拟抹香鲸觅食潜水
回声定位活动标记为虚线,圆圈表示 5 个水听器的位置

如以下 MATLAB 代码所示,逐步线性的鲸类运动被高斯系统噪声所干扰;时延测量也并不正确。其结果是,直接的解有非常多的噪声,特别是对于深度估计。为构建卡尔曼滤波器,将方程(6.7)中的解矢量考虑为状态矢量,并加入速度矢量对其扩增:

$$x = (R_0, x_W, y_W, z_W, v_R, v_x, v_y, v_z)^{\mathrm{T}} \tag{6.126}$$

状态转移矩阵 A(方程(6.108))变为

$$A = 2 \begin{pmatrix} 1 & 0 & 0 & 0 & dt & 0 & 0 & 0 \\ 0 & 1 & 0 & 0 & 0 & dt & 0 & 0 \\ 0 & 0 & 1 & 0 & 0 & 0 & dt & 0 \\ 0 & 0 & 0 & 1 & 0 & 0 & 0 & dt \\ 0 & 0 & 0 & 0 & 1 & 0 & 0 & 0 \\ 0 & 0 & 0 & 0 & 0 & 1 & 0 & 0 \\ 0 & 0 & 0 & 0 & 0 & 0 & 1 & 0 \\ 0 & 0 & 0 & 0 & 0 & 0 & 0 & 1 \end{pmatrix} \tag{6.127}$$

表明状态变量 v_R、v_x、v_y、v_z 被模拟为常量,也就是说,假设它们仅在滤波的过程中发生变化。

测量预测矩阵表示为

$$C = \begin{pmatrix} \delta R_1 & x_1 - x_0 & y_1 - y_0 & z_1 - z_0 & 0 & 0 & 0 & 0 \\ \delta R_2 & x_2 - x_0 & y_2 - y_0 & z_2 - z_0 & 0 & 0 & 0 & 0 \\ \delta R_3 & x_3 - x_0 & y_3 - y_0 & z_3 - z_0 & 0 & 0 & 0 & 0 \\ \delta R_4 & x_4 - x_0 & y_4 - y_0 & z_4 - z_0 & 0 & 0 & 0 & 0 \end{pmatrix} \tag{6.128}$$

方程(6.109)的测量矢量 y 用方程(6.6)中的矢量 b 表示。

图 6.14 显示了直接求逆(灰色)的结果以及卡尔曼滤波器(不同实线,标注为 x、y 和 z)的结果。可能会注意到,鲸类跟踪的 x、y 组成部分也通过直接求逆得到了合理的估计,然而深度估计(z 组成部分)对直接解来说是有一定的误差的,但卡尔曼滤波估计(实线)非常接近正确鲸类轨迹(虚线)。

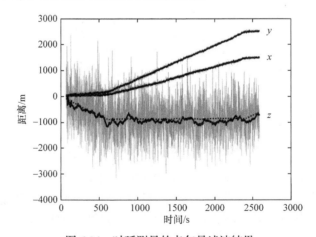

图 6.14　时延测量的卡尔曼滤波结果

x、y、z 分量用粗实线表示,灰线表示直接反演的等效解(方程(6.7)),虚线是原始的模拟鲸类轨迹的
x、y、z 分量(x、y 分量不可见)

这个例子清楚地表明，即使在直接解可用时，也可以使用卡尔曼滤波器。利用 5 个水听器去定位一个深潜鲸类应该足够了，因为其解是基于一个简单的矩阵求逆。然而，测量误差始终是个问题。在这个例子中，测量误差导致了深度估计非常混乱。尽管如此，卡尔曼滤波器仍然能够提供一个非常接近模拟动物轨迹的状态估计。

例程的 MATLAB 代码

```
%Scr6_6
%仿真
tt=0:3600;
vv=1.5+0*tt;
beta=0*tt;
gamma=30+0*tt;

beta(tt<10*60)=-80;
beta(tt>=10*60 & tt<40*60)=0;
beta(tt>=40*60 & tt<50*60)=80;
beta(tt>=50*60)=0;

randn('state',0);  %生成相同的随机数

sigs=1;
dx=vv.*sin(gamma*pi/180.*cos(beta*pi/180)
    +sigs*randn(size(tt));
dy=vv.*cos(gamma*pi/180).*cos(beta*pi/180)
    +sigs*randn(size(tt));
dz=vv.*sin(beta*pi/180)
    +sigs*randn(size(tt));

xx=cumsum(dx);
yy=cumsum(dy);
zz=cumsum(dz); zz(zz>0)=0;

tcl=tt(tt>60 & tt<43*60);

xcl=interp1(tt,xx,tcl);
```

```
ycl=interp1(tt,yy,tcl);
zcl=interp1(tt,zz,tcl);

xo=[xcl;ycl;zcl];

h0=[-1000,-1000,-500];
h1=[3000,0,-100];
h2=[0,3000,-100];
h3=[3000,3000,-100];
h4=[1000,1000,-100];
```

%绘制轨迹和水听器
```
figure(1)
hold off
hp=plot3(xx,yy,zz,'k',xcl,ycl,zcl,'k.');
set(hp(1),'color',0.5*[1 1 1])
grid on
set(gca,'CameraPosition',[11000 -13000 6000])
%
hold on
plot3([h0(1) h1(1) h2(1) h3(1) h4(1)], ...
      [h0(2) h1(2) h2(2) h3(2) h4(2)], ...
      [h0(3) h1(3) h2(3) h3(3) h4(3)], ...
      'ko','markersize',10)
hold off
%
xlabel('X')
ylabel('Y')
zlabel('Z')
box on
```

%模拟测量值
%获取声学距离
```
R0=sqrt((xcl-h0(1)).^2+(ycl-h0(2)).^2+(zcl-h0(3)).^2);
R1=sqrt((xcl-h1(1)).^2+(ycl-h1(2)).^2+(zcl-h1(3)).^2);
```

```
R2=sqrt((xcl-h2(1)).^2+(ycl-h2(2)).^2+(zcl-h2(3)). ^2);
R3=sqrt((xcl-h3(1)).^2+(ycl-h3(2)).^2+(zcl-h3(3)). ^2);
R4=sqrt((xcl-h4(1)).^2+(ycl-h4(2)).^2+(zcl-h4(3)). ^2);
%
%获得测量的延迟
sigm=2*15;
dR1=R1-R0+sigm*randn(size(R0));
dR2=R2-R0+sigm*randn(size(R0));
dR3=R3-R0+sigm*randn(size(R0));
dR4=R4-R0+sigm*randn(size(R0));
%
if 0
figure(2)
plot(tcl,dR1,'-',tcl,dR2,'-',tcl,dR3,'-',tcl, dR4,'-')
xlabel('Time [s]')
ylabel('Delay [m]')
end
%
%初始化卡尔曼滤波器
dt=diff(tcl); dt=[dt(1) dt];
%状态转换矩阵
A=[1 0 0 0 dt(1) 0      0      0;
   0 1 0 0    dt(1) 0      0;
   0 0 1 0 0    dt(1) 0;
   0 0 0 1 0    0      0      dt(1);
   0 0 0 0 1    0      0      0;
   0 0 0 0 0    1      0      0;
   0 0 0 0 0    0      1      0;
   0 0 0 0 0    0      0      1];
%测量矢量
C=2*[ 0 h1-h0 0 0 0 0;
      0 h2-h0 0 0 0 0;
      0 h3-h0 0 0 0 0;
      0 h4-h0 0 0 0 0];
%
```

```
%直接反转
b0=[h1*h1';
    h2*h2';
    h3*h3';
    h4*h4']-h0*h0';

C0=2*[0  h1-h0;
      0  h2-h0;
      0  h3-h0;
      0  h4-h0];
%存储行列式
D=0*tcl;

%卡尔曼滤波器
%初始化状态量
xh=[0 0 0 0 0 0 0 0]'*tcl;
xh(:,1) = [1500 6 15 -100 1 1 1 -1]';
xh0=xh(1:4,:);
%
%测量误差协方差矩阵
R=(1e+4)^2*eye(4);
%
Q=diag([1 1 1 .01 .1 .1 .1 .01].^2);
%
I=eye(8);
P=1*I;
for ii=2:length(tcl)
    %调整状态模型
    A(1,5)=dt(ii);
    A(2,6)=dt(ii);
    A(3,7)=dt(ii);
    A(4,8)=dt(ii);
    %
    %调整测量模型
    dR=[dR1(ii)  dR2(ii)  dR3(ii)  dR4(ii)]';
```

```
C(:,1)=2*dR;
y=b0-dR.^2;
%
%预测
xhs=A*xh(:,ii-1);  %状态

ys=C*xh(:,ii-1);  %测量
Ps=A*P*A'+Q;  %协方差矩阵
%
%校正
K=Ps*C'*inv(C*Ps*C'+R);
xh(:,ii)=xhs+K*(y-ys);
P=(I-K*C)*Ps;
%
C0(:,1)=C(:,1);
D(ii)=det(C0);
xh0(:,ii)=pinv(C0)*y;
%
end

if 0
    figure(3)
    hp=plot(tcl,xh0(1,:),tcl,xh(1,:),'r',tcl,R0,'b');
    set(hp(1),'color',0.5*[1 1 1]);
    set(hp(2:3),'linewidth',2)
    xlabel('时间/s')
    ylabel('范围/m')
end

figure(4)
hp=plot(tcl,xh0(2:4,:),'k',tcl,xo','k:',tcl,xh(2:4,:),
        'k');
set(hp(1:3),'color',0.5*[1 1 1]);

set(hp(4:end),'linewidth',2)
```

```
text(tcl(end)+100,xh(2,end),'X','fontweight', 'bold')
text(tcl(end)+100,xh(3,end),'Y','fontweight',' bold')
text(tcl(end)+100,xh(4,end),'Z','fontweight', 'bold')
xlabel('时间/s')
ylabel('距离/m')
```

第三部分　被动声学监测（集成应用）

本部分继续讨论如何实际操作被动声学监测系统。被动声学监测在鲸类动物研究中是一个崭新的方向，迄今为止主要是基于视觉导向的。然而，随着监测设备的发展和人工调查成本的增加，被动声学监测系统对小型自主平台上的鲸类动物种群管理和风险降低起到了越来越重要的作用。

被动声学监测系统的实施在很大程度上取决于具体的应用环境。第7章介绍一些被动声学监测的应用程序，并指出声学数据处理过程中的难点。第8章介绍被动声学监测系统的检测功能，在使用相应调查方法评估种群密度方面发挥着重要作用。第9章介绍被动声学监测系统的计算机仿真技术，证明计算机仿真对生成数据的有效性，同时演示如何评估被动声学监测系统的性能。第10章讨论被动声学监测系统实现过程中的难点，并介绍该系统硬件和软件实现方法。

第7章　被动声学监测的应用

被动声学监测系统的实施效果很大程度上取决于其操作细节。目前为止，野生动物的监测主要依靠视觉观察。因此，为开发出适合被动声学监测系统的理论或方法，还有很多待完成的工作。大多数被动声学监测系统都试图采用标准的分析处理技术，这些技术已经成功应用在基于视觉的监测当中。然而，只有少数的被动声活动成功地用这种标准工具进行了分析。因此，本章将尝试给出被动声学监测应用中的一些标准方法以及解决在数据分析过程中可能遇到的问题。

7.1　丰　度　估　计

丰度估计是动物生态学中的一个重要应用，人们试图估计给定区域内动物的总数，或者等效地估计所关注物种的密度。

一般来说，使用个体的数量除以它们所占的面积来定义物种的密度：

$$D = \frac{N}{A} \tag{7.1}$$

式中，N 为面积 A 的区域内出现的动物数量。

现在假设面积 A 是已知的，则估计种群的密度便等同于估计种群的数量 N。为了估计 N，通常进行一次测量，该次测量检测出 n 只所研究物种的个体。由于检测出的动物的数量 n 与现存动物的数量 N 成正比，即

$$n = P_N N \tag{7.2}$$

式中，比例常数 P_N 可理解为检测出任何动物的概率，则可以获得丰度估计的基本方程：

$$N = \frac{n}{P_N} \tag{7.3}$$

并且估计出种群密度：

$$D = \frac{n}{A P_N} \tag{7.4}$$

方程(7.4)应用于这样的案例，即检测出至少一只动物($n > 0$)，并且已知检测出的这 N 只动物当中每一只的概率为 P_N。需要注意的是，为正确定义出一个具有

生态学意义的物种密度，区域面积 A 应和动物的栖息地相关。否则，可以通过增加面积 A，把已知不适合研究物种生活的区域包含进来，从而使种群密度降为非常小的数值。

7.1.1　检测出某动物的概率

这个种群密度估计方法(式(7.4))是非常通用的，在使用时需要根据调查类型或数据收集进行一些调整。然而，让我们以更抽象的方式获得动物检测概率，以便于对方程(7.4)进行特定的修改。

假设栖息在研究区域(面积为 A)内的一个研究物种总数为 N，且进一步假设不能检测出所有的动物个体。漏检的原因有很多：可能由于动物的行为(如动物不在视野内)、观察者的状态(如在恶劣天气下难以做出观测)或测量范围较小(并未覆盖动物所占据的所有区域)。换句话说，检测出的动物数量 n 和现有动物数量 N 的关系为

$$n = P_N N = P_{\text{area}} P_{\text{avail}} P_{\text{det}} N \tag{7.5}$$

式中，P_{area} 为动物出现在采样区域内的概率(采样面积占研究面积的比例)；P_{avail} 为动物出现在采样区域后，能够被检测出来的概率(如在被动声学监测的情况下的声音活跃度)；P_{det} 为在动物出现后能够被检测出来的条件概率。

不考虑动物能否被检测出来的原因，可以给每种现存动物设置检测系数 $\delta_i (i = 1, 2, \cdots, N)$，若动物被检出，则其值为 1，否则为 0。

综合所有的检测系数，可以得到检测出的动物数量 n 为

$$n = \sum_{i=1}^{N} \delta_i \tag{7.6}$$

方程(7.6)并未发生变化，可以写为

$$n = P_N N \tag{7.7}$$

式中

$$P_N = \frac{1}{N} \sum_{i=1}^{N} \delta_i \tag{7.8}$$

是检测指数 δ_i 的平均值。

根据方程(7.7)，检测概率 P_N 表示现有动物被检测出的比例，而方程(7.8)则表明检测概率为一个平均值或中值。

方程(7.7)进一步指出，在已知动物数量 n 以及检测概率 P_N 估计值的情况下，现有动物的数量可用下面方程估计：

$$\hat{N} = \frac{n}{\hat{P}_N} \tag{7.9}$$

式中，符号"^"表示相应数量的估计量。

动物数量 n 是测量得到的结果，因此需要获取平均检测概率 $\hat{P}_N$ 的一个估计值。从本质上说，获得该估计值是统计测量分析的目标。从表面上看，平均检测概率(方程(7.8))的定义似乎用处不大，因为其取决于动物的数量 N，即待估计值。

下面对检测变量做更进一步的讨论，并明确这些变量在真实测量环境下的意义。很明显，必须做出一些假设才能解决问题。初步的假设是：若动物靠近观察者，则它们会被检测出；若它们与观察者的距离非常远，则不会被检测到；某一动物只有在某一距离范围内才可能被检测出，这种"临界距离"是物种特异的，且为常数。在这些假设下，检测概率可以表示为

$$P_N = \frac{1}{N}\sum_{i=1}^{N}\delta(r_i < r_0) \tag{7.10}$$

式中，r_i 为距第 i 个动物的距离；r_0 为动物可被检测出的最大距离；而 $\delta(r_i < r_0)$ 为二元检测函数，$r_i < r_0$ 时为 1，否则为 0。

方程(7.10)可以简单地理解为：为得到检测概率，需要计算所在位置距离小于"临界距离" r_0 的动物数量，故需要知道单个动物的距离 r_i。实际上，观察者到每个动物的距离是未知的，否则就没有必要通过测量来估计动物的数量。基于同样的原因，也无法得知动物的整体数量。解决的方法是将该问题看成一个统计学问题，尽管动物的绝对数量未知，但可以假设动物的分布已知。动物在研究区域内可能服从均匀分布，可能服从某负二项分布，也可能遵循任何其他分布。对此，尚未发现有闭合形式的数学公式存在。因此，可以进一步假设，尽管绝对数量未知，但可以估计出动物的相对密度。也就是说，可以用下面的方程取代方程(7.10)：

$$P_N = \int_0^\infty w_{ri}(r)\delta(r < r_0)\mathrm{d}r \tag{7.11}$$

式中，$w_{ri}(r)$ 为概率密度函数。也就是说，乘积 $w_{ri}(r)$ 为在距离间隔 $[r, r+\mathrm{d}r]$ 内遇到某一动物的概率，并遵循以下条件：

$$\int_0^\infty w_{ri}(r)\mathrm{d}r = 1 \tag{7.12}$$

方程(7.11)假设，对于某一给定种群的所有鲸类动物，在整个测量过程中，"临界距离" r_0 为常量。但是这一假设很不可靠，因为所有观测均存在不确定性，其主要原因是环境的时变性以及测量误差。因此，可以方便地用以下统计平均值来取代确定性检测函数 $\delta(r < r_0)$：

$$\delta(r < r_0) = g(r) = \int_0^\infty w_{r0}(y)\delta(r < y)\mathrm{d}y \tag{7.13}$$

式中，$w_{r0}(y)$ 为观察者针对动物种群得出的最大检测范围的概率密度函数，这一函数称为检测函数 $g(r)$。

将方程(7.13)代入方程(7.11)后，得到检测概率：

$$P_N = \int_0^\infty w_{ri}(r) \left(\int_0^\infty w_{r0}(y)\delta(r<y)\mathrm{d}y \right)\mathrm{d}r \tag{7.14}$$

综上，检测出的动物数量可以表示为

$$n = P_N N \tag{7.15}$$

每一只动物的无条件检测概率 P_N 表示为

$$P_N = \int_0^\infty h(x)\mathrm{d}x \tag{7.16}$$

且

$$h(x) = w_{ri}(x)g(x) \tag{7.17}$$

式中

$$g(x) = \int_0^\infty w_{r0}(y)\delta(x<y)\mathrm{d}y \tag{7.18}$$

$w_{ri}(x)$ 是对动物行为的一个全局描述，而 $w_{r0}(y)$ 主要描述传感器在检测动物时的性能。函数 $g(x)$ 也称为检测函数，除了乘性常数，还可以根据检测结果进行估计。

7.1.2　样线

在使用样线(line transect)法做测量记录的过程中，观察者在整个研究区域内贯穿移动，覆盖一块总长度为 L、宽度为 $2w$ 的区域，也就是说，测量总面积 $A = 2wL$。当 P_N 为样线距离的函数时，可将在"条宽"范围内检测出某一对象的无条件概率写为

$$P_N = \frac{1}{w} \int_0^w g(x)\mathrm{d}x \tag{7.19}$$

式中，$g(x)$ 为检测函数；x 为检测出的对象与样线的垂直距离。

通过设定动物密度常量，可将式(7.19)、式(7.16)及式(7.17)关联起来：

$$w_{ri}(x) = \frac{1}{w} \tag{7.20}$$

方程(7.19)中的积分是一常数，该常数可用来定义一个有效检测区域 A_{eff}，在该区域中，动物可被有效地检测出，其概率表示为 $g(0)$：

$$2L \int_0^w g(x)\mathrm{d}x = g(0)A_{\mathrm{eff}} \tag{7.21}$$

由方程(7.21)可得，样线的密度估计器(方程(7.4))变为

$$D = \frac{n}{g(0) A_{\text{eff}}} \tag{7.22}$$

$g(0)$项为零距离检测对象的概率，其不能仅根据距离数据来估计。因此，在大多数距离采样应用中，该项假设为 1。即假设所有距离为零或在追踪线上的动物均可以被检测到。然而，若已知$g(0)$小于 1，则方程(7.21)也成立。有时，可以不使用距离数据来估计该$g(0)$项。例如，Barlow 在 1999 年根据长潜鲸类的潜水模式，判定出在利用基于船舶的特定视觉样线测量时，喙鲸的$g(0) = 0.23$，而空中测量时$g(0) = 0.07$(Barlow 等于 2006 年测量)。

从方程(7.5)中可以总结出，如果某些动物无法被检测到($P_{\text{avail}} < 1$)，或者测量系统不适合零距离测量($P_{\text{det}} < 1$)，则$g(0) < 1$的情况是有可能出现的。根据方程(7.17)，第三项P_{area}并非检测函数$g(x)$的一部分，但是在估计总丰度时，必须要考虑P_{area}。从被动声学监测的角度考虑，可以假设大多数系统满足$P_{\text{det}} = 1$(零距离)。也就是说，距离动物很近时，能够检测出鲸类发出的声音。因此，$g(0)$反映了动物的声音活跃度，进而得到被检测出的概率P_{avail}。

当使用多条不相连的追踪线(有效检测区域变为所有单个检测区域之和)进行样线法测量时，方程(7.22)也成立。只有当有效检测区域以某种方式重叠，以至于检测不再独立时，才会出现重复检测的情况。这种情况下，在估计有效检测区域A_{eff}时，需要特别注意，因为在整个有效区域中，所有的检测均假设为独立的。

另一个重复检测问题是检测过程中动物的移动引起的。例如，同一群抹香鲸，它们缓慢地通过一个海洋盆地，但当样线多次穿过鲸群的移动路线时，这群鲸类就会被多次检测到。使用图像确认这种视觉方法能够判断出重复的检测，但对于声学检测方法，这会导致该已测种群的丰度估计偏高。

7.1.3 样点

在样点(point transect)检测中，观察者并未移动，而是尝试检测观察者附近固定位置的对象，即区域 A 被表示为一个环状区域，围绕观测者的半径为 w，且$A = \pi w^2$。

检测以观察者为中心、半径为 w 范围内目标的无条件概率表示为

$$P_N = \frac{2}{w^2} \int_0^w r g(r) \mathrm{d}r \tag{7.23}$$

式中，$g(r)$为径向检测函数，描述的是检测半径 r 范围内目标出现的概率。如果用距离 x 来取代半径 r，则$g(r)$和方程(7.18)中的$g(x)$是相同的，这是由于检测函数仅仅取决于观察者和动物之间的相对距离，而与观察者的移动无关。

动物密度随着与观察者的距离增加,将式(7.23)、式(7.16)及式(7.17)关联起来:

$$w_{ri}(r) = \frac{2r}{w^2} \tag{7.24}$$

检测概率的径向增量等同于动物在空间上的均匀分布。

通过与样线法类比,可以估计出有效检测区域 A_{eff} ,方程中动物被检测到的概率为 $g(0)$,表示为

$$2\pi \int_0^w rg_n(r)\mathrm{d}r = g(0)A_{\text{eff}} \tag{7.25}$$

由此,密度估计器改写为

$$D = \frac{n}{g(0)A_{\text{eff}}} \tag{7.26}$$

式中, A_{eff} 为有效检测区域; $g(0)$ 为动物被检测到的概率。

与样线法类似,只要仔细估计总有效检测区域,方程(7.26)即可被扩展为多个样点。

7.1.4　声线索计数

为了得到动物的密度,式(7.1)与式(7.4)需要已知检测到的个体的数量 n 。尽管通过视觉测量对个体计数是合理的,但对于被动声学监测却是低效的。一般来说,被动声学监测系统先检测来自一个或多个动物的声学信号,属于同一种群的个体仅在进行过一些复杂处理后才被计入,如通常应用多水听器阵列研究所处空间不同且发声活跃的动物。但是,该方法并不一定能够成功得到动物个体的数量。

声线索计数(acoustic cue counting)是一个直观的方法,在监测情况复杂的陆生动物时,线索计数也扮演着重要的角色。典型的声线索为深潜鲸类个体的回声定位信号。 N 只动物发出的嘀嗒声的数量 n_{cl} 为

$$n_{\text{cl}} = N(T\rho_{\text{cl}}) \tag{7.27}$$

式中, ρ_{cl} 为单个动物在单位时间内发出的嘀嗒声脉冲个数; T 为观测时间。

被动声学监测系统检测出的嘀嗒声总数为正确分类下的检测数量 $n_{\text{det\_cl}}$ 加上噪声导致的虚警数量 n_{FA} 和错误分类下的检测数量 n_{FC} ,即

$$n_{\text{det}} = n_{\text{det\_cl}} + n_{\text{FA}} + n_{\text{FC}} \tag{7.28}$$

方程(7.28)中的虚警可分为两项,即 n_{FA} 和 n_{FC} ,反映的是被动声学监测系统的两个相关步骤:瞬态检测以及对鲸类声音的分类。虚警是检测器的典型现象,是噪声导致的;分类错误常在多个声源存在的情况下发生。应将这两种情况分开考虑,因为噪声导致的虚警也可能在存在单声源的情况下发生,而错误分类则要

求必须存在多个声源。

为扩展方程(7.28)，正确检测的数量 $n_{\text{det\_cl}}$ 与发出的嘀嗒声数量呈正比例关系：

$$n_{\text{det\_cl}} = P_{\text{det\_cl}} n_{\text{cl}} \tag{7.29}$$

式中，$P_{\text{det\_cl}}$ 为检测到鲸类发出嘀嗒声的概率。

虚警数量 n_{FA} 与观察时间呈正比例关系：

$$n_{\text{FA}} = T \rho_{\text{FA}} \tag{7.30}$$

式中，ρ_{FA} 为检测器的虚警概率。

错误分类的嘀嗒声数量 n_{FC} 取决于其他物种是否存在，可表示为

$$n_{\text{FC}} = T \rho_{\text{FC}} \tag{7.31}$$

式中，ρ_{FC} 为与观察时间 T 相关的错误分类率。

检测器的虚警概率 ρ_{FA} 取决于系统设置，与该区域内存在的动物数量无关。虚警概率为常量，仅随噪声统计参数的变化而变化。另外，错误分类率 ρ_{FC} 取决于其他动物存在与否，因此是和环境高度相关的。

将所有参数代入种群密度方程后可得

$$
\begin{aligned}
D &= \frac{N}{A P_N} \\
&= \frac{n_{\text{cl}}}{A P_N (T \rho_{\text{cl}})} = \frac{n_{\text{det\_cl}}}{A P_N (T \rho_{\text{cl}}) P_{\text{det\_cl}}} \\
&= \frac{n_{\text{det}} - (T \rho_{\text{FA}}) - (T \rho_{\text{FC}})}{A (P_N P_{\text{det\_cl}})(T \rho_{\text{cl}})}
\end{aligned} \tag{7.32}
$$

将分子和分母同时除以观察时间 T 后，方程(7.32)变为

$$D = \frac{\rho_{\text{det}} - \rho_{\text{FA}} - \rho_{\text{FC}}}{A P_{\text{ac}} \rho_{\text{cl}}} \tag{7.33}$$

式中，ρ_{det} 为检测概率，且 $\rho_{\text{det}} = \dfrac{n_{\text{det}}}{T}$；$P_{\text{ac}}$ 为检测出声线索的概率，且 $P_{\text{ac}} = P_N P_{\text{det\_cl}}$。

虚警概率 ρ_{FA} 一般为常量，不受嘀嗒声检测概率的影响，但是可以通过调整检测器，使 ρ_{FA} 小于检测概率 ρ_{det}。错误分类率 ρ_{FC} 取决于其他物种的存在与否，可与研究物种相关，也可与之不相关。

当虚警概率可以被忽略，且错误分类率与线索检出率相关时(Marques et al.,

2009)，若假设检出线索中始终有一部分为错误分类导致，即 $\rho_{FC} = c\rho_{det}$ ，则方程(7.33)可以简化为

$$D = \frac{\rho_{det}(1-c)}{AP_{ac}\rho_{cl}} \tag{7.34}$$

利用单个嘀嗒声作为线索推测鲸类的数量，这一做法基于两个假设：嘀嗒声数量与鲸类动物的数量是呈正比例关系的(方程(7.27))；来自所有鲸类动物的嘀嗒声是按照同样的概率进行检测的(方程(7.29))。这种情况要求单个鲸类动物与水听器之间的距离遵循同样的分布，即所有鲸类动物均具有类似的检测函数。

7.1.5 利用声音计算潜水次数

作为个体声音计数的替代方法，将计数结果与动物数量关联起来之后，则可以尝试声行为计数。也就是说，将声学密集期定义为一个线索。例如，已知深潜齿鲸亚目主要在深潜觅食时发出回声定位信号，故可以把潜水觅食行为的声学检测当成鲸类存在的一个线索。这就等同于丰度估计时仅计数抹香鲸特征性尾鳍露出的动作，而不是单个喷水动作。

由于被动声学监测系统主要检测回声定位鲸类的嘀嗒声信号，而并非检测潜水事件，将潜水觅食作为线索对信号处理能力提出了更高的要求。同时，虚警以及错误分类对潜水计数方面的影响并不如对嘀嗒声计数方面造成的影响那么大。除此之外，对于大多数深潜鲸类，潜水觅食的频率波动与潜水觅食发出嘀嗒声数量的波动以及发出嘀嗒声频率的波动相比是变化不大的。

由于声学潜水计数(acoustic dive counting)也是声线索计数的一种形式，通过类比方程(7.34)，可以估计出种群密度：

$$D = \frac{\rho_{det}}{AP_{ac}\rho_{dive}} \tag{7.35}$$

式中，ρ_{det} 为潜水行为的检测概率；P_{ac} 为从声学角度检测出潜水行为的概率；ρ_{dive} 为研究物种的潜水觅食频率。

方程(7.34)中的变量 c 代表了错误分类的嘀嗒声。在大多数案例中，针对潜水计数，变量 c 可设定为零，因为对于潜水行为，虚警的次数一般是非常少的。

7.1.6 集群目标的密度估计

前面提到的密度估计均假设单次检测具有统计学的独立性。然而，若动物是成群结队移动的，则检测和记录的单位应该是集群，而并非单个动物，此时其个体检测不再具有独立性。此外，检测一群动物有时比检测一个孤立的动物个体要简单，因此适合集群动物的检测函数与适合个体检测的函数是不同的。具体来说，

相比于小群体或个体，大群体可从更远的距离检测到。

为了从集群密度中推断出动物丰度，需要获得集群大小的估计值这一额外信息。在视觉测量中，该信息可从测量中估计。但是在被动声学监测的案例中，估计集群大小是困难的，因为前面的方法都是间接地通过检测动物个体发出的声信号来估计动物数量的，而评估集群大小，则要求检测出动物个体。假设发声活跃的集群可以使用视觉观察的方法实现较为准确的计数，同样在被动声学监测应用中，也可以使用视觉估计集群的大小。由于集群大小可能发生显著变化，视觉判定的集群大小也可能很不准确，甚至与被动声学监测完全无关，特别是对于在不同时间及空间状况下视觉判定出的集群大小。

7.1.7　在样线及样点带中检测移动的鲸类

上述讨论的两个实例，即样线测量和样点测量，均假设观测对象(如鲸类和海豚)是静态的。然而，鲸类在海洋中是连续移动的。检测移动鲸类的问题在于在两个测量案例中(样线测量和样点测量)，鲸类和观察者之间的相对距离是会发生变化的。因此，可以将两个案例都当成单独模型对待，因为这两个案例之间的唯一不同是鲸类和观察者之间的相对移动速度。在样线测量中，相对速度是鲸类和船舶速度两者的矢量加和；而在样点测量中，相对速度仅仅是由鲸类的移动产生的。当然，必须假设鲸类的移动不受观察者的移动或观察者存在的影响。否则，假如鲸类被观察者吸引，则估计值偏高；假如动物躲避观察者，则估计值偏低。

为简化讨论，假设观察者是固定不动的，鲸类以距离 y 移经观察者，如图 7.1 所示。同时，鲸类的深度是常量。为方便计数，假设鲸类沿 x 轴从负值移动到正值，同时进一步假设鲸类与水听器处于同一深度。假设鲸类和观察者的速度为常

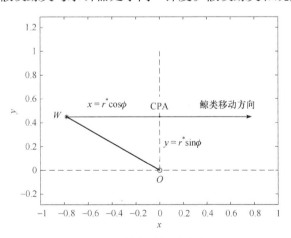

图 7.1　鲸类的相对移动

O 表示观察者位置；W 表示鲸类位置(从左向右沿箭头方向移动)；CPA 表示最接近的距离点，是鲸类轨迹和观察者之间的垂直距离；角度 ϕ 定义为 x 轴正方向与 OW 方向的夹角

量，检测概率在时间维度上是均匀分布的，即检测概率的空间分布沿移动轨迹是均匀的。现在的问题是：鲸类经过观察者之后，检测概率会如何变化(Buckland et al., 2004)。

观察图 7.1，对于一个不断靠近观察者的鲸类，鲸类和观察者之间的距离按照勾股定理减小：

$$r = \sqrt{x^2 + y^2} \tag{7.36}$$

在经过最接近距离点 $r = y$ 之后，鲸类与观察者之间的距离再次增大。

假设鲸类沿 x 轴从负无穷移动，在坐标点 (x, y) 处未被检测到的概率为 $Q(x, y)$。进一步令

$$h(x, y)\mathrm{d}x = 区间[x + \mathrm{d}x, x]内的检测概率 \tag{7.37}$$

则在点 $(x + \mathrm{d}x, y)$ 未检测到鲸类的概率变为

$$Q(x + \mathrm{d}x, y) = Q(x, y)(1 - h(x, y)\mathrm{d}x) \tag{7.38}$$

则方程(7.38)可改写为

$$\frac{\mathrm{d}Q(x, y)}{\mathrm{d}x} = -Q(x, y)h(x, y) \tag{7.39}$$

该方程的解为

$$Q(x, y) = \exp\left\{-\int_{-\infty}^{x} h(u, v)\mathrm{d}u\right\} \tag{7.40}$$

据此，假设鲸类在非常远的距离未被检测到，即假设 $Q(-\infty, y) = 1$。

在 $r = y$ 处，未检测到鲸类的概率为

$$Q(0, y) = \exp\left\{-\int_{-\infty}^{0} h(u, v)\mathrm{d}u\right\} \tag{7.41}$$

随着鲸类继续远离观察者，未检测概率继续增加。在鲸类经过观察者之后，未检测到鲸类的总概率变为

$$Q(\infty, y) = Q(0, y)\exp\left\{-\int_{0}^{\infty} h(u, y)\mathrm{d}u\right\} = \exp\left\{-\int_{-\infty}^{\infty} h(u, v)\mathrm{d}u\right\} \tag{7.42}$$

以 y 距离经过观察者之后，检测出一头移动着的鲸类的概率变为

$$g(y) = 1 - Q(\infty, y) = 1 - \exp\left\{-\int_{-\infty}^{\infty} h(u, y)\mathrm{d}u\right\} \tag{7.43}$$

方程(7.43)为在距离 y 处通过观察者的鲸类的累积检测函数。

大多数被动声学监测系统均已具备全方位的传感器，当鲸类深度为常量时，检测出鲸类的条件概率将仅取决于鲸类和观察者之间的相对距离，即

$$h(x, y) = P_{\text{det}}(r) \tag{7.44}$$

式中，$P_{\text{det}}(r)$ 为距离相关检测概率，r 可由方程(7.36)估计出。

为了更好地反映 P_{det} 的距离依赖性，将方程(7.43)中的积分变量从 x 变为 r，结合方程(7.36)可得

$$r\mathrm{d}r = x\mathrm{d}x = \sqrt{r^2 - y^2}\,\mathrm{d}x$$

距离积分的定义仅针对距离 $r > y$ 的情况。假设距离为正，得到检测出某一移动着的鲸类的概率为

$$g(y) = 1 - \exp\left\{-2\int_y^\infty \frac{r}{\sqrt{r^2 - y^2}} P_{\text{det}}(r)\mathrm{d}r\right\} \tag{7.45}$$

7.2 风险降低：不存在估计

鲸类的不存在估计(absence estimation)是风险降低(mitigation)的一个典型问题。风险降低就是将人类活动对鲸类及海豚的影响降低到最小。在以丰度估计为目的的测量中，研究者在某一给定时间内跨越某些区域，对检测到的动物计数，并估计种群数量 N 或种群密度 D。测量系统设计得越好，检测结果会越准确。然而，鲸类的不存在估计却面临以下问题：假如在给定时间内对某一区域进行测量，若发现了一头鲸类，则此区域一定存在该物种。但是，假如没有检测到动物，则并不能说该区域没有动物，可能是观察时间太短，不足以观测到动物，因为动物并不是每时每刻都能检测到。例如，视觉观察者难以观测到所有潜水的动物，而被动声学监测系统检测不到声活跃度低的动物。如果对该区域做足够长时间的观察，长到足以经历动物的所有行为，则一定能够检测到出现在该区域的动物，且概率接近于 1。若没有检测到动物，则可以高度自信地认为动物不存在。现在的问题转变为应该如何设置观察时间，这是一个统计学问题(Peterson and Bayley，2004)。

若未检测到动物，则有以下两种互斥的情况：

(1) 动物虽然并未被检测到，但却是存在的；

(2) 动物本身不存在，也未检测到动物。

将未检测到某一动物的总概率写为

$$P(C_0) = P(C_0 \mid A)P(A) + P(C_0 \mid \sim A)P(\sim A) \tag{7.46}$$

式中，C_0 表示动物不存在；A 表示存在一只或多只动物；$\sim A$ 表示没有动物出现。

如果想要得到一只或更多动物存在(事件 A)的后验概率 $P(A|C_0)$，则在动物不存在(C_0)的条件下，使用贝叶斯定理：

$$P(C_0 \mid A)P(A) = P(A \mid C_0)P(C_0) \tag{7.47}$$

得到后验概率：

$$P(A \mid C_0) = \frac{P(C_0 \mid A)P(A)}{P(C_0 \mid A)P(A) + P(C_0 \mid \sim A)P(\sim A)} \tag{7.48}$$

式中，$P(C_0 \mid A)$ 为漏检某一动物的概率，故

$$P(C_0 \mid A) = 1 - P_{\text{det}} \tag{7.49}$$

$P(C_0 \mid \sim A)$ 是"动物不存在"的正确判定，该判定与虚警概率的关系为

$$P(C_0 \mid A) = 1 - P_{\text{FA}} \tag{7.50}$$

方程(7.48)可以重新写为

$$P(A \mid C_0) = \frac{(1 - P_{\text{det}})P(A)}{1 - P_{\text{det}}P(A) - P_{\text{FA}}(1 - P(A))} \tag{7.51}$$

式中，$P(A) + P(\sim A) = 1$。

假设虚警概率非常低(被动声学监测系统的性能良好)，则方程(7.51)可近似为

$$P(A \mid C_0) = \frac{(1 - P_{\text{det}})P(A)}{1 - P_{\text{det}}P(A)} \tag{7.52}$$

或

$$P(A \mid C_0) = 1 - \frac{1 - P(A)}{1 - P_{\text{det}}P(A)} \tag{7.53}$$

对于一个给定的研究区域，动物存在的先验概率为 $P(A)$。方程(7.51)随检测概率 P_{det} 和虚警概率 P_{FA} 变化。

令 P_{det} 和 P_{FA} 为 M 次独立观测的结果，则

$$P_{\text{det}} = 1 - (1 - p_{\text{det}})^M \tag{7.54}$$

且

$$P_{\text{FA}} = 1 - (1 - p_{\text{fa}})^M \tag{7.55}$$

式中，p_{det} 和 p_{fa} 为单次观测的检测概率和虚警概率。

图 7.2 表示后验概率(方程(7.51))随独立观测次数增加的变化趋势。在本例中，单次观测的检测概率和虚警概率分别设为 0.3 和 0.1。当 $M=0$ 时，图示结果与假设的先验概率 $P(A)=0.2$ 相对应。也就是说，在区域中发现(无需任何观测)一头鲸类的概率为 0.2。随着观测数量的增加，检测概率和虚警概率均接近 1；若没有检

测到动物，则存在动物的概率从先验值下降到零。

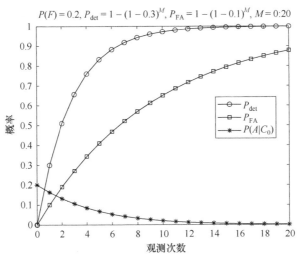

$$P(F) = 0.2, P_{\text{det}} = 1 - (1 - 0.3)^M, P_{\text{FA}} = 1 - (1 - 0.1)^M, M = 0{:}20$$

图 7.2　未检测到动物的概率

目前为止，已将多次独立观测视为重复测量。若取代重复测量，已知多个动物位置，则只要这些动物的检测是独立事件，该方程依旧成立。因此，M 实际上是独立测量和独立动物位置的乘积。

为了确定该区域内无鲸类动物所需的观测次数，首先需要确定该区域可能存在鲸类动物的先验概率，还需要知道单次观测的检测概率和虚警概率，最后应该给出后验概率的阈值。显然，该阈值必须由对风险降低感兴趣的决策者来确定。

7.3　栖息地和行为分析

虽然丰度估计和不存在估计只针对单个参量(丰度、种群密度或不存在概率)，但最近的鲸类研究旨在分析鲸类和海豚是如何选择栖息地的。从这个意义上说，栖息地分析(habitat analysis)是基于经验观察的，即鲸类动物在世界各地的分布并不均匀，但它们的分布呈现出空间和时间上的特异性。

正如之前的讨论，在研究区域内进行丰度估计和不存在估计时，假设"动物存在的先验概率"是均匀分布的。在栖息地分析时，假设"存在"与"丰度"是时间和空间的函数。为了描述这些时间和空间依赖性，必须在时间和空间维度进行多次测量。

可以将栖息地分析看成一种建模工作，其中"输出丰度"与"存在概率"是协变量的函数。某一栖息地中，"存在"(或称占据)的时间及空间变化与动物的行为密切相关。时间变化包括日变化(如日夜不同的行为)、季节性变化(如冬季栖息地与夏季栖息地)、动物的栖息地偏好。空间变化与食物的分布(食物链)、水温及地理特性相关,同时空间变化还与动物所处生命历程的不同阶段有关。

一般来说,栖息地分析需要将测量结果(如动物的存在与否)与各种协变量关联起来,从而建立正相关或负相关模型。若协变量的数量增加,则制定合适的采样策略会变得非常困难。显然,采样间隔必须设置得足够精细,这样模型变量的变化才能被唯一识别。这一要求等同于数据采集系统中的奈奎斯特采样定理,即采样频率应大于等于信号最高频率的 2 倍。

虽然栖息地可以作为空间变量的函数,但地理特征未必是影响生物栖息分布最关键的变量,栖息地的范围主要由动物的行为决定。因此,选择可以影响动物行为的栖息地描述变量才是有意义的。例如,觅食中的鲸类需要食物,而深潜抹香鲸和喙鲸觅食深海猎物,如乌贼。因此,乌贼的数量是评估深潜动物栖息地分布的一个恰当协变量。然而,这个例子也很好地证明了生物学相关的协变量有时完全不切实际。深潜动物的检测难度很高,而测量深海乌贼的丰度更加困难。事实上,这些深海乌贼物种大多是从搁浅或捕获的抹香鲸、喙鲸等深潜动物的胃容物中获知的。

即使不知道这种深海生物的协变量,但很明显,深海觅食栖息地随时间的变化较小,受到缓慢变化的海洋气候的影响更大,这与鲸类和海豚的栖息地恰恰相反。后者大部分时间在浅水区觅食,并面临着海洋的昼夜和季节变化。深海洋流和持续的上升流会将底栖营养物质带到靠近海洋表面的光照区,因此它们是描述深潜动物觅食栖息地协变量的优质候选。

自动被动声学监测系统用于研究这些相对独立且距离遥远的栖息地。该系统应用于觅食层,同时进行声学测量和海洋学测量。理想情况下,这种自动系统能够测量动物的声学活动,还能测量在栖息地中存在的相关协变量,从而可在时间和空间上对鲸类栖息地进行高效分析。

7.3.1　协变量建模

设 $x = \{x_0, x_1, x_2, \cdots, x_k\}$ 为一个矢量,其中 x_k 是栖息地描述的协变量。y 是栖息地中动物存在的直接度量,通常是协变量的函数:

$$y = f(x) \tag{7.56}$$

假设方程(7.56)满足最简单的线性可加关系,可以写为

$$y_i = \sum_{k=0}^{K} \beta_k x_{ki} \tag{7.57}$$

用矩阵符号表示为

$$y = X\beta \tag{7.58}$$

设逆矩阵 $(X^TX)^{-1}$ 存在，即假设协变量是线性无关的，则可以通过最小均方误差估计求解 β：

$$\beta = (X^TX)^{-1}X^Ty \tag{7.59}$$

对于协变量线性相关的情况，即 $(X^TX)^{-1}$ 不存在。若因变量是隐式表示的，则可以使用伪逆(广义逆)来求解协变量。例如，可以使用 MATLAB 中的 pinv 函数，但这样会影响协变量的选择。因为希望找到最佳的协变量来描述栖息地，所以最好直接分析和处理该问题。

方程(7.59)用线性最小均方 LMS 误差回归求解。线性最小均方误差回归是数据分析的核心，但由于缺乏对解的限制或约束，对于栖息地分析来说可能过于宽泛。由于协变量仅由鲸类的存在性决定，再次代入方程(7.58)后，方程(7.59)可能会解出没有实际意义的存在概率。例如，若方程(7.56)中的 y 值与检测到某鲸类的概率 p_i 相对应，则该概率的取值范围一定在 0~1。基于协变量噪声测量的解会导致 y 值超出边界，因而是没有意义的。因此，需要修改 LMS 程序，以得到有实际意义的解决方案。

设 p_i 为在某一给定栖息地检测到鲸类的概率，则发现鲸类的概率由成功概率与失败概率的比值来表示：

$$odds = \frac{p_i}{1-p_i} \tag{7.60}$$

如果简单地假设成功概率为协变量指数函数的乘积：

$$\frac{p_i}{1-p_i} = \prod_{k=1}^{K} \exp\{\beta_k x_{ki}\} \tag{7.61}$$

则通过取概率的自然对数，可以获得一个类似方程(7.57)的线性形式：

$$y = \ln\left(\frac{p_i}{1-p_i}\right) = \sum_{k=0}^{K} \beta_k x_{ki} \tag{7.62}$$

成功概率的对数也称为逻辑函数，或 p_i 的逻辑函数，也可进一步称为连接函数，因为它提供了线性预测器 y 和 p_i 之间的关系。

使用 logit 函数将一个介于 0 和 1 之间的变量转换为一个可能在正负之间变化的线性预测因子，使其满足 LMS 回归的条件，如方程(7.59)所示。

为进一步完善数学框架，开发软件工具来应用广义可加模型(Hastie and Tibshirani，1990)(其中方程(7.57)被更通用的参数取代)替代简单线性可加模型。

$$y_i = \sum_{k=0}^{K} f_k(x_{ki}) \tag{7.63}$$

式中，$f_k(x_{ki})$ 为协变量的函数。

　　简单地说，广义可加模型并不要求指明协变量的函数相关性，而是使用协变量间的散射矩阵来表示通用函数相关性。

7.3.2　声学及栖息地分析

　　鲸类动物的栖息地会根据生物种类和特定行为而改变。由于声学活动与动物行为之间存在着一定的联系，声音在确定动物的行为状态和栖息地选择方面起着重要的作用。对大多数种群来说，利用声音可以直观地区分觅食和社交行为。例如，观测者很容易区分齿鲸在觅食过程中的回声定位信号以及与社交中的哨声信号。自动被动声学监测系统适用于无监督情况下长时间、大范围地监测动物的声学行为。

7.4　罕见隐匿物种监测

　　统计分析有助于判断物种调查过程中是否存在漏检。以下场景可能会产生漏检：当研究的物种栖息区域过于辽阔而无法完整测量时；物种无法被检测到；监测系统的性能不佳。由方程(7.2)可知，可被检测到的动物数量 n 与现有动物数量 N 有关。若方程(7.5)中的三个概率（P_{area}、P_{avail} 和 P_{det}）中有一个非常小，导致总体检测概率 P_N 很小，则将该动物考虑为罕见隐匿动物。当成功检测的次数很少时，无法保证 P_N 估计的准确性，而 P_N 的不确定性会影响物种丰度测量值的可信度。因此，P_N 的值不宜过小。

　　总体检测概率可以通过调整系统或调查方式来提高到合理的值。改进方式取决于三种概率中的哪一种主要降低了总体检测概率。由于条件检测概率 P_{det} 本质上描述了系统的性能，故需要改变检测程序才能提高此概率。其他两个概率 P_{area} 和 P_{avail} 可通过操作变化予以提高，使监测系统适应被监测物种的特性。

　　通过增加样本单位的数量，扩大调查区域中生物栖息地的覆盖面积，可以提高检测动物种类数。但实际上这种做法难以实现，大范围调查非常昂贵，尤其是在海上对可疑栖息地的持续监测。如果存在物种栖息地的先验信息，根据先验信息进行适当的分区域调查，可以增加遇到动物的可能性，同时降低调查成本。分区域调查可以更好地利用资源，同时减少在监测任务中引入偏差。大部分鲸类动物都是流动的，假如监测物种的活动性很强，可以在选定地点安装被动声学监测系统并对经过监测系统的动物计数。

动物被检测到的可能性取决于它们是处于声活跃状态还是静默状态。被动声学监测系统可以通过增大单次监测时长来跨越生物静默期，从而提高检测概率。然而，长时间监听的系统要么是缓慢移动的，要么是静止的。根据经验，动物和水听器之间的最大相对速度应小于检测区域直径除以动物预期静默时间所得的商。

然而，固定或缓慢移动的被动声学监测系统会带来多次相遇同一动物的风险，从而影响动物存在性/丰度的估计。同样，感兴趣物种的预期行为是决定采样策略的关键。

总体而言，通过调整调查策略(采样的持续时间和地点)，使之适应动物的行为，可提高整体的检测概率。如果已知这种行为依赖于某些协变量，则采样密度符合预期协变量的统计时会对统计分析有益。

7.5　记录声信息

被动声学监测系统的缺点是会产生大量数据，如为期一个月监测中就可能收集上兆字节的声音数据。设置合理的声波记录信息(logging acoustic information)不仅有助于测量后的数据处理，还可以为被动声学监测提供正确检测的历史记录。

声学记录器采集具体声音事件时应包括三种不同类型的信息：描述事件背景的元数据(如事件发生的时间、观察者的位置、水听器的深度)、被动声学监测系统的状态(如被动声学监测系统的操作员、被动声学监测的特征、环境条件)以及事件的声学特征(如声音类型、响度、持续时间、声音的数量、声源的方向或位置)。

通过将位置作为声音事件的标签，可以使用地理信息系统(geographic information system，GIS)直观地可视化声学监测。此过程不仅需要记录动物的位置，也需要连续记录观察者的位置。这样不仅可以评估被动声学监测的效果，还可以在被动声学监测系统无法提供精确的动物位置时对其进行近似估计。

日志记录一般是由观察者完成的，但也可能是自动数据处理系统生成的。事实上，如果信息的记录不需要人工干预，只需由计算机软件执行，则该日志记录方法是非常实用的。事件记录方式的标准化是设计日志记录工具的重要环节之一。标准化记录的优势在于不同操作者的记录风格不会影响声音信息日志的高效分析。

记录声音信息有不同的方式。一种方法是对每个单一事件按顺序打上时间戳。这种方法实现起来简单且操作灵活，大多数工作可以交给计算机完成。如果事件是已知会发生的(如嘀嗒声序列的开始)，那么这种记录方法是可行的；但当事件不一定会发生时，该方法实现起来会变得困难。例如，有时很难确定抹香鲸回声定位脉冲串的截止时间，因为抹香鲸常以不确定的时长来中断回声定位序列。此外，如果在短时间内发生多个事件，那么操作者会因信息过多而无法进行正确的记录。

日志记录的一个替代方案是在较短的时间内进行信息汇总，并定期(如每分钟)报告研究事件的进展。这种方案对于操作者来说是比较简单的，特别是当汇报的质量及数量受到限制时。该方法还适用于通信带宽有限的自主被动声学监测系统。生成完备的日志需要完整的检测、分类、定位及跟踪信号处理链，但其实现并非易事。

第8章 检测函数

据前文所述,检测函数 $g(r)$ 在利用调查方法评估种群密度方面是非常重要的。从该函数中可以看出,当被测的鲸类和海豚在距离较远的位置时,即使它们处于声活跃期也是不容易被检测到的。也就是说,任何检测器的检测能力通常都有距离限制。

8.1 经验检测函数

有很多种得到检测函数的方法,但在大多数调查应用中,首先从被检测鲸类的经验直方图(经验直方图是变量为"到探测仪器距离"的函数)出发,用恰当的模型拟合,得到检测函数 $g(r)$。

为建模检测函数,数据经常要用一个风险函数近似:

$$g(r) = 1 - \exp\left\{-\left(\frac{r}{\sigma}\right)^{-b}\right\} \tag{8.1}$$

式中,参数 b 和 σ 是通过将风险函数拟合到经验检测函数(或直方图)估计出的。

另一可选方法是用一个半正态函数:

$$g(r) = \exp\left\{-\frac{1}{2}\left(\frac{r}{\sigma}\right)^2\right\} \tag{8.2}$$

这两个函数(式(8.1)和式(8.2))都限制距离 $r > 0$。

风险函数通过两个参数将模型与经验检测直方图进行拟合,而半正态模型仅有一个参数,降低了拟合数据的灵活性。如果需要更多参数来更好地拟合数据,那么可通过将一系列校正项与所选基本检测函数相乘,从而实现对所选基本检测函数的扩展(Buckland et al., 2001)。

式(8.1)和式(8.2)所建模的检测函数实际上是条件概率函数,这表明,处于声活跃期的鲸类在位于检测区(处于被动声学监测区域)的情况下是可被检测出的。这点可以由数值直接验证:上述两个模型在零距离时取值均为 1($g(0)=1$)。这是因为检测函数是用于描述检测器的性能表现的,而不是被测对象的行为。当 $g(0)<1$ 时,可通过用常量 $g_0 < 1$ 与式(8.1)和式(8.2)相乘来建模。

8.2　最小均方参数估计

给定一个直方图形式的经验检测函数 $h(r)$ 和一个建模检测函数 $g(r;q)$，其中 q 是待估计参数的矢量，这样一来，可通过定义均方误差 $E(q)$ 为

$$E(q) = \int_0^\infty (h(r) - g(r;q))^2 \, \mathrm{d}r \tag{8.3}$$

LMS 参数估计通过最小化平方误差，获取了参数 q 的最佳估计，即 $\hat{q}$:

$$E(\hat{q}) = \min_q \{E(q)\} \tag{8.4}$$

解矢量 $\hat{q}$ 可通过穷举搜索、标准梯度方法或其他最小均方技术得到。

假如模型是参数的非线性函数，那么参数估计会变得有些复杂，但大多数的数据分析工具都提供了执行非线性最小二乘法拟合的方法。

8.3　基于声呐方程的检测函数建模

虽然数学对理论分析有用，但风险函数或其他近似检测函数的函数，不能提供对检测过程令人满意的见解或评估。这对丰度的单一估计是非必要的，但有助于指引测量仪器的改进。例如，被动声学监测系统使用复杂度不一的技术，涉及不同的技术参数，这些技术参数可能对检测函数有不同的影响。理想的做法是从应用中收集反馈信息，然后将之运用到系统设计改进。当尝试估计与栖息地相关的协变量时，有必要对检测函数建模，这样就可以区分栖息地协变量和被动声学监测系统参数。

从声呐方程中可以看到，假如接收到声音的信噪比超过某一给定的阈值 TH，就意味着监测到处于声学活跃期的鲸类。也就是说，检测函数可以解释为信噪比超过 TH 的概率，即

$$g(r) = P_{\mathrm{det}}(r) = \Pr\{\mathrm{SNR}(r) > \mathrm{TH}\} = \int_{x > \mathrm{TH}} w_{\mathrm{SNR}}(x;r) \mathrm{d}x \tag{8.5}$$

式中，$w_{\mathrm{SNR}}(x;r)$ 为距离 r 处信噪比的概率密度函数，并积分遍历所有超过 TH 的信噪比值(变量 x)。

利用针对被动声呐的声呐方程(方程(3.2))，可以扩展接收到的信噪比:

$$\mathrm{SNR}(\vartheta, r) = \mathrm{SL}(\vartheta) - \mathrm{TL}(r) - \mathrm{NL}_0 - 10 \lg B \tag{8.6}$$

简单起见，已将声呐方程中阵列增益和处理增益(分别表示为 AG、PG)设置为零。

在给出检测概率的公式之前，可以引入项 SE，SE 在声呐应用中称为信号余

量，它表示接收到的信噪比和检测阈之间的差：

$$
\begin{aligned}
\mathrm{SE}(\vartheta, r) &= \mathrm{SNR}(\vartheta, r) - \mathrm{TH} \\
&= \mathrm{SL}_0 - \mathrm{DL}(\vartheta) - \mathrm{TL}(r) - \mathrm{NL}_0 - 10 \lg B - \mathrm{TH} \\
&= \mathrm{FOM}_0 - \mathrm{TL}(r) - \mathrm{DL}(\vartheta)
\end{aligned}
\tag{8.7}
$$

式中，SL_0 为主轴或标称声源级；FOM_0 为被动声学监测系统的"品质因数"，该参数合并了声源和系统的相关量。

从方程(8.7)可以看出，仅当 FOM_0 超出传播损耗 $\mathrm{TL}(r)$ 和离轴衰减 $\mathrm{DL}(\vartheta)$ 之和时，检测才会发生。如第 3 章所述，这种回声定位嘀嗒声受离轴衰减影响很大。但其实通信信号(须鲸的叫声及海豚的哨声)受离轴衰减的影响并不大，这种影响还没有被很好量化。目前仅考虑离轴衰减的最一般情况。

由于鲸类在处于声学活跃期时，其(主轴)声源级可能是变化的，因此应将标称声源级 SL 视为一个随机变量，该变量以 SL_0 为中心，概率密度函数表示为 $w_{\mathrm{SL}}(x)$，其中 x 在所有可能的声源级上都不同。通过改变声源级，FOM 不再恒定，而是成为声源级的函数。由于假设声源级变化与离轴角无关，可对所有可能的声源级进行积分来估计有效检测概率：

$$
g(r) = \int_{-\infty}^{+\infty} w_{\mathrm{SL}}(x) \Pr\{\mathrm{FOM}(x) - \mathrm{TL}(r) > \mathrm{DL}(\vartheta)\} \mathrm{d}x
\tag{8.8}
$$

为估计概率 $\Pr\{\mathrm{FOM}(x) - \mathrm{TL}(r) > \mathrm{DL}(\vartheta)\}$，即主轴信号余量大于离轴衰减的概率，需要量化离轴分布 $w_{\mathrm{OA}}(\vartheta, r)$，因此

$$
\Pr\{\mathrm{FOM}(x) - \mathrm{TL}(r) > \mathrm{DL}(\vartheta)\} = \int_{\mathrm{FOM}(x) - \mathrm{TL}(r) > \mathrm{DL}(\vartheta)} w_{\mathrm{OA}}(\vartheta, r) \mathrm{d}\vartheta
\tag{8.9}
$$

将方程(8.9)代入方程(8.8)中，得到检测函数：

$$
g(r) = \int_{-\infty}^{\infty} w_{\mathrm{SL}}(x) \left(\int_0^{\mathrm{DL}^{-1}(\mathrm{FOM}(x) - \mathrm{TL}(r))} w_{\mathrm{OA}}(\vartheta, r) \mathrm{d}\vartheta \right) \mathrm{d}x
\tag{8.10}
$$

方程中变量 x 针对所有可能的声源级都适用，离轴角 ϑ 在 0(主轴)到 DL^{-1} 函数所示的最大值范围内变化。

为根据声呐方程建模检测函数，需要指定两个分布函数：主轴声源级的概率密度函数 $w_{\mathrm{SL}}(x)$ 以及用来描述离轴分布的概率密度函数 $w_{\mathrm{OA}}(\vartheta, r)$。应该注意的是，由于包含距离相关项 $\mathrm{TL}(r)$ 以及与距离相关的离轴概率密度函数 $w_{\mathrm{OA}}(\vartheta, r)$，检测函数与距离 r 相关。

对于主轴声源级，可以假设概率密度函数服从标称平均值为 SL_0 和标准差为 σ_{SL} 的正态分布：

$$w_{\mathrm{SL}}(x) = \frac{1}{\sqrt{2\pi}\sigma_{\mathrm{SL}}}\exp\left\{-\frac{1}{2}\left(\frac{x-\mathrm{SL}_0}{\sigma_{\mathrm{SL}}}\right)^2\right\} \tag{8.11}$$

如果有关声源级分布方面没有更好的模型可用，那么方程(8.11)就是一个合适的模型。如果更深入地分析声音生成过程，发现存在确定的数值信息或统计学特征时，有必要对方程(8.11)做出修改。在回声定位嘀嗒声实例中经常观察到±10dB的声源级变化，导致产生约 5dB 的 σ_{SL} ($10\mathrm{dB}=2\sigma_{\mathrm{SL}}$)。

8.3.1　针对离轴衰减建模

很明显，仅当声源有指向性而非全向时，研究离轴衰减概率密度函数才有意义。这点特别适用于觅食所用的回声定位嘀嗒声，而通信信号一般认为是全向发散而不是(或极少)指向某一方向。

如 3.2 节所述，典型的宽带回声定位嘀嗒声的离轴衰减可以近似为

$$\mathrm{DL}(\vartheta) = C_1\frac{(C_2\sin\vartheta)^2}{1+C_2\sin\vartheta+(C_2\sin\vartheta_1)^2}, \quad 0\leqslant\vartheta\leqslant\frac{\pi}{2} \tag{8.12}$$

式中，DL 以 dB 为单位，而 C_1 和 C_2 是从检测数据估计或独立评估中得出的两个参数。典型参数值 $C_1=47\mathrm{dB}$，$C_2=0.218ka$，方程中 ka 与预期的指向性指数(方程(2.24))有关。指向性指数为 25dB，对于大多数的回声定位鲸类及海豚来说都是合理的假设。所以，如图 3.1 所示，用 $ka=17.8$ 建模的离轴衰减，甚至可作为通用的初步估计。

显然，可以得到

$$0\leqslant\mathrm{DL}\leqslant\mathrm{DL}_{\max} \tag{8.13}$$

式中

$$\mathrm{DL}_{\max} = C_1\frac{C_2^2}{1+C_2+C_2^2} \tag{8.14}$$

由于离轴衰减在 0°～90°的角度内变化。对于超过 90°的角度，即此时接收机位于动物身后，假设离轴衰减是常量并且等于 90°处的值。只有当没有更好的相关信息时，最后一个假设才成立。很可能在动物身后接收到的信号被动物的身体挡住而产生衰减。此外，该假设不适用于抹香鲸，这种动物的声音原本就是向后传播的，这就导致了不同的指向性模式。因此，嘀嗒声内每个脉冲的离轴衰减是不同的。

为对方程(8.10)积分，需要离轴衰减的反函数，即该函数在对于给定任何离轴

衰减都可以输出一个离轴角度。为此，针对角度 ϑ，求解方程(8.12)得到

$$\vartheta(\mathrm{DL}) = \mathrm{DL}^{-1}(\mathrm{DL}(\vartheta)) = \arcsin\left(\frac{1}{2C_2}\left(\frac{\mathrm{DL}}{\mathrm{DL}-C_1}\right)\left\{-\sqrt{1-4\left(\frac{\mathrm{DL}-C_1}{\mathrm{DL}}\right)-1}\right\}\right) \quad (8.15)$$

该方程对于 $\mathrm{DL} < \mathrm{DL}_{\max}$ 情况有效。

8.3.2 回声定位嘀嗒声的离轴分布

本节针对有指向性的回声定位嘀嗒声区分两种情况：首先，被估计的是任意嘀嗒声的检测概率；其次，假设动物主轴朝向接收器，也就是说接收到的是最强的嘀嗒声，此时考虑嘀嗒声的检测概率。

1. 检测任意一个回声定位嘀嗒声

假设离轴角的分布不存在某种倾向，嘀嗒声和水听器方向之间的角度 ϑ 是不相关的，且离轴角在球面上均匀分布，那么任意嘀嗒声的离轴分布可建模为

$$w_{\mathrm{OA\_A}}(\vartheta) = \frac{1}{2}\sin\vartheta \quad (8.16)$$

方程(8.16)是均匀分布于球面的离轴角的精确分布函数，实际分布可能略有不同，但是方程(8.16)是一个合理的初步近似。

2. 检测准主轴的回声定位嘀嗒声

如果动物向接收机游动或面朝接收器，或者说接收机位于鲸类发声的主轴，那么可检测到嘀嗒声的最大声强值。假设鲸类或海豚使用回声定位的方式寻找食物，会"照亮"比声束宽度稍大的前向扇区。这将导致围绕主声束方向的离轴参数小幅变化。这种变化可能是由游泳方向的微小振荡变化的，也可能是由明显的头部运动产生的。

为了建模这些小的声束方向偏移，假设头部相对主声轴(或标称主轴)随机移动。假如被监测动物的头部运动时没有水平或垂直的偏好，那么可以用二维高斯分布来描述围绕标称主轴的头部运动。因此，产生的离轴值会呈现瑞利分布：

$$w_{\mathrm{OA\_H}}(\vartheta) = \frac{\vartheta}{\sigma_H^2}\exp\left\{-\frac{1}{2}\left(\frac{\vartheta}{\sigma_H}\right)^2\right\} \quad (8.17)$$

式(8.16)和式(8.17)展示了两个不同的离轴分布建模方式，表明了定义检测过程目标的重要性。这些离轴统计数据取决于处理回声定位嘀嗒声的方式，而检测函数取决于所采用的信号处理方法。检测函数的一般形式是根据实际场景和接收

机来确定的，因此并不具有普遍性。这表明很难对所有被动声学监测应用制定同一个检测函数。但同时，也可以利用被动声学监测系统的特性改进检测函数，甚至是优化最佳检测函数的设计。

8.3.3　基于声呐方程的检测函数

对于回声定位滴答声的检测，应使用方程(8.16)估计离轴概率密度，得到方程(8.9)的积分：

$$\int_0^{\mathrm{DL}^{-1}(\mathrm{FOM}(x)-\mathrm{TL}(r))} \sin\vartheta\,\mathrm{d}\vartheta = \frac{1}{2}(1-\cos(\mathrm{DL}^{-1}(\mathrm{FOM}(x)-\mathrm{TL}(r)))) \qquad (8.18)$$

式中，$\mathrm{FOM}(x)-\mathrm{TL}(r)$ 限定为小于 $\mathrm{DL}_{\max}$。而当数值大于 $\mathrm{DL}_{\max}$ 的值时，也就是从所有角度都能检测到目标，方程(8.18)应积分成 1。

在方程(8.8)中可以定义出主轴品质因数 $\mathrm{FOM}(x)$：

$$\mathrm{FOM}(x) = x - (\mathrm{NL}_0 + 10\lg B + \mathrm{TH}) = x - F_0 \qquad (8.19)$$

相当于将可变声源级从描绘环境和被动声学监测系统参数的常量中分割出去，然后使变量 x 取标称声源级 SL_0 来得到标称品质因数：

$$\mathrm{FOM}_0 = \mathrm{SL}_0 - F_0 \qquad (8.20)$$

在进行式(8.9)或式(8.10)的积分之前，可以划分出三种情况：

$$x < F_0 + \mathrm{TL}(r) \qquad (8.21)$$

上述方程为无法检测的情况；

$$F_0 + \mathrm{TL}(r) < x < F_0 + \mathrm{TL}(r) + \mathrm{DL}_{\max} \qquad (8.22)$$

上述方程，方程(8.18)适用，且

$$x > F_0 + \mathrm{TL}(r) + \mathrm{DL}_{\max} \qquad (8.23)$$

上述方程适用于检测始终发生的情况，所以得到检测函数：

$$\begin{aligned}
g(r) = &\int_{F_0+\mathrm{TL}(r)+\mathrm{DL}_{\max}}^{\infty} w_{\mathrm{SL}}(x)\mathrm{d}x \\
&+ \int_{F_0+\mathrm{TL}(r)}^{F_0+\mathrm{TL}(r)+\mathrm{DL}_{\max}} w_{\mathrm{SL}}(x)\left(\int_0^{\mathrm{DL}^{-1}(x-F_0-\mathrm{TL}(r))} w_{\mathrm{OA}}(\vartheta,r)\mathrm{d}\vartheta\right)\mathrm{d}x
\end{aligned} \qquad (8.24)$$

式中，对应方程(8.21)的积分从等式中省略，因为它对检测函数没有贡献。

现在使用方程(8.18)，得到

$$g(\text{TL}) = \int_{F_0 + \text{TL} + \text{DL}_{\max}}^{\infty} w_{\text{SL}}(x)\text{d}x$$
$$+ \frac{1}{2} \int_{F_0 + \text{TL}}^{F_0 + \text{TL} + \text{DL}_{\max}} w_{\text{SL}}(x)(1 - \cos(\text{DL}^{-1}(x - F_0 - \text{TL})))\text{d}x \tag{8.25}$$

式中，传输损失 TL 仅是距离的函数。将检测函数考虑为传播损失 TL 的函数，而不是距离 r 的函数，这样可以在缺乏传输损失函数的前提下执行积分。

用以下符号

$$\int_{x_0}^{\infty} w_{\text{SL}}(x)\text{d}x = \varPhi(x_0) \tag{8.26}$$

可将检测函数写为

$$g(\text{TL}) = \varPhi(F_0 + \text{TL} + \text{DL}_{\max})$$
$$+ \frac{1}{2} \int_{F_0 + \text{TL}}^{F_0 + \text{TL} + \text{DL}_{\max}} w_{\text{SL}}(x)(1 - \cos(\text{DL}^{-1}(x - F_0 - \text{TL})))\text{d}x \tag{8.27}$$

或者，通过令 $u = x - F_0 - \text{TL}$，有

$$g(\text{TL}) = \varPhi(F_0 + \text{TL} + \text{DL}_{\max}) + \frac{1}{2} \int_0^{\text{DL}_{\max}} w_{\text{SL}}(u + F_0 + \text{TL})(1 - \cos(\text{DL}^{-1}(u)))\text{d}u$$

$$\tag{8.28}$$

检测函数有两个组成部分：第一部分对检测发生的所有声源级进行积分，与离轴角无关；第二部分则处理与离轴角相关的情况。

利用高斯声源级分布(方程(8.11))和方程(8.20)，可以得到

$$w_{\text{SL}}(u + F_0 + \text{TL}) = \frac{1}{\sqrt{2\pi}\sigma_{\text{SL}}} \exp\left\{ -\frac{1}{2}\left(\frac{u + \text{TL} - \text{FOM}_0}{\sigma_{\text{SL}}}\right)^2 \right\} \tag{8.29}$$

在标称 $\text{FOM}_0 = 116\text{dB}$、标准差 $\sigma_{\text{SL}} = 5$ 的条件下，得到如图 8.1 所示的检测概率。

当传播损失小于 70dB，也就是 $\text{TL} < \text{FOM}_0 - \text{DL}_{\max}$ 时，所有的嘀嗒声均可被检测到；而对于传播损失大于 116dB 的情况，或者说当 $\text{TL} > \text{FOM}_0$ 时，没有检测到任何嘀嗒声；增加 FOM_0 将使整个曲线向右偏移；减小 FOM_0 将使曲线向较小的 TL 值偏移。图 8.1 所示函数与被动声学监测系统参数严格相关，只要 FOM_0 保持一致，那么对于所有系统变量的描述都是成立的；忽略离轴衰减(图 8.1 中的实线)可以得到针对所有嘀嗒声均检测情况下的合理估计，但低估了未检测到滴答声时的 TL。这是可以预料的，因为允许较高的 TL 将可以获得较大的检测范围。

估计传输损失时，可以使用球面扩展规律，吸收系数取 9.5dB/km，这对 40kHz 信号是典型参数值。图 8.1 转换成图 8.2，其中检测函数是距离的函数。

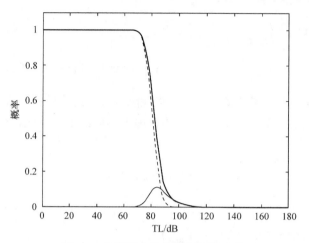

图 8.1　检测概率为传输损失的函数

虚线表示方程(8.27)的第一个分量，细实线表示方程(8.27)的第二个分量，粗实线表示两个分量之和

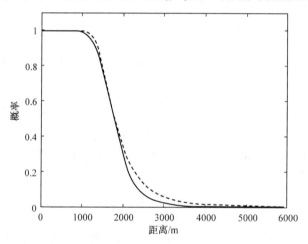

图 8.2　标称 FOM_0 为 116dB 时的检测函数 $g(r)$

虚线为已建模检测函数的风险函数近似值

　　使用声呐方程对检测函数建模的优点在于，它可以直观地说明被动声学监测系统可以实现什么，哪些实现起来有困难。

　　图 8.2 中给出的检测函数类似于风险函数 $h(r) = 1 - \exp\left\{-\left(\dfrac{r}{1647}\right)^{-4.531}\right\}$。然而，该函数并不能很好地反映被动声学监测系统的检测性能，仅能说明风险函数变为 0.63 时的距离为 1647m。

生成图 8.1 与图 8.2 的 MATLAB 代码

```
%Scr8_1
```

```
%
TL=(0:0.1:180)';
%
FOM=116;
%
C1=47;
C2=0.218*17.8;
DL_max=C1*C2^2/(1+C2+C2^2);

%高斯加权
sig=5;
Wx=@(x,xo) ...
    1/(sqrt(2*pi)*sig)*exp(-1/2*((x-xo)/sig).^2);

dx=0.1;

x=0:dx:(FOM+DL_max+4*sig);
%FOM+DL_max+4*sig假设(FOM + DL_max + 4*sig)无限长
%
g1=0*TL;
for ii=1:length(TL);
   W=Wx(x+TL(ii),FOM-DL_max);
   g1(ii)=sum(W)*dx;
end
%
th=asin(1/(2*C2)*(x./(x-C1))...
    .*real(-sqrt(1-4*((x-C1)./x))-1));
%
th(1)=0; % for x=0;
th(x>=DL_max)=pi; % for x>=DL_max
%
x2=x(x<DL_max);
x3=x(x>=DL_max);
th2=th(x<DL_max);
g2=0*TL;
g3=0*TL;
```

```
for ii=1:length(TL)
    W2=Wx(x2+TL(ii),FOM);
    g2(ii)=0.5*sum(W2.*(1-cos(th2)))*dx;
    W3=Wx(x3+TL(ii),FOM);
    g3(ii)=sum(W3)*dx;
end
gr=g3+g2;
```

%反转球面波传播定律

```
R=1:0.1:6000;
TLR=20*log10(R)+9.5*R/1000;

r=interp1(TLR,R,TL);
y=real(log(-log(1-gr)));
x=log(r);
%yo=log(-log(1-0.6321));
yo=0;
i1=find(y<=yo,1,'first');
alpha=(y(i1)-y(i1-1))/(x(i1)-x(i1-1));
x0=x(i1-1)+(yo-y(i1-1))/alpha;
r0=exp(x0);
%
figure(1)
plot(TL,g3,'k--',TL,g2,'k-')
line(TL,gr,'color','k','linewidth',2)
ylabel('概率')
xlabel('TL/dB')
ylim([0 1.1])
figure(2)
plot(r,gr,'k','linewidth',2)
line(r,1-exp(-(r/r0).^alpha), 'color','k',
    'linestyle','—','linewidth',2)
ylabel('概率')
xlabel('距离/m')
ylim([0 1.1])
```

```
title(sprintf('r_0 = %.0f alpha = %.3f',r0,alpha));
return
```

8.4　动物行为建模

下面两种情况中，动物行为因素会被纳入检测函数：动物发声行为决定检测概率，因为被动声学监测系统仅能检测到处于声学活跃期的动物；动物的运动决定离轴分布，而离轴分布是检测函数模型的一部分。

鲸类和海豚出于特定目的在海洋中活动(如迁徙、觅食、社会、栖息)，也就是说，动物可能处于其多种行为状态中的某一种。假设这些状态彼此是独立的也是合理的，即在任何时刻，动物都将处于这些行为状态中的一种。因此，可以定义一个状态矢量用以描述动物"可能被发现处于某一行为状态"的概率。表 8.1 给出了一个假想动物的行为状态矢量。

表 8.1　假想动物的行为状态矢量(单位：%)

行为	栖息	社交	迁徙	觅食
占比	10	10	10	70

显然，动物会改变其行为状态。将转换的概率编辑成表格能得到一个转换表。表 8.2 给出了假设动物的转换矩阵。其中各行描绘了从当前状态转换到所有其他状态的转换概率。显然，每一行的所有概率和必须等于 100%。动物终将从当下状态转换到另一行为状态。举个例子，该表假设动物在栖息之后，开始觅食的概率为 40%。

表 8.2　行为状态之间的转换矩阵(单位：%)

前序状态	实际状态			
	栖息	社交	迁徙	觅食
栖息	0	50	10	40
社交	50	0	10	40
迁徙	5	35	0	60
觅食	5	5	90	0

行为状态矢量在某种程度上难以精准定义,因为不同状态并不总是清晰可辨。虽然表 8.1 和表 8.2 看起来很合理地概括了动物的行为，但对于分析被动声学监

测性能，并不是最佳的参量。由于关注的仅是鲸类动物的声学监测，可以把动物的行为状态缩减为声学活跃、非活跃或静默状态，如表 8.3 所示。

表 8.3 简化的声学状态矢量(单位：%)

声学活跃状态	静默状态
70	30

这种二元行为状态矢量不需要转换表，因为转换发生的概率是 100%。鲸类动物声学状态表展示了不同类型的发射声音，该表必须能区分这些声音的类别，同时还要提供转换矩阵。该表需要能将声音限制于所研究的声音分类，也就是能用于检测种群的声音分类。例如，如果颇具特征性的"上调频呼叫音"被用于检测露脊鲸，那么在使用匹配滤波器时，声学状态矢量应对比"可能检测到露脊鲸'上调频呼叫音'的时间"与"检测器应保持静默的时间"。该动物可能会发出其他类型的声音，如有音调的呻吟声，但是对于已调整成"上调频呼叫音"检测状态的被动声学监测系统，鲸类是处于静默中的。该观察结果也适用于海豚哨音与回声定位嘀嗒声之间的检测区分。

为了估计静默对检测函数的影响，考虑鲸类在距离 y 处经过被动声学监测系统时的检测概率：

$$h(x, y)\mathrm{d}x = \Pr\{\text{detection in interval}(x + \mathrm{d}x, x)\} \tag{8.30}$$

为了实现检测，鲸类必须是处于声学活跃期的，但我们不知道经过的动物何时进入声学活跃期。但假如鲸类在通过时移动得足够慢，它大概率会变为声学活跃的。

在位置点 $(x + \mathrm{d}x, y)$ 检测不到鲸类的概率现在取决于动物的声学状态，即动物是否处于声学活跃期。

$$Q(x + \mathrm{d}x, y) = Q(x, y)[(1 - h(x, y)\mathrm{d}x)P_{\mathrm{ac}} + (1 - P_{\mathrm{ac}})] \tag{8.31}$$

或者

$$Q(x + \mathrm{d}x, y) = Q(x, y)[(1 - P_{\mathrm{ac}}h(x, y)\mathrm{d}x)] \tag{8.32}$$

式中，P_{ac} 为动物处于声学活跃期的概率，假设其与所在位置 (x, y) 无关；$h(x, y)$ 为在位置 (x, y) 检测出声学活跃期动物的概率密度函数。

方程 (8.31) 指出，假如鲸类不处于声学活跃期 $(1 - P_{\mathrm{ac}})$，或者鲸类是处于声学活跃期 $(1 - h(x, y)\mathrm{d}x)P_{\mathrm{ac}}$ 但未被检出，则通过积分方程 (8.32)，得到检测函数：

$$g(y) = 1 - \exp\left\{-P_{\mathrm{ac}}\int_{-\infty}^{+\infty} h(x, y)\mathrm{d}x\right\} \tag{8.33}$$

用二元状态变量描述鲸类动物的声学活动似乎相当简单。事实上，本书的前面章节已经揭示了海洋声音的庞杂性。但是，将具体声学活动与动物行为相关联的研究非常少，这主要是因为与其他行为相比，同步记录行为信息并进行声学研究十分困难。经典的声视觉方法仅仅适合圈养的，或大多数时间位于海面或接近海面的动物。对于水下声活动，特别是在深潜时，需要新的技术来采集信息。复杂的、能够记录声学及运动行为的吸附式电子记录器的问世，能够帮助我们认识声学活动与行为之间的关联。在流行的声学吸附式记录器中，美国伍兹霍尔海洋研究所开发的数字声学吸附式记录器(DTAG)(Johnson and Tyack, 2003)以及 Burgess 等(1998)开发的生物声学探头(Bprobe)崭露头角。通过同步记录被吸附动物在同步运动时发出或接收到的声音，可在实际的、几乎不受干扰的行为背景下，得到有关声学活动的结论。被吸附动物受到记录器影响的程度，取决于吸附式记录器相对该动物的尺寸大小，以及吸附式记录器的设计。最近几年电子小型化方面的技术进步使得吸附式记录器的设计克服了尺寸限制，开发出同样适合最小鲸类动物的吸附式记录器。

由于吸附式记录器是最近才开发出来的，将它们配备在自由放养的鲸类身上，与其说是常态化的研究活动，不如说只是为了展现这项成果而已，对野生鲸类动物声学行为的分析依旧处于初始阶段，目前尚缺乏有关声学行为的统计结论。

根据初步吸附式记录器分析，表 8.4 展示了三个非哨声鲸类的指示性声学状态矢量：抹香鲸、柯氏喙鲸和柏氏中喙鲸。本节只讨论非哨音齿鲸，因此将回声定位嘀嗒声当成唯一声学事件。

表 8.4　已选声学状态矢量(单位：%)

物种	发声中	静默中	参考来源
抹香鲸	58	42	Watwood 等(2006)
柯氏喙鲸	26	74	Tyack 等(2006)
柏氏中喙鲸	19	81	Tyack 等(2006)

8.5　动物运动影响的建模

动物运动时会影响检测函数中的距离和离轴角。理想情况下，使用离轴分布的封闭表达 $w_\vartheta(\vartheta, r)$，即类似于 8.3 节给出的表达式，但并非总能得到这种方程，因为离轴角一般是多个参数的复杂函数。

动物的运动行为，即声学活跃期内，动物相对被动声学监测系统所在位置的三维运动，决定了离轴角 ϑ，具体如以下方程所示：

$$\vartheta(\gamma,\beta,\eta) = \arccos(\sin\gamma\cos\beta\cos\eta + \sin\beta\sin\eta) \tag{8.34}$$

式中，γ 为鲸类的方向或航向(heading)(顺时针相对观测仪测量)；β 为鲸类的俯仰角(pitch)(向上为正)；η 为水听器的仰角(elevation angle)，其表示为

$$\eta = \arctan\left(\frac{d-h}{R_H}\right) \tag{8.35}$$

式中，d 为鲸类的深度；h 为水听器的深度；R_H 为从鲸类到水听器的水平距离。

按照惯例，鲸类和水听器的深度用负值表示，如果鲸类位于比水听器更浅的水域，那么仰角为正值。

下面仅考虑在特定深度采用回声定位方式觅食的鲸类和海豚，并假设动物深度、俯仰角及朝向这三个量可用随机变量描述(Zimmer et al., 2008)。

首先，将潜水中鲸类的深度建模为正态分布在平均觅食深度 d_0 周围：

$$w(d) = \frac{1}{\sqrt{2\pi}\sigma_d}\exp\left\{-\frac{1}{2}\left(\frac{d-d_0}{\sigma_d}\right)^2\right\} \tag{8.36}$$

鲸类俯仰角分布可以建模为圆正态分布或冯·米泽斯分布(水平面以上或以下)(Fisher, 1993)：

$$w(\beta) = \frac{1}{2\pi I_0(k)}\exp\{\kappa\cos(\beta)\} \tag{8.37}$$

式中，κ 为通过 $\mathrm{var}(\beta)=1-I_1^2(\kappa)/I_0^2(\kappa)$ 与分布方差相关的一个参数；$I_j(x)$ 为 j 阶修正贝塞尔函数。

一般潜水的朝向分布可被建模为相对于鲸类平均朝向 γ_0 及 $\gamma_0+180°$ 的两个圆形正态分布叠置。这种双模分布允许觅食活动中的鲸类有往返现象，即允许动物在觅食猎物时来回游走。假设动物的垂直及横向搜寻模式是等概率的，则可以在俯仰和朝向分布中使用同样的参数。

$$w(\gamma) = \frac{1}{2\pi I_0(\kappa)}(u\exp\{\kappa\cos(\gamma-\gamma_0)\} + (1-u)\exp\{-\kappa\cos(\gamma-\gamma_0)\}) \tag{8.38}$$

参数 u 控制的是鲸类的追踪求逆的部分，只有 0 和 1 两个取值。因为水听器相对鲸类运动的方向是未知的，假设 γ_0 在 $-180° < \gamma_0 < 180°$ 的范围内是统一分布的。

人们对大多数鲸类动物的实际觅食行为仍然知之甚少。仅在最近几年，借助吸附式行为记录器的应用，人们才逐渐知晓鲸和海豚觅食时是如何移动的。方程(8.38)是对柯氏喙鲸觅食行为做过合理描述的良好方程(Zimmer et al., 2008)。基于吸附式记录器的动物行为分析，将会增加人们对动物运动情况的详细了解，并将改进动物运动的统计描述。

第9章　仿真采样策略

本章介绍一种基于计算机软件对被动声学监测系统进行仿真的方法，同时验证这种仿真方法的实用性，该方法不仅可用于生成大量数据，还有助于分析被动声学监测系统的性能。

被动声学监测本质上属于海上实地调查的领域。一般情况下，在船舶或舰艇上，操作者持有单一水听器或布放水听器阵列，按一定规律在海洋上航行，通过收集数据监测鲸类或海豚的情况，来判断这种声活跃性较强的动物是否存在。

模拟仿真是用计算机对被动声学监测系统应用模型进行实验。术语"模型"是指对现实系统的简化描述，而做这种简化可以帮助对结果进行简单讨论。8.5.1节所展示的针对鲸类深度、音高以及游向的分布模型，就是这种简化的代表。与现实应用相类似，每次执行计算机模拟仿真，均会产生不同的结果。

利用模型替代现实系统，其结果仅仅是对现实结果的一种参考性说明。假如选择的模型参数与现实系统有很大偏差，就不能保证仿真结果的真实性。

具体来说，就是再次调用检测概率(式(7.14)～式(7.16))，将方程合并计算得到

$$n = \int_0^\infty n(r)\mathrm{d}r = \mathrm{NP}_N = N\int_0^\infty w_{ri}(r)\ g(r)\ \mathrm{d}r \qquad (9.1)$$

式中，N 为动物的数量；$w_{ri}(r)$ 为在某一距离 r 范围内遇到某一动物的概率密度函数；$g(r)$ 为检测函数或在某一距离 r 范围内检测出该动物的概率。这里假设检测函数仅与距离 r 有关。

如在之前章节所看到的，检测函数可以用不同的方程来表达。例如，方程(7.13)可表示为

$$g(r) = \int_0^\infty w_{r0}(y)\ \delta(r < y)\ \mathrm{d}y \qquad (9.2)$$

该仿真的目的有两个：①生成模拟动物分布概率密度函数 $w_{ri}(r)$ 的样本；②针对每个仿真样本执行检测过程 $\delta(r < y)$。

下面首先模拟一个单点的调查情况。单点调查相对容易实现，且不会产生无用的结果。举一个直接的案例，结合半正态检测函数对均匀分布对象所做的点调查进行评估，就无须进行随机仿真。当然，还可以应用其他更为复杂的检测函数。如何选择具体的检测函数，就需要结合后续仿真的结果。

9.1　针对单点调查检测概率建模

在模拟单点调查之前，应该仔细思考从点调查模拟中获得的数据类型。针对这一点，可以在不使用随机变量的情况下以确定的函数表示。

假设动物在所研究的圆形区域内呈均匀分布，圆形区域的最大半径为 $R_{\max} = 7000\text{m}$。则在与观察者距离为 r 的情况下，发现动物的概率密度与距离 r 呈如下比例关系：

$$w_{ri}(r) \propto r \tag{9.3}$$

为获得比例常数，根据定义，被研究的动物在半径 $R_{\max}$ 的圆形区域，可以得到对于每一个体的存在概率密度函数：

$$w_{ri}(r) = \frac{2r}{R_{\max}^2}, \quad r < R_{\max} \tag{9.4}$$

且

$$w_{ri}(r) = 0, \quad r > R_{\max} \tag{9.5}$$

为描述传感器的性能，假设检测范围 r 呈正态分布，均值 $r_0 = 4000\text{m}$，标准差 $\sigma = 800\text{m}$。

$$w_{r0}(r) = \frac{1}{\sqrt{2\pi}\sigma} \exp\left\{-\frac{1}{2}\left(\frac{r - r_0}{\sigma}\right)^2\right\} \tag{9.6}$$

利用以上方程产生如图 9.1 所示的检测函数。根据 3σ 准则，由图 9.1 可知，在较短的距离内(<1600m)，所有动物均能被检测到；在 4000m 的距离，50%的动物能被检测到；对于距离超过 6400m 的情况，几乎没有动物能被检测到。

在距离区间 dx 中检出的动物数量为

$$n(r) = Nw_{ri}(r)g(r)\text{d}x \tag{9.7}$$

图 9.2 是 $N = 100$ 且 $d_x = 500\text{m}$ 的情况。

起初，检出动物的预期数量呈线性增加趋势，但随着距离的增加，检出动物的增量逐渐下降到零。对所有距离区间进行积分后，得到检出动物的预期总数量 $n = 33.9$ 头，结果的整体检测概率 PN $= 0.34$，即在该搜索区域，每检测出 1 头动物，大约有 2 头动物被漏检。

当整体检测概率为 34%时，有效检测区域面积(参见方程(7.25))为 52.33 km^2，约为整个搜寻区域面积(约 154km^2)的 1/3，有效检测距离约为 4082m。由于距离函数持续增长(方程(9.4))，有效检测范围并不等于检测函数检测范围的 50%。

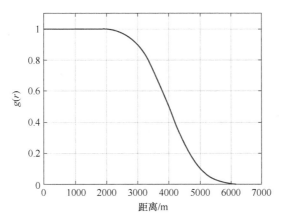

图 9.1　满足高斯分布检测函数的临界检测范围

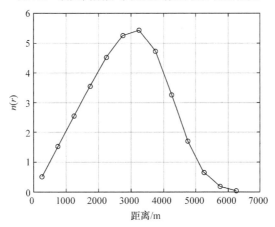

图 9.2　检测到的动物数量随距离变化图

仿真范围间隔 $d_x = 500\text{m}$，假设搜寻区域中出现的动物总数量 $N = 100$

MATLAB 代码

```
%Scr9_1
NA=100;
dr=1;
r=0:dr:7000;
wri=r; wri=wri/(sum(wri)*dr);
%
r0=4000; cv=0.2; sig=cv*r0;
wr0=1/(sqrt(2*pi)*sig)*exp(-0.5*((r-r0)/sig).^2);
%
gr=1-cumsum(wr0)*dr;
```

```
P_n=cumsum(wri.*gr)*dr;
%
figure(1)
plot(r,gr,'k'),ylim([0 1.1])
grid on
xlabel('距离/m')
ylabel('g(r)')
%
dx=500;  %距离间隔
idx=dx/dr;
ihx=1:idx:7000;
hx=diff(P_n(ihx));
rx=r(ihx)-dx/2;
%
figure(2)
plot(rx(2:end),NA*hx,'ko-')
grid on
xlabel('距离/m')
ylabel('n(r)')
```

9.2　单点调查模拟仿真

单点调查仿真分为以下步骤：首先将 N 个目标以均匀分布放置到围绕观察者的一个圆形研究区域中，假设单点调查方式与方向无关，因而可以只用目标与观察者的距离作为目标特征；然后使用检测函数来判定每个物体是否被检出；最后得到一个显示被检测目标与观察者距离的列表。

9.2.1　目标位置仿真

在研究的圆形区域内均匀分布有 N 个物体，最简单直观的方法是根据下列方法生成均匀分布的 x 和 y 坐标：

$$x_i = 2R_{\max}\left(U - 0.5\right) \tag{9.8}$$

$$y_i = 2R_{\max}\left(U - 0.5\right) \tag{9.9}$$

式中，U 为随机数，该数字为均匀分布在 0～1 的数值。坐标 (x_i, y_i) 均匀分布在 $-R_{\max}$ 和 $R_{\max}$ 之间。假如目标与观察者(观察者假设在原点(0,0)处)的距离小于

$R_{\max}$，则该位置保留，否则该位置不被保留。程序执行下去，直到设计的圆形区域内目标的数量达到预想目标数量。如果满足条件：

$$r_i = \sqrt{x_i^2 - y_i^2} \leqslant R_{\max} \tag{9.10}$$

则保留位置，否则排除该位置。

模拟仿真在二维平面进行操作，可以通过增加一个表示动物相对深度的额外随机数，将仿真扩展到三维空间。

9.2.2　检测过程仿真

为仿真一个检测过程，为每一个动物选取一个位于 0～1 的均匀分布的随机数，并将该数值与距离相关检测函数 $g(r)$（其中 r 是动物与观察者之间的距离）进行比较。如果某一给定距离的随机数值低于检测函数的数值，则认为该动物为已检出，否则判定为漏检。

$$U \leqslant g(r_i) \tag{9.11}$$

模拟仿真的结果则是被检出动物与观察者的距离列表。在这点上，有点像在真实点测量之后会面临的状况。为将测量结果可视化，生成了被检出动物的距离频率直方图，如图 9.3 所示(类似方程(9.3))。

直方图显示被检出数量在 3000～3500 的距离范围内达到最大,随着距离的增大, 检测数量下降, 超过 5500m 范围以后, 无动物检出。

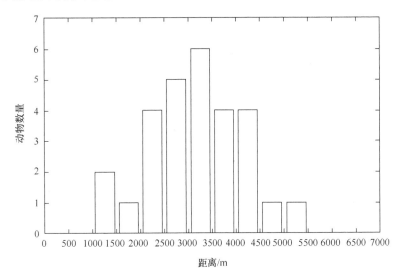

图 9.3　被检出动物的距离频率直方图

生成图 9.3 的 MATLAB 代码

```
%Scr9_2
NA=100; Rmax=7000;
dr=1; r=0:dr:Rmax;
%
r0=4000; cv=0.2; sig=cv*r0;
rs=r0;
wr0=1/(sqrt(2*pi)*sig)*exp(-0.5*((r-rs)/sig).^2);

gr=1-cumsum(wr0)*dr;
%
%模拟动物范围
na=1.5*NA;
%
rand('state', 2);

%动物随机分布
xx=2*Rmax*(rand(na,1)-0.5);
yy=2*Rmax*(rand(na,1)-0.5);

rr=sqrt(xx.^2+yy.^2);
%
rr(rr>Rmax)=[]; rr(NA+1:end)=[];
nr=length(rr); % nr 应该等于 NA
%仿真检测
pr=interp1(r,gr,rr);
idets=rand(nr,1)<pr;
%
%保留所有检测到的距离
ri=rr(idets);

%直方图
%仿真动物的距离
dx=500;
hx=(0:dx:Rmax)';
```

```
hy0=histc(rr,hx);
NA_sim=sum(hy0);

%检测到动物的距离
hy=histc(ri,hx);
NA_det=sum(hy);
%
figure(1)
hb=bar(hx+250,hy);xlim([0 7000]),ylim([0 7])
set(gca,'xtick',hx);
set(hb(1),'facecolor','w')
xlabel('距离/m')
ylabel('动物数量')
title(sprintf('NA_{sim} = %d NA_{det} = %d',…NA_sim,NA_det))
```

MATLAB 代码解释

该代码生成的随机数值序列始终是同一序列。该序列是通过调用 "rand('state', 2);" 命令(该命令决定随机数值序列的首个数字)来实现的。为避免这一重复性行为, 应对该 MATLAB 语句做出注释。

9.3　基于单点调查的丰度估计

假设已经得到如图 9.3 所示的测量结果, 并进行进一步的假设。已知调查方式为点调查, 观察者无方向偏好, 能够注意到所有被检测动物的距离。进一步研究问题的重点是有多少动物位于实验研究区域内。

在 9.2 节实验中, 汇总后得到了 28 种动物。根据点调查的数据可以得到检测某一种动物的概率密度函数, 由方程(9.3)可知, 动物的数量随距离线性增加。根据图 9.3, 利用点调查得到的数据, 可以推断出在距离范围 3500～5500m, 检测数量减少, 极有可能是因检测函数的距离限制造成的。取 4500m(3500～5500m 的平均值)作为有效检测半径, 该半径下动物密度为 28 头/63.6km^2, 或表示为 44 头/100km^2。若考虑搜寻半径为 7km 的区域范围, 则检测概率变为 $P_N = (4.5/7)^2 = 0.41$, 得到总丰度估计 $\hat{N} = 28/0.41 = 68$ 头动物。很明显, 这种估计方法精度较低, 需要进一步改进算法。

更好的估计则是基于观察到的动物计数模型：

$$n(r) = Nf(r) = Nw_{ri}(r)g(r)\mathrm{d}x \tag{9.12}$$

式中，N 为搜寻区域$(r < R_{\max})$内动物的数量，其概率密度函数为

$$w_{ri}(r) = \begin{cases} \dfrac{2r}{R_{\max}^2}, & r < R_{\max} \\ 0, & \text{其他} \end{cases} \tag{9.13}$$

且假设的检测函数为

$$g(r) = \frac{1}{\sqrt{2\pi}\sigma} \int_0^r \exp\left\{ -\frac{1}{2}\left(\frac{r - r_0}{\sigma}\right)^2 \right\} \mathrm{d}x \tag{9.14}$$

现在需要估计的未知变量有动物数量 N、平均检测距离 r_0 以及检测距离的标准差 σ。

非线性参数估计的结果如图 9.4 所示。估计的模型参数(动物数量)$N=89$，平均检测距离 r_0 为 4196m，标准偏差 σ 为 646m。在模拟动物位置时，同时也已知真实的动物位置分布。为便于对比，图 9.4 也显示了所有模拟仿真位置的真实距离分布。

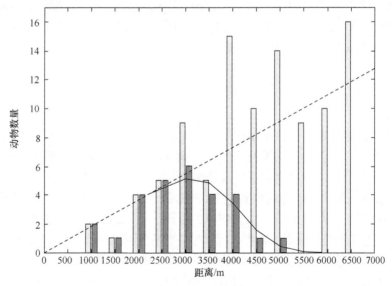

图 9.4　丰度估计

浅灰色条柱表示模拟的动物的距离范围，深灰色条柱表示实际检测到的动物的距离范围；
虚线为估计出的动物密度，实线为实际检出动物的曲线拟合估计

生成图 9.4 的 MATLAB 代码

```
%Scr9_3
%丰度估计
%需要调用代码 scr9_2
Scr9_2
%或者检测向量 ri;
%
r0=4000; cv=0.2; sig=cv*r0;
%
dx=500; Rmax=7000;
hx=(0:dx:Rmax)';
%仿真动物的距离范围
hy0=histc(rr,hx);
NA_sim=sum(hy0);
%检测到动物的距离
hy=histc(ri,hx);
NA_det=sum(hy);

% PDF
wri=@(a,hx)(a*dx)*2*hx/(Rmax^2);
wro=@(hx,r0,sig)1/(sqrt(2*pi)*sig)*exp(-0.5*((hx-r0)
/(sig)).^2);
%
mgx=@(b,c,hx)1-cumsum(wro(hx,b,c))*dx;
mfx=@(x,hx)wri(x(1),hx).*mgx(x(2),x(3),hx);
%
%
%根据数据估计模型参数
b0=[NA,r0,cv*r0];
b=nlinfit(hx,hy,mfx,b0);
% 下一行需要运行于 MATLAB 7.5
%b=nlinfit(hx,hy,mfx,b0,statset('robust','on','WgtFun',
  'logistic'));
```

```
%方差
%仿真失配
varo=sum((mfx([NA_sim,r0,cv*r0],hx)-hy).^2);
%估计误差方差
var=sum((mfx(b,hx)-hy).^2);

figure(1)
hold off
hb=bar(hx,[hy0 hy]);xlim([0 7000]),ylim([0 17])
hold on
plot(hx,wri(b(1),hx),'k--',hx,mfx(b,hx),'k.-')
hold off
set(hb(1),'facecolor',0.9*[1 1 1])
set(hb(2),'facecolor',0.5*[1 1 1])
xlabel('距离/m')
ylabel('动物数量')
title(sprintf('NA_{est} = %.0f r_0 = %.1f sig = %.1f :
    var = %f', b,var))
return
```

接下来的问题是如何评价估计方法的性能。为探究重复进行模拟仿真实验，其结果是否会发生变化，将同一实验重复了 1000 次(仿真之后是非线性参数估计)并获得一个随机动物计数估计，其分布显示在图 9.5 中。动物计数是广泛分布的，在数量接近 100 时达到峰值，数量从稍超过 50 变化到超过 250，分布是不对称的，并在多数量的位置有显著旁瓣。

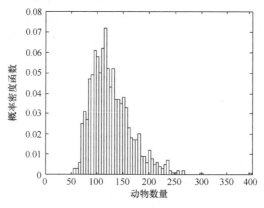

图 9.5　基于图 9.4 多次模拟的动物数量计数分布

由于图 9.5 中的最大概率密度函数值接近真实动物计数结果，估计过程可以认为是渐近无偏估计。丰度估计使用了描述检测过程的检测函数形式。

9.4 随机移动动物的回声定位嘀嗒声距离分布

接下来考虑如下场景：一头鲸类动物在搜寻区域中的随机位置进入觅食状态的声音活跃期。在觅食的过程中，动物以恒定的 1.5m/s 的速度，围绕任意方向随机移动，以每秒 2 个嘀嗒声(与柯氏喙鲸的情况近似)的速度发出了 3600 个嘀嗒声。本节主要研究单个嘀嗒声的距离分布。

图 9.6 表明了模拟仿真结果，忽略边界效应的情况下，在 5000m 以内的范围，当发出嘀嗒声信号时，动物位置的概率密度函数随观察者的距离呈线性增加。

假设一次仅仿真一个动物，实验中动物开始位置和移动方向都是随机的，重复 10000 次。对于某一开始位置及移动方向均未知的动物，图 9.6 中展示的嘀嗒声数量给出了预期的嘀嗒声次数，开始位置和运动方向均未知的动物的嘀嗒声次数是距离的函数。

从单点调查方法中得知，鲸类可能位置的数量按照如下方程发生变化：

$$w_{ri}\left(r\right)=\begin{cases}\dfrac{2r}{R_{\max}^2}, & r<R_{\max}\\ 0, & \text{其他}\end{cases} \tag{9.15}$$

嘀嗒声的数量按照如下方程发生变化：

$$n_{cl}\left(r\right)=N_{cl}w_{ri}\left(r\right)=\frac{2r}{R_{\max}^2}N_{cl}, \quad r<R_{\max} \tag{9.16}$$

如图 9.6 所示，虚线描述的是方程(9.16)中给出的函数关系。对于该特定仿真，嘀嗒声的总数量 N_{cl} 设定为 3600 次。

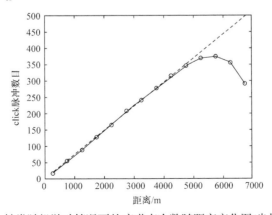

图 9.6 鲸类随机游动情况下的嘀嗒声次数随距离变化图(步长 500m)

　　该例子表明，在动物的移动不受观察者影响的情况下，假如回声定位脉冲的开始位置均匀分布于研究区域内，那么每一嘀嗒声的位置也均匀分布于研究区域内。可以用仿真来验证它们之间的关系。

生成图 9.6 的 MATLAB 代码

```
%Scr9_5
%
Rmax=7000;
%
vo=1.5; %速度[m/s]
nsim=3600; %每次下潜产生嘀嗒声的次数
%
clear Ho %注释跳过仿真
%
%航向分布
dg=0.01;
gam=-pi:dg:pi;
k=5;
wg=1/(2*pi*besseli(0,k))*exp(k*cos(gam));
cwg=cumsum(wg)*dg;
%
nrep=10000;
dx=500;
hx=0:dx:Rmax;
%
if ~exist('Ho','var')
    Ho=zeros(length(hx),nrep);
    Hi=zeros(length(hx),nrep);
    tic
    rand('state',1)
    for ii=1:nrep
        %仿真初始跟踪位置
        %随机位于圆内
        ro=inf;
        while ro>Rmax
```

```
            rdo=rand(1,2);
            xo=2*Rmax*(rdo(1,1)-0.5);
            yo=2*Rmax*(rdo(1,2)-0.5);
            ro=sqrt(xo^2+yo^2);
        end
%仿真初始方向
gamo=2*pi*rand(1,1);
%

%仿真动物轨迹
ncl=rand(nsim,2);

%仿真动物轨迹
arg=ncl(:,1);
icwg=cwg>0.0001 & cwg<0.9999;
args=gamo+interp1(cwg(icwg),gam(icwg),arg,…
'lin','extrap');
%
%假设在 2 个嘀嗒声之间速度恒定
dro=vo*0.5;
dxa=dro*cos(args);
dya=dro*sin(args);
xx=xo+[0;cumsum(dxa)];
yy=yo+[0;cumsum(dya)];
rr=sqrt(xx.^2+yy.^2);
%
%保留所有动物的距离分布
hy=histc(rr,hx);
Ho(:,ii)=hy(:);
    end
    toc
end
%
hyo=mean(Ho,2);
hxx=hx(1:end-1)+dx/2;
%
```

```
Nnorm=2*dx*nsim/Rmax^2;
%
figure(1)
plot(hxx,hyo(1:end-1),'ko-')
line(hxx, hxx*Nnorm,'color','k','linestyle',...
        '-','linewidth',2)
xlabel('距离/m')
ylabel('click 脉冲数目')
```

为检测随机移动的动物产生的回声定位嘀嗒声信号,可以按照方程(9.15)给出的概率密度函数,给出随机数列,并针对每一距离结果来判定是否发生了检测。

说明

式(9.15)及式(7.24)中的概率密度函数仅适用于水听器所在深度和动物所在深度相同情况下的被动声学监测系统中。事实上,在图 9.6 的仿真中,并未使用任何垂向分离。引入垂向分离会改变近距离下的概率密度函数,距离范围会存在一定限制,最小距离为水听器位置与动物觅食时所在位置之间的垂直距离。

在本次仿真中,没有考虑单个回声定位嘀嗒声的离轴角。当且仅当发出的声音在各个方向为同等概率的条件下,或者说,当离轴角的统计数据并不取决于动物所处距离时,结果才是有用的。鲸类不仅在水平方向,还会在垂直方向搜寻食物,换句话说,鲸类的节距角分布是宽泛的,并非限定于水平方向。

在之前的仿真中,利用已知的或假设的概率密度函数,生成了一个随机变量。概率密度分布为循环正态分布。随机变量如下文所示生成。

考虑一个由概率密度函数 $f(x)$ 定义的随机变量。累积密度函数 $F(y)$ 表示为

$$F(y) = \int_0^y f(x)\mathrm{d}x \tag{9.17}$$

根据定义,方程中累积密度函数范围为 0～1。

从正态分布 $U(0,1)$ 中得到一个变量 y,则

$$x = F^{-1}(y) \tag{9.18}$$

为用概率密度函数分布 $f(x)$ 映射的一个新随机变量。

图 9.7 显示了利用方程(8.38)给出的概率密度函数($k = 5, u = 1$)做随机朝向操作的结果。

图 9.7(a)显示的是累积密度函数 $F(y)$,表明随机值 $y = 0.8$ 对应产生的随机航向值为 22.2°。图 9.7(b)把模拟航向的直方图值显示为星型线。模拟航向的直方图值与原始概率密度函数(循环正态分布)完美一致。

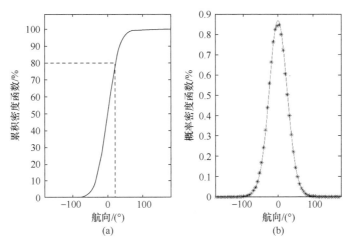

图 9.7 基于概率密度函数模型模拟随机变量

生成图 9.7 的 MATLAB 代码

```
%Scr9_6
%
%航向分布
dg=0.01;
gam=-pi:dg:pi;
k=5;
wg=1/(2*pi*besseli(0,k))*exp(k*cos(gam));
%估计累积密度函数
cwg=cumsum(wg)*dg;
%
%仿真随机航向
rand('state',1)
nsim=1000000;
arg=rand(nsim,1);
%
[i1,i2,i3]=unique(cwg);
gamx=gam(i3);
cwgx=cwg(i3);
head=interp1(cwgx,gamx,arg,'lin','extrap');
%
%获得模拟航向的直方图(PDF)
```

```
hx=gam;
hy=histc(head,hx); hy=hy/sum(hy);

isi=0.8;
isl=find(cwg>=isi,1,'first');

figure(1)
set(gcf,'position',[300 400 700 420])
subplot(121)
plot(gam*180/pi,cwg*100,'k')
line([-180 gam(isl) gam(isl)]*180/pi,...
    isi*[1 1 0]*100,'color','k','linestyle','--')
xlim([-180 180])
ylim([0 109])
xlabel('航向/(°)')
ylabel('累积密度函数/%')
box on

subplot(122)
%bar(hx*180/pi,hy*100,'facecolor','w',' edgecolor',
    'k','barwidth',1);
plot(hx(1:10:end)*180/pi,hy(1:10:end)*100,'k*');
line(gam*180/pi,wg*dg*100,'color','k')
set(gca,'yaxislocation','right')
xlim([-180 180])
xlabel('航向/(°)')
ylabel('概率密度函数/%')
box on
```

MATLAB 代码解释

在给出概率密度函数 wg(gam)的前提条件下，累积密度函数 cwg(gam)在 MATLAB 中可以简单描述为执行累积求和操作：

```
cwg=cumsum(wg)*dg;
```

累积密度函数的反演与生成随机朝向值是通过以下代码实现的：

```
head=interp1(cwgx,gamx,arg,'lin','extrap');
```

其中，arg 为正态分布随机值，只要 cwgx(interp1 中的第一个参数)为单调增加或单调减小的函数，该方法就是可行的。由于舍入条件的影响，累积密度函数可有多个相等值，仿真时仅在唯一的累积密度函数值上执行反演。

9.5 检测函数的随机仿真

在以下内容中，通过仿真一头处于声音活跃期的深潜鲸类动物(该动物假设为喙鲸，回声定位脉冲信号的频率在 40kHz)的随机移动，可以得到相应的检测函数。

9.5.1 距离和离轴联合概率分布

如前文所述，回声定位嘀嗒声的检测不仅取决于鲸类动物和水听器之间的垂向分离距离，还和离轴角有关，即嘀嗒声的波束主轴和鲸类-水听器之间连线所形成的夹角。

作为一个有两个变量(距离和离轴角)的函数，如图 9.8 所示，联合概率密度函数结果可以通过一个三维平面进行表示。为生成这一图形，对用于生成图 9.6 的代码进行了扩展(即考虑鲸类和传感器之间 500m 的垂直距离，然后累计生成一个二维直方图)。每次产生的嘀嗒声数量依然假设为 3600 个，但是重复性检测实验的数量增加到 100000 次，从而使仿真产生一个合理平滑的二维直方图。此外，距离范围从 500m 减小到 10m，目的是更好地覆盖短距离。离轴角的组距选择为 1°。

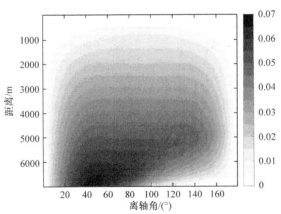

图 9.8 与距离和离轴角相关的平均嘀嗒声计数图

所有离轴角的边际之和产生预期的嘀嗒声计数是距离的函数(与图 10.6 类似，现在是 10m 的距离范围)

图 9.8 展示了两个特定的特征。由于受到水听器的深度与动物觅食深度的影响，500m 以下的距离范围内无嘀嗒声信号；对于超过 5000m 的范围，可以注意

到, 对于较大的离轴角, 仅存在少量的嘀嗒声; 对于距离接近 7000m 的极限情况, 离轴角大于 90°的情况是不存在的, 这也是仿真所不能实现的方面。这是由于处于研究区域边缘的鲸类仅仅在当其朝观察者移动时(离轴角小于 90°)可以被检测到, 鲸类一旦离开(离轴角大于 90°)就会超出研究区域。

9.5.2 检测函数

图 9.8 显示的是随距离 r 增加, 嘀嗒声分布情况随离轴角变化。因此可以用该分布来获取一个仿真的检测函数。将方程(8.24)进一步改为

$$
\begin{aligned}
g(r) = & \int_{DL_{max}}^{\infty} w_{SL}\left(u + F_0 + TL(r)\right) du \\
& + \int_0^{DL_{max}} w_{SL}\left(u + F_0 + TL(r)\right)\left(\frac{1}{w_{cl}(r)}\int_0^{DL^{-1}(u)} w_{OA}(\vartheta, r)d\vartheta\right)du
\end{aligned} \tag{9.19}
$$

并用图 9.8 中的模拟概率密度函数取代 $w_{OA}(\vartheta, r)$, $w_{cl}(r)$ 是作为距离函数的嘀嗒声密度, 可以写为

$$
w_{cl}(r) = \int_0^{\pi} w_{OA}(\vartheta, r)d\vartheta \tag{9.20}
$$

就像方程(8.28)一样, 该方程的第一个积分仅取决于声源级分布, 而非离轴角。第二个积分, 距离相关离轴概率密度函数需按照临界角度 $DL^{-1}(u)$ 进行积分处理, 其结果具有距离相关性。

利用图 9.8 的数据, 可对所有距离执行积分操作(见方程(9.20)), 而不必进一步了解声源级和传输损失。该积分变换可将图 9.8 中的二维概率密度函数转换成一个距离相关微分累积密度函数, 其中对所有离轴角的积分会得到一个仅与距离相关的边缘概率密度函数, 用于计算在距离 r 下的嘀嗒声相对数量。该检测函数是在嘀嗒声存在前提下的条件检测概率, 需要用距离相关嘀嗒声计数(方程(9.20))来纠正图 9.8 中的二维概率密度函数。应该注意的是, 方程(9.16)中给出的嘀嗒声计数不适合在这里使用, 因为两种情况下的地理位置是不同的: 图 9.6 和方程(9.16)假设声源和接收者处于同一深度, 而对于图 9.8, 是在假设接收者的深度与鲸类所在深度不同的情况下得出的。

为了继续估计检测函数, 假设声源级按照方程(8.29)的正态分布, 声源级标准差 $\sigma_{SL} = 5dB$, 离轴衰减在方程(8.14)中给出, 传播损失是由球面波拓展产生的。

图 9.9 展示的检测函数与图 8.1 和图 8.2 中所示的理论检测函数相类似。唯一不同的是第二部分积分值, 在图 9.9 中为最大值 0.14, 而在图 8.1 中为 0.11, 表明模拟仿真的和理论的离轴分布具有细微差别。然而, 这两个曲线之间的相似性证实

了离轴分布的理论描述在检测任意回声定位嘀嗒声方面的有效性(方程(8.16))。

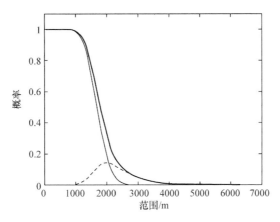

图 9.9 作为距离函数的仿真检测函数
假设声源级标准差 $\sigma_{\text{SL}} = 5\text{dB}$

两个检测函数的共同点是它们的第一部分积分(方程(8.24)或方程(9.19))不取决于实际离轴分布,是对被动声检测函数的一个非常合理的近似。

检测功能受到所实现的信号处理方法的影响,尤其是指定的用于获得检测结果的方法。到目前为止,该示例假设在一次下潜期间发出的所有嘀嗒声都是有用的。下面假设只有每次下潜过程中的近轴嘀嗒声被用来决定动物是否存在。这种方法是有意义的,因为对于距离非常远的动物,只有能量最强的嘀嗒声,即当鲸类朝向接收器时,才可能被被动声学监测系统接收到。如果整个下潜过程中能量最强的嘀嗒声都无法超过检测阈值,就无法检测到动物。幸运的是,由于觅食过程的扫描性质,一些嘀嗒声的能量明显高于其他嘀嗒声,而朝向接收器的嘀嗒声比最弱的嘀嗒声高出 30～40dB。

靠近主轴上的嘀嗒声的概率密度函数可按照 Weibull(韦布尔)分布进行建模:

$$w_{\text{OA\_L}}(\vartheta) = \frac{\eta \vartheta^{\eta-1}}{\sigma_{\text{OA\_L}}^{\eta}} \exp\left\{-\left(\frac{\vartheta}{\sigma_{\text{OA\_L}}}\right)^{\eta}\right\} \tag{9.21}$$

式中, $\sigma_{\text{OA\_L}}$ 和 η 是从数据中估计的两个参数。当形状参数 $\eta = 1$ 时,该概率密度函数会变成一个指数分布;对于 $\eta = 2$ 的情况,略微修改 $\sigma_{\text{OA\_L}}$ 概率密度函数会成为瑞利分布。

选择 Weibull 概率密度函数的原因是它可被解析积分,在 ϑ 角度以下发现嘀嗒声的概率为

$$P_{\mathrm{OA\_L}}(\vartheta) = \int_0^\vartheta w_{\mathrm{OA\_L}}(x)\,\mathrm{d}x = 1 - \exp\left\{-\left(\frac{\vartheta}{\sigma_{\mathrm{OA\_L}}}\right)^{\eta}\right\} \tag{9.22}$$

图 9.10 为针对每次潜水靠近主轴上嘀嗒声的模拟检测函数(小点)。该函数可被认为是检测单次潜水行为的检测函数。如图 9.9 所示，同一图将所有嘀嗒声的检测函数显示为一条虚线。实线是基于离轴分布的建模，针对的是在轴上随机分布的嘀嗒声，和仿真的检测函数(灰点)匹配得非常好。假设两曲线的声源级标准差 $\sigma_{\mathrm{SL}} = 5\mathrm{dB}$。

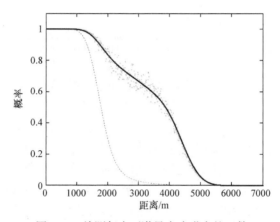

图 9.10　检测每次下潜最大嘀嗒声的函数

小点为模拟的检测函数；虚线对应图 9.9；实线是基于 $\sigma_{\mathrm{OA\_L}} = 14°$ 且 $\eta = 0.46$ 时离轴分布的建模；
两曲线的声源级标准差 $\sigma_{\mathrm{OA\_L}} = 5\mathrm{dB}$

如图 9.10 所示，针对参数 $\sigma_{\mathrm{OA\_L}} = 14°$、$\eta = 0.46$，可以得到匹配仿真数据的合理 Weibull 模型。Zimmer 等(2008)还仿真了最大能量嘀嗒声的检测概率，但其所使用的模型不同于现有的模型(主要是没有考虑声源级统计数据)。其结果是，检测函数在大距离范围出现了非常明显的截止现象。这是图 9.10 不曾出现的特征，主要是由于图 9.10 明确地考虑了声源级的统计数据。

图 9.10 比较了两个检测函数，其中一个(虚线)从图 9.9 中复制得到，描述的是检测到所有喙鲸嘀嗒声的概率。对于将近 2000m 的距离范围，发出嘀嗒声中有一半被检出。另一个检测函数(图 9.10 中的粗线部分)也给出了检测喙鲸的概率，仅仅需要一些靠近声轴的嘀嗒声即可检测到某一回声定位喙鲸。该曲线表明对于 4000m 的距离范围，一半的喙鲸都是可被检出的。这两个检测函数的不同反映了这一事实，即检测回声定位鲸类的存在与否要比检测该动物发出的所有嘀嗒声简单。

生成图 9.10 的 MATLAB 代码

```
%Scr9_8
%
Rmax=7000;
%
vo=1.5; %速度(m/s)
nsim=3600; %每次下潜产生嘀嗒声的个数
%
%航向分布
dg=0.01;
gam=-pi:dg:pi;
k=5;
wg=1/(2*pi*besseli(0,k))*exp(k*cos(gam));
cwg=cumsum(wg)*dg;
icwg=cwg>0.0001 & cwg<0.9999;
%
%俯仰分布
bet=-pi/2:dg:pi/2;
k=5;
wb=1/(2*pi*besseli(0,k))*exp(k*cos(bet));
cwb=cumsum(wb)*dg;
icwb=cwb>0.0001 & cwb<0.9999;
%
%仿真次数
nrep=100000;
%
%用来画直方图
dx=10;
hx=0:dx:Rmax;
do=0.1;
ho=(0:do:180)/180*pi;
%
%离轴衰减
C1=47;
```

```
C2=0.218*17.8;
DL=@(x) C1*C2^2*x.^2./(1+C2*x+C2^2*x.^2);
%
DL_max=C1*C2^2/(1+C2+C2^2);
%
%传播损失
TL=@(x)20*log10(x)+9.5*x/1000;
%
if 0
    dcl=zeros(nrep,2);
    Ho=zeros(length(hx),length(ho));
    tic
    rand('state',1)
    for ii=1:nrep
        if mod(ii,100)==0, ii, end
        %仿真初始跟踪位置
        %随机位于圆内
        ro=inf;
        while ro>Rmax
            rdo=rand(1,2);
            xo=2*Rmax*(rdo(1,1)-0.5);
            yo=2*Rmax*(rdo(1,2)-0.5);
            zo=500;
            ro=sqrt(xo^2+yo^2+zo^2);
        end
        %仿真初始方向
        gamo=2*pi*rand(1,1);
        %
        %仿真动物轨迹
        ncl=rand(nsim,2);

        %仿真动物轨迹
        arg=ncl(:,1);
        head=gamo+interp1(cwg(icwg),gam(icwg),arg,'lin',
            'extrap');
```

```
%
arg=ncl(:,2);
pitch=interp1(cwb(icwb),bet(icwb),arg,'lin',
    'extrap');
%
```

%假设相邻嘀嗒声之间的速度恒定为 2 个嘀嗒声每秒

```
dro=vo*0.5;
dxa=dro*cos(head).*cos(pitch);
dya=dro*sin(head).*cos(pitch);
dza=dro*sin(pitch);
```

%估计轨迹和距离

```
xx=xo+[0;cumsum(dxa)];
yy=yo+[0;cumsum(dya)];
zz=zo+[0;0*cumsum(dza)];  %保持相同深度
rr=sqrt(xx.^2+yy.^2+zz.^2);
TLr=TL(rr(2:end));
%
```

%离轴

```
oa1=[xx(2:end),yy(2:end),zz(2:end)];
oa2=[dxa,dya,dza];
oa=acos(sum(oa1.*oa2,2)./(dro*rr(2:end)));
```

%累积范围离轴直方图

```
hy=hist3([rr(2:end),oa],'edges',[hx,ho]);
Ho=Ho+hy;
%
DLr=DL(abs(sin(min(oa,pi/2))));
%
[a,ia]=min(TLr+DLr);  %每次下潜仅选择一次 ping
dcl(ii,:)=[rr(ia), oa(ia)];
%
end
toc
save('Scr9_8dat','dcl','Ho','hx','ho','nsim',
```

```
        'nrep')
        return
else
        load('Scr9_8dat');
end
%
%全部嘀嗒声
%Ho=Ho/nrep;  %取平均
%部分累积分布函数
CHo=cumsum(Ho,2);
%
%最响亮的嘀嗒声
Hol=hist3(dcl,'edges',{hx,ho});
%部分累积分布函数
CHol=cumsum(Hol,2);
%嘀嗒声个数作为距离的函数
wcl=CHol(:,end);
%
%绘制表面图
hxx=hx(1:end-1)+dx/2;
hox=ho(1:end-1)+do/2/180*pi;

if 0
figure(1)
imagesc(hox*180/pi,hxx,Ho)
xlabel('离轴角/(°)')
ylabel('距离/m')
colorbar
%colormap(1-gray(7*2))%, caxis(0.07*[0 1])

figure(2)
imagesc(hox*180/pi,hxx,CHo)
xlabel('离轴角/(°)')
ylabel('距离/m')
colorbar
```

```
colormap(1-gray(8*2))%, caxis(8*[0 1])
end
```

% 检测函数估计
% 定义品质因数

```
FOM=116;
%
```

%高斯 SL 加权

```
sig=5;
Wx=@(x,xo) 1/(sqrt(2*pi)*sig)*exp(-1/2*((x-xo)/ sig).^2);
```

%传播损失

```
rTL=max(1,hx(:));
TLr=20*log10(rTL)+9.5*rTL/1000;
```

%需要积分

```
dx=0.1;
x=0:dx:(FOM+DL_max+4*sig); %假设(FOM+DL_max+4*sig)无限长
%
warning off MATLAB:divideByZero %关闭下一行中的警告
th=asin(1/(2*C2)*(x./(x-C1)).*real(-sqrt(1-4*(  (x-C1)./x))
    -1)));
warning on all %重新激活警告
%
th(1)=0; %改正 NaN
th(x>=DL_max)=pi; % for x>=DL_max
```

```
%
```

%选择集成支持

```
u2=x(x<DL_max);
u3=x(x>=DL_max);
th2=th(x<DL_max);
```

```
gr0=0*TLr;
gr1=0*TLr;
```

```
gr2=0*TLr;
gr3=0*TLr;

wth1=0.5*(1-cos(th2));
%
sigth=14/180*pi;
eta=0.46;
woa2 = @(x,sigth,eta) (1-exp(-(x/sigth).^eta));
wth2=woa2(th2,sigth,eta);

%
for ii=1:length(TLr)
    W2=Wx(u2+TLr(ii),FOM);
    W3=Wx(u3+TLr(ii),FOM);
    %
    gr0(ii)=sum(W3)*dx;
    %
    gr1(ii)=sum(W2.*wth1)*dx;
    %
    gr2(ii)=sum(W2.*wth2)*dx;
    %
    wclx=interp1(ho,CHol(ii,:),th2);
    gr3(ii)=sum(W2.*wclx)*dx;
end
%改正嘀嗒声的 PDF
iwcl=wcl>0;
gr3(iwcl)=gr3(iwcl)./wcl(iwcl);
    gr3(1)=gr3(2);
    eps = sum((gr2-gr3).^2)

    figure(4)
    plot(hx,gr0+gr1,'k--')
    line(hx,gr0+gr3,'color','k', 'linestyle','none',
        'marker','.','color',0.7* [1 1 1])
    line(hx,gr0+gr2,'color','k','linestyle','-',
```

```
        'linewidth',2)
ylim([0 1.1])
xlabel('距离/m')
ylabel('概率')
return
```

9.5.3 基于模型的检测函数的优点

比较图 9.10 中的两个检测函数之后,可以总结得出,检测函数不仅取决于动物的行为,还取决于被动声学监测的实施方法。一般来说,人工观测也是如此。这可能是传统上用一些经验函数来拟合检测数据,而不考虑其深层的物理模型。

被动声学监测系统中存在大量数据,利用这些数据可以降低模型的不确定性。同时,这些模型需要与数据匹配,才能够在丰度估计中发挥作用。如前文所述,依据经验检测函数即可得到纯丰度估计。如果检测函数要考虑系统的变化,那么需要引入协方差变量。

总之,可得出这样的结论:假如丰度估计是测量的唯一目的,那么经验函数(如带乘法修正的风险函数)可能是足够的,因为最终只有有效区域或平均检测范围是具有相关性的(方程(7.22))。然而,假如要通过调查来评估动物的栖息地偏好,那么被动声学监测系统相关参数应与栖息地特定协变量分开处理。

第 10 章　被动声学监测系统

本章讨论被动声学监测系统在实际应用中的一些基本原理性内容。被动声学监测系统通常由硬件和软件组成，本章首先探讨硬件相关的知识，即介绍水听器以及它在被动声学监测系统中发挥的作用。

10.1　硬　件　部　分

人类属于陆生哺乳动物，不适合感知水下声音，所以必须依靠硬件系统和技术工具来实现被动声学监测。被动声学监测系统一般由水听器、配套电子设备以及一些人机交互接口构成。

10.1.1　水听器

常规水听器的用途是将声压转换成电压，因而压电材料是制作水听器的合适材料。压电特性描述的是一些材料在被施加机械压力或外在压力改变其形状时产生电位的一种特性。同样，当施加电场后，压电材料的形状也将会被改变，发射机利用这种特性产生声音。

水听器是指能对质点振动(如位移、速度或加速度)做出响应的设备。最简单常见的水听器能对入射声波的压力直接做出响应。当然，它还可以进一步设计成能够对压力梯度或声强做出响应的设备。

目前，最常使用的换能器的压电材料是多晶陶瓷。多晶陶瓷处于原状态时，构成它的微晶体朝向随机，各向同性。通过向多晶陶瓷施加高压电场，微晶体将对齐，变为各向异性，因而产生压电效应。这一过程称为极化操作，极化方向定义为三维正交坐标系的 z 轴方向。

压电效应产生的形变一般非常微小。例如，锆钛酸铅(PZT)陶瓷作为一种广泛用于电声转换的材料，其最大形变为原始外形的 0.1%。

水听器的性能有两个量化点：第一个量化点是水听器的灵敏度，它描述了产生的电压与声压的函数关系；第二个量化点是自然谐振频率，它限制了水听器的可用带宽。

1. 接收灵敏度

水听器的接收灵敏度 M 定义为开路电压 V_{OC} 与自由场压力 P_f 之比：

$$M = \frac{V_{OC}}{P_f} \tag{10.1}$$

顾名思义，开路电压是指水听器在无任何可导致电流流动的电子电路存在的情况下产生的电压。自由场压力在这里是指水听器没有放入声场中的实际声压。假如水听器尺寸比声场的波长小，则水听器的存在对声场形成的干扰非常少，但当水听器的尺寸接近或超过 $\lambda / 2$ 时，水听器附近的声压会与自由场的声压有明显不同。水听器的开路电压本质上取决于陶瓷的形状。

取灵敏度大小的对数，得到用分贝表示的灵敏度：

$$S = 20\lg(M) \tag{10.2}$$

灵敏度被表示为×××dB/(V · μPa)，可以这样解读：假设灵敏度为–200dB/(V · μPa)，则为了让水听器产生 1V 电压，需要的声压级为 200dB/μPa。

2. 谐振频率

水听器的第二个重要参数是谐振频率。对于一个薄壁球形水听器，它的谐振模式有周向和径向两种，谐振波长与水听器的圆周周长相关。谐振频率 f_r 一般会在商业水听器的数据手册中给出。

3. 衍射效应

水听器的灵敏度只有在当水听器尺寸相对声波波长足够小时才准确，此时水听器的存在并不干扰声场。衍射效应描述了当水听器的尺寸接近或超过 $\lambda / 2$ 时，水听器对其周围声场产生的影响。通过乘以衍射常数 D 修正自由场灵敏度是一种比较方便的做法，对于球形水听器，衍射常数 D 按方程(10.3)进行合理近似：

$$D = \frac{1}{\sqrt{1 + \left(\dfrac{f}{f_r} d_c\right)^2}} \tag{10.3}$$

式中，d_c 为常量，该常量控制的是谐振下的衍射效应。

10.1.2　水听器频率响应

为获得水听器的频率响应，需要将水听器的传感器结构转换为等效电路，可以用电压源、电阻器、电感器和电容的组合来进行等效。

图 10.1 显示了仅有一个机械谐振频率的理想化水听器等效电路。R_m 是机械损失，C_m 和 L_m 分别为机械振动系统的刚度和质量，C_0 是压电元件上电极之间的电容(Burdic, 1984)。

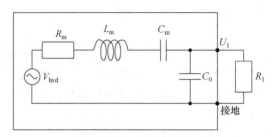

图 10.1　水听器等效电路

图 10.1 所示的电路分为两部分：第一部分包含机械参量 R_m、L_m 和 C_m，它们是串联的；另一部分包含电气元件 C_0 和 R_1，它们是并联的。各个非纯电阻部件(ZL_m、ZC_m 和 ZC_0)的阻抗按照如下方程可得

$$ZL = i\omega L \tag{10.4}$$

$$ZC = \frac{1}{i\omega C} \tag{10.5}$$

电阻 R_m 与之串联可得

$$Z_m = R_m + ZL_m + ZC_m \tag{10.6}$$

机械谐振频率与电感 L_m 和电容 C_m 的乘积有关：

$$w_r^2 = \frac{1}{L_m C_m} \tag{10.7}$$

为估计水听器在输出端的导纳，将电压源 V_{hyd} 短路，此时电容 C_0 与阻抗 Z_m 并联，有效水听器导纳 Y_H 变为

$$Y_H = \frac{1}{Z_H} = \left(\frac{1}{Z_m} + \frac{1}{ZC_0} \right) = \frac{Z_m + ZC_0}{Z_m ZC_0} \tag{10.8}$$

电导是导纳 Y_H 的实部，而电纳为导纳 Y_H 的虚部。

通过测量 C_0 后，输出电压变为

$$V_1 = \left| \frac{ZC_0}{Z_m + ZC_0} \right| V_{hyd} \tag{10.9}$$

这里将水听器的输入电压定义为

$$V_{\text{hyd}} = \gamma MD \tag{10.10}$$

式中，M 为标准灵敏度；D 为衍射常数；$\gamma \approx 1 + \dfrac{C_0}{C_{\text{m}}}$ 是用来纠正水听器灵敏度所必需的参数。

为使用该等效电路，需要得到组成项的值。然而，这些数值在大多数情况下都不容易获得，往往存在于复合项中。大多数的商业水听器都已知谐振频率附近导纳曲线和接收灵敏度曲线。利用拟合预测的方法，上述导纳图和灵敏度图就可以用来反演出等效电路中的参数。

图 10.2 展示了导纳曲线，图 10.3 显示了接收灵敏度曲线(针对泉州市海王星电子有限公司出品的 D70 水听器)。

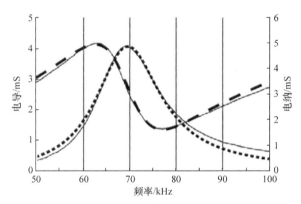

图 10.2　建模所得的水听器导纳曲线(绘制于一个已发布的 D70 商业水听器导纳图上)
短划线代表图 10.1 所示水听器模型所预测的电导情况，虚线代表图 10.1 所示水听器模型所预测的电纳情况

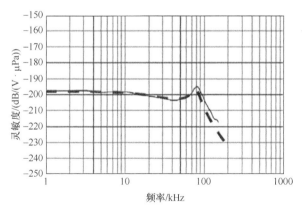

图 10.3　接收灵敏度曲线(绘制在一个已发布的 D70 商业水听器导纳图上)
短划线为图 10.1 所示水听器模型所预测的情况

以下参数是图 10.2 及图 10.3 中所示数据的合理拟合。在 MATLAB 代码中可以看到各机械参数的实际拟合结果，$R_m = 246\Omega$，$L_m = 2.3\text{mH}$，$C_m = 2.27\text{nF}$，自由场灵敏度 $M_0 = -198\ \text{dB/(V} \cdot \mu\text{Pa)}$，电容 $C_0 = 7.5\text{nF}$，衍射效应常量 $d_c = 3.5$。两组图形都有轻微不匹配现象，主要是由于建模不完善所致。

生成图 10.2 与图 10.3 的 MATLAB 代码

```
%Scr10_1
f=10.^linspace(0,5.3,10000);
%
s=2*pi*f;
Mo=-198;
%
Rm = 246;
Lm = 2.3e-3; Cm = 2.27e-9;
Co = 7.5e-9;
cd = 3.5;
%
fr=1/(2*pi*sqrt(Lm*Cm));
sfr=2*pi*fr;
%
ZLm=i*s*Lm;
ZCm=1./(i*s*Cm);
ZCo=1./(i*s*Co);
%
Zm=(Rm+ZLm+ZCm);
Zh=Zm.*ZCo./(Zm+ZCo);
%
% 衍射效应
D=1./(sqrt(1+(f/fr*cd).^2));
%
% 电导和电纳图
Yh=1000./Zh;
T1=ZCo./(Zm+ZCo);
V1=T1./abs(T1(1)).*10.^(Mo/20).*D;
```

```
%graphics
%
img=imread('../PAM_BOOK_data/D70_Admittance_n.tif');
ifx=f> 50000 & f< 100000;
xx=f(ifx)/1000; xx=xx-xx(1);
yy1=real(Yh(ifx));
yy2=imag(Yh(ifx));
uu=57+xx*(407-57)/50;
vv1=257+yy1*(56-257)/5;
vv2=257+yy2*(56-257)/6;

figure(1)
clf
%image(img)
imagesc(img(:,:,2)),caxis([96 255])
colormap(gray)
line(uu,vv1,'linewidth',3,'Color','k','linestyle',':');
line(uu,vv2,'linewidth',3,'Color','k','linestyle','—');
set(gca,'visible','off')
%
img=imread('../PAM_BOOK_data/D70_Sensitivity_n.tif');

ifx=f> 1000 & f< 200000;
xx=log10(f(ifx)/1000); xx=xx-xx(1);
yy=20*log10(abs(V1(ifx)));

uv=[86.8 325;562.5 71];
xy=[0 -250; 3 -150];

uu=uv(1,1)+(xx-xy(1,1))*(uv(2,1)-uv(1,1))/(xy(2,1)-
    xy(1,1));
vv=uv(1,2)+(yy-xy(1,2))*(uv(2,2)-uv(1,2))/(xy(2,2)-
    xy(1,2));
figure(2)
clf
```

```
%image(img)
imagesc(img(:,:,2)),caxis([96 255])
colormap(gray)
line(uu,vv,'linewidth',3,'Color','k','linestyle','-');
set(gca,'visible','off')
```

10.1.3　前置放大器

换能器所产生的电压一般非常低,需要进行放大。前置放大器是与水听器匹配的特殊电子设备,用来放大非常小的电压。目前,前置放大器的第一个有源元件是一个场效应晶体管(field effect transistor,FET),以使水听器能有效地与下一步的放大电路对接,同时将电噪声的影响降到最低。

1. 噪声影响

放大小信号同时也会放大位于前置放大器输入端的其他设备所产生的电子噪声。电子噪声是环境噪声之外的噪声,环境噪声始终存在于海洋当中。声学信号只有在其声压超过总噪声(包括环境噪声和电子噪声)声压之时,才能够被检测到。因此,有必要选择低噪声的电子元器件和电路来尽可能减小总噪声。理想情况下,电子噪声要远低于海洋环境背景噪声。

2. 热噪声

热噪声是难以避免的噪声源,因为这种噪声是热能导致自由电子在电阻材料中随机移动产生的,也称为约翰逊噪声。电阻热噪声的均方根电压可表达为

$$V_t(R) = \sqrt{4kTR\Delta f} \tag{10.11}$$

式中,k 为玻尔兹曼常量($k=1.38\times10^{-23}$ J/K);T 为热力学温度(27℃时,T=290K);R 为电阻;Δf 为测量噪声的频带宽。

3. V_n-I_n 放大器噪声模型

放大器输出端的噪声是其输入端噪声以及放大器内部产生噪声的函数。通常将内部噪声等效到输入端来对放大器噪声建模,同时也便于将它们与输入端的信号进行比对。V_n-I_n 放大器噪声模型使用两个噪声源,即一个串联电压源 e_n 和一个并联电流源 i_n。并联电流源通过电阻产生噪声。

图 10.4 显示了用于估计水听器和 FET 输入噪声的简化等效电路。水听器的

机械特性阻抗用 Z_m 表示，而电容 C_0 和负载阻抗 R_l 则构成了阻抗 Z_0。如下所述，并联电流源 i_n 通过 R_l 来产生噪声。

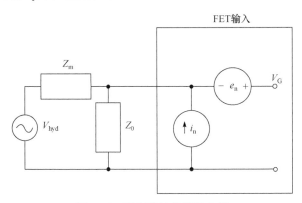

图 10.4　噪声估计的等效电路

4. 环境噪声等效电噪声

根据方程(10.10)，环境噪声级 NL 可以等效成水听器输入端电压 V_{hyd}：

$$V_{hyd} = \gamma MD10^{NL/20} \tag{10.12}$$

其在水听器输出端产生环境噪声电压 V_E：

$$V_E = \left| \frac{Z_0}{Z_m + Z_0} \right| V_{hyd} \tag{10.13}$$

这个噪声数值应被视为一个界限，即性能良好的水听器和它的前置放大电路的总噪声不应该超过这一界限。方程(10.13)表示电压 V_{hyd} 作用于 Z_0 和 Z_m 之上，Z_0 和 Z_m 起到分压器的作用，方程中电压 V_E 是指 Z_0 的分压。

5. 系统噪声

水听器的总噪声由多个组成部分构成，下面将对其进行描述。噪声影响用伏特表示。

6. 水听器热噪声

水听器的电阻 R_m 产生热噪声，表示为

$$V_H = \left| \frac{Z_0}{Z_m + Z_0} \right| V_t \left(R_m \right) \tag{10.14}$$

7. 放大器输入电阻热噪声

为估计输入电阻 R (Z_0 的一部分)的热噪声,需要将输入电压源短路,此时电容器 C_0 与水听器的机械阻抗 Z_m 并联,得到水听器阻抗 Z_H (见方程(10.8))。等效输出电压通过 Z_H 衡量,表示为

$$V_R = \left| \frac{Z_H}{Z_H + R_1} \right| V_t (R_1) \tag{10.15}$$

8. 放大器电流噪声

放大器电流噪声是电流通过电阻器 R_1 时产生的。再次将 V_{hyd} 短路,放大器电流噪声变为

$$V_R = \left| \frac{Z_H}{Z_H + R_1} \right| i_n R_1 \tag{10.16}$$

9. 总系统噪声

总系统噪声 V_{sys} 现在通过取组成部分平方之和的平方根得到

$$V_{sys} = \sqrt{e_n^2 + V_i^2 + V_R^2 + V_H^2} \tag{10.17}$$

式中, e_n 为从场效应晶体管数据表中获取的放大器电压噪声。

实例 10.1 除了前面的例子,另假设以下场效应晶体管噪声参数:

$$e_n = 0.3 \text{nV} / \sqrt{\text{Hz}}$$

$$i_n = 0.2 \text{pA} / \sqrt{\text{Hz}}$$

为方便对比,下面估计所有噪声组成部分、总系统噪声以及环境噪声。

图 10.5 显示了零级海况以及船舶交通量较少条件下的环境噪声级,在所有频率下,总系统噪声(粗实线)低于环境噪声,表明假设的场效应晶体管噪声特性属于相对合适的半导体范畴。虽然这种情况并非不可能,但是对于较高频率的噪声值,如同大多数场效应晶体管的特征噪声一样,电压值 e_n 为 $1\text{nV}/\sqrt{\text{Hz}}$ 或更高。尽管如此,本节所展示的分析过程能对具有不同噪声值的场效应晶体管的性能做出评估。

注意到最强与最弱环境噪声之比约为 2500,这符合动态范围为 68dB 宽频带的应用。因场效应晶体管输入端的 C_0-R_1 高通效应(限制了 20Hz 以下的环境噪声),会导致动态范围有一定程度的减小。

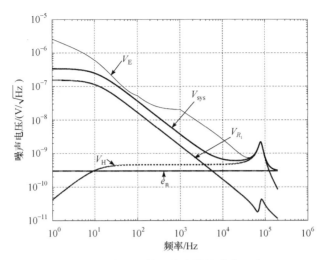

图 10.5　水听器前置放大器的噪声组成

生成图 10.5 的 MATLAB 代码

```
%Scr10_2
f=10.^linspace(0,5.3,10000);
%

s=2*pi*f;

Mo=-198;
%
Rm = 246;
Lm = 2.3e-3;  Cm = 2.27e-9;
Co = 7.5e-9;
cd = 3.5;
%
fr=1/(2*pi*sqrt(Lm*Cm));
sfr=2*pi*fr;
%
ZLm=i*s*Lm;
ZCm=1./(i*s*Cm);
ZCo=1./(i*s*Co);
%
Zm=(Rm+ZLm+ZCm);
```

```
Zh=Zm.*ZCo./(Zm+ZCo);
%
% 衍射效应
D=1./(sqrt(1+(f/fr*cd).^2));

%
R1=1.5e+6; %水听器阻抗
%R1=1.5e+4; %水听器阻抗备选值

Zo=R1*ZCo./(R1+ZCo);
%
T1=Zo./(Zo+Zm);
T2=Zh./(Zh+R1);
%
%环境噪声
fkz=f/1000;
SD=0;
w=0;
%
T=13; %温度
S=38; %盐度
z=100; %深度
c=1500; %声速
pH=7.8; %pH值
aa=FrancoisGarrison(fkz,T,S,z,c,pH);
dcorr=aa*z/1000;

NL1=17-30*log10(fkz);
NL2=44+23*log10(w+1)-17*log10(max(1,fkz));
NL3=30+10*SD-20*log10(max(0.1,fkz));
NL4=-15+20*log10(fkz);

NL3d=NL3-dcorr-10*log10(1+dcorr/8.686);
Na=10.^(NL1/10)+10.^(NL2/10)+10.^(NL3d/10)+10.^(NL4/10);
NL=10*log10(Na);
```

```
%场效应管噪声
en=0.3e-9;
in=0.2e-12;

%噪声估计
k=1.38e-23;
T=290;
vn= @(R) sqrt(4*k*T*R);
%
V_E=abs(T1).*(1+Co/Cm).*D.*10.^((Mo+NL)/20);
V_H=abs(T1).*vn(Rm);


V_R=abs(T2).*vn(R1);
V_I=abs(T2).*in*R1;
V_N=en+0*f;


V_sys=sqrt(V_N.^2+V_I.^2+V_R.^2+V_H.^2);


figure(1)
hp=plot(f,V_E,'k', f,V_sys,'k', f,V_R,'k-.', f,V_H,'k:',
        f,V_N,'k-');
set(hp(2:5),'linewidth',2)
set(gca,'xscale','log','yscale','log')
legend('V_E','V_[sys]','V_[R_1]','V_H','e_n',1)
xlabel('频率/Hz')
ylabel('噪声电压/(V/sqrt(Hz))')
grid on
set(gca,'xminorgrid','off','yminorgrid','off')
```

10.1.4　模数转换器

如同大多数物理量一样，声压也是一种模拟量，最好用一个原则上可以取到任何值的变量来描述声压。声音是一种模拟信号，水听器将声压转换成电压，进而在多个步骤中进行放大，但是，电压仍然是模拟量。实际上水听器外加一些电子放大器就是所有需要配备的记录水声的设备,许多科学家采用的就是这种方案。

模拟信号可被存储于模拟式磁带录音机上，然而现在已经很难再找到这种录音机了。目前，更为普遍的是使用计算机来充当接口设备。过去的计算机是模拟式的，而现代计算机都是数字式的。因此，有必要将来自水听器的模拟信号转换成适合后续计算机处理的数字信号形式。

1. 数字数据

数字数据通常以二进制数表示，它由一系列二进制位组成。二进制位是一个量化单位，仅仅可取两个数值，即 0 或 1。8 位可构成一个字节。位和字节在现代计算机应用中扮演着很重要的角色。内存存储是以字节(或者最好说以兆字节或十亿字节)为单位衡量的，通信速度用 Mbit/s 表示。

将模拟数据数字化，理论上是指将实数转变成离散数。具体而言，是指将实数保留成与其很接近的数值，剩下的很小的数值则不被保留。在实际生活中也经常这么处理，如将除法的结果限制在 1、2 或 3 个小数位。

2. 实数的十进制计数法

以下数字是用三种不同的计数法表示的：第一种表示法使用两位小数表示小于 1 的分数；第二种表示法将整个数字标准化，并使用了 4 个小数位，但是增加了一个用以缩放的标准化项；第三种表示法将实数部分视为整数对 100 的倍数，将数字缩放为可接受的最小十进制数。

$$314.15 = 3.1415 \times 10^2 = \frac{31415}{100} \tag{10.18}$$

可以通过浮点计数法(方程(10.18) 中的第二个计数法)或整数计数法(方程(10.18) 中的第三个计数法)来近似一个数字。其限制的仅仅是可用数字位数的不同。对于在较大范围内变动的数字，最好用浮点计数来表示，而对于相对恒定的数字，则适合整数计数。

3. 二进制计数法

一般来说，可以按照以下方程表示任一整数：

$$I = \sum_{n=0}^{N-1} d_n 10^n = \sum_{m=0}^{M-1} b_m 2^m \tag{10.19}$$

式中，d_n 为不同的小数位数；b_m 为不同的二进制位。

第一种计数方式是十进制计数法，而第二种则是计算机使用的二进制计数法。很明显，用于表示已知数的数字位数 N 比比特位数 M 要小。当所有的位都是 1 时，可以得到当前条件下的最大二进制数：

$$\sum_{m=0}^{M-1} 2^m = 2^M - 1 \tag{10.20}$$

注意到单一字节($M = 8$ 位)可以描述 256 个介于 0 到 255 之间的数字。位 b_0 称为最低有效位，而位 b_7 作为 8 位中的最后一位，称为最高有效位。

如仅考虑正值(即无符号整数)，则方程(10.19)中所示的计数方法也可采用。但是，整数也可能是负的。简单的解决方法就是引入一个固定符号位，符号位可以处于二进制计数范围的中间，或由最高有效位表示：

$$I = I_u - I_0 = \sum_{m=0}^{M-1} b_m 2^m - 2^{M-1} \tag{10.21}$$

例如，表 10.1 显示了分别由十进制和二进制表示的数字。

表 10.1　整数的十进制和二进制格式

十进制	二进制
0	00000000
1	00000001
127	01111111
−1	11111111
−128	10000000

注意此时二进制计数法仍然可以对 256 个数字进行编码，但是它们现在从 −128 到 127 不等，并且负数的最高位总是设置为 1。

二进制浮点形式比二进制整数形式略微复杂一些，它是由 IEEE 754-2008 标准所定义的，除了格式之外，该标准还描述了标准浮点运算。

4. 动态范围

模拟数字转换的结果是一个具有 M 位的二进制数。通常，标准的模数转换器(analog to digital converter，ADC)每次生成 16 位或 24 位的二进制数。对于 16 位 ADC，ADC 产生的数值在 −32768～32767 范围内，对于 24 位 ADC，ADC 产生的数值在 −8388608～8388607 范围内。当最小数取到 ±1 时，理论动态范围对应于大约 2^{15} 或 2^{23}，分别对应为 90.3dB 或 138dB。

更为实际的动态范围(DR)则被定义为满量程电压均方根与某一带宽中转换器噪声电压均方根的比值，一般按照以下方程用分贝(dB)数表示：

$$DR = 20 \times \log\left(\frac{V_{fsc}}{V_n}\right) \tag{10.22}$$

式中，V_{fsc} 为满量程电压；V_n 为噪声电压。

一般来说，ADC 的动态范围低于 ADC 输出字长给定的最大可达到值。具体而言，24 位 ADC 的实际动态范围几乎从没有超出过 120dB，表明仅有 20 个最高有效位是有意义的，其余位应被视为 ADC 引入的电噪声。

5. 数据采样

一般来说，ADC 通过对模拟信号进行采样从而进行模数转换。由定义可知，模拟信号是随时间连续变化的，例如，$t_0 < t < t_1$，而 ADC 的输出则是离散时间的 $t_n, n = 0, 1, \cdots, N-1$。

采样信号不能显示原始模拟信号的所有细节是显而易见的。作者已经在 2.4.1 节提到了奈奎斯特采样定理，该定理要求采样频率必须高于信号中最大频率的 2 倍，如有必要，必须先对数据进行低通滤波滤除所有不符合采样要求的高频分量，再进行采样。

图 10.6 展示了一个 40kHz 模拟正弦信号(灰色实线)，对该信号做了两次采样，第一次以 100kHz 频率采样(黑色实线)，第二次以 50kHz 频率进行采样(折线)。原始信号显示四个周期，以 100kHz 采样的信号也显示四个周期。与之对比，以 50kHz 采样的信号仅仅显示了一个周期，欠采样信号的最终频率称为混叠频率，混叠频率大小为 10kHz，与原始频率的大小不同。

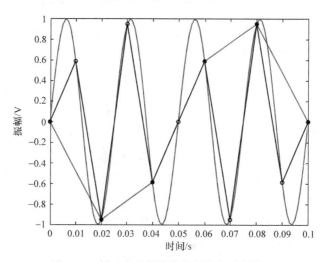

图 10.6　低于奈奎斯特临界频率的采样效果

为避免混叠，通常以这样的方式设计模拟前端：不仅要引入尽可能少的电噪声，而且要限制带宽，以便 ADC 的采样频率至少是最高频率的 2 倍。虽然 2 倍频率可避免混叠，但最好是以信号最高频率 3 倍的频率采样，目的是提高采样与模拟信号之间的相似性。

图 10.6 也可按照不同方式解释。对于 100kHz 的采样频率，0～50kHz 的信号可按照以下方程直接转换：

$$f_{out} = f_{in} \tag{10.23}$$

50～100kHz 的信号按照以下方程纳入 0～50kHz 的低频带：

$$f_{out} = f_{samp} - f_{in} \tag{10.24}$$

假设研究信号处于较高频带(50～100kHz)，且对较低频带(0～50kHz)的信号无兴趣，那么可以用 50～100kHz 的或更窄一些的带通滤波器对数据进行带通滤波，从而滤除较低频段中的所有信息，100kHz 的采样频率可让频谱不产生混叠。唯一不同的是该频谱现在是调频的，原为 100kHz 的分量，现在变为 0kHz，依此类推。

6. 均衡滤波器

除了噪声方面的考量，模拟前端的放大器也应与 ADC 的动态范围相匹配。宽带被动声学监测器应用中需要特别关注的是能同时检测到低频和高频信号。而环境噪声占据了大约 68dB 的动态范围，仅剩下 20～50dB 给需要监测的信号。而低频率范围内的较强信号将导致 ADC 饱和，使得高频信号检测难以进行，即使这些高频信号很容易被检测到。

一种方法是在放大器端通过某种方式适当地抑制环境声场的低频成分来均衡频谱。这样，就能增加用来全频带记录声信号的动态范围。如信号处理部分(4.2.1 节)所示，截止频率最高为 45kHz 的单极高通滤波器(6dB/倍程)有助于从硬件角度均衡频谱。将水听器与前置放大器相连的 RC 组合可用于实现这种单极高通滤波器。但是，图 10.5 表明，对于前置放大器，在抑制较低频率环境噪声与系统对水听器系统噪声的敏感度之间存在一个权衡，因此必须使用多个步骤仔细设计均衡方法。例如，简单地将 R_1 从 1.5MΩ 降低到 15kΩ，以将高通截止频率提高 100 倍，将导致 R_1 的热噪声超过接收到的低于 1kHz 的环境噪声。

10.1.5　非声学传感器

尽管简单的水下声音监测系统可以仅由水听器和某些电子设备组成，但实际的被动声学监测系统除了声学传感器之外还需要一些非声学传感器。根据被动声学监测系统的实际工作状态(其水听器是否处于运动或静止状态)，这些非声学传感器的信号采样频率可能会很低，甚至低于 10Hz。

1. 深度传感器

深度传感器是仅次于水听器的一个最为重要的传感器。测量水听器的深度有助于更好地认识水下的声音，特别是存在声音多路径抵达的情况时(6.3 节)，掌握水听器的深度有助于估计鲸豚动物的声学活跃范围和深度。

2. 电子罗盘

一个水听器阵列需要方位传感器来确定阵列的实际方位。电子罗盘是标准配备，但在操作过程中应格外小心。在布置之前，应定期对电子罗盘进行消磁，而且在电子罗盘的附近，不适合使用铁质材料，以避免受到地球局部磁场的干扰。

3. 倾角传感器

电子罗盘并非被动声学监测应用中唯一可用的方向传感器。在水听器阵列垂直布放的情况下，如当有垂直阵列甚至是体积阵列时，则需要一个可以衡量阵列倾斜度的传感器。这可以用加速度计来完成，该加速度计测量传感器相对于地球重力的方向。倾角传感器和电子罗盘通常集成在一个数字罗盘中，从而可以估算阵列的俯仰角、横滚角和航向角。

4. 温度传感器

深度传感器、电子罗盘以及倾角传感器是估算声活跃鲸类和海豚的距离及深度的重要工具。虽然增加一个温度传感器对这项工作来说并非必需，但其对于环境条件的监测是十分有用的。如前所述，声音的传播很容易受到水温变化的影响。正因如此，被动声学监测系统不仅需要方向传感器和深度传感器，还需要一个温度传感器。

10.2　软件部分

使用计算机搜集并处理水声信号，意味着要借助软件进行研究。被动声学监测软件的发展刚刚起步，当前的开发工作主要由该领域的研究者在实际应用中的特定需求所决定，因此基于不同硬件开发平台和计算机语言会有不同的方法。计算机的最新发展和处理能力的显著提高使被动声学监测软件能成为一个独立的模块。当然，在一开始编程时，使软件(尤其是作为开源软件开发)能适应使用者特定需求，比最后重新对整个软件进行编程更为明智。

所有被动声学监测系统都是基于同样的理论概念。实际的实现方式会有所不同，主要是开发者可能会编写一些基于不同常规系统中的快捷方式造成的。

其中一个重要因素是用于编写被动声学监测代码的计算机语言不一样。早期，生物声学程序是用机器语言编写的，而现在则有更多的选择。最终，使用哪种机器语言的关键因素在于开发者更习惯哪种编程语言。小型的被动声学监测系统可用任何语言编程，甚至是使用 MATLAB，MATLAB 软件在信号处理领域很高效，但是对于模块化编程来说对使用者不太友好。大型模块化的程序最好用适合开发大型系统的语言进行编程。

10.2.1 数据采集模块

目前，大多数的软件都基于模块化设计和开发。对于被动声学监测系统，数据采集模块起核心作用，它是唯一具有严格时间限制的模块，因为它必须保证ADC 转换的所有数据都可以被计算机获取并提供给其他被动声学监测模块。

数据采集模块的程序应尽可能高效，从而能够保证所有声学数据加载到内存中，并允许计算机进行分析处理。并行处理是实现满足需求的数据采集模块的关键。大多数的数据采集硬件，不管是模拟声卡还是数字接口，都具有直接内存访问(direct memory access，DMA)功能，可将输入数据不经中央处理器(central processing unit，CPU)的处理，直接转移到内存中。或者说，计算机多处理器(多CPU)或多台联网计算机的存在，可让一个 CPU 或一台计算机，专注于数据采集。

通常，数据采集模块都将专注于将输入数据传输到内存中，而不对数据进行处理，以最大限度地减少对数据采集模块不可预见的冲突。理想情况下，数据采集模块会向被动声学监测控制模块发送信息，表明可以处理预定量的数据，并且仅从被动声学监测控制模块接收告知数据采集开始与停止的消息。

数据采集模块的关键是存在多个数据缓冲区，目的是允许同时采集及处理。使用两个数据缓冲区，其中一个称为"ping"，另外一个称为"pong"，这样在处理"pong"缓冲中的数据时，采集模块可以往"ping"缓冲中"注入"数据。在"注满"一个缓冲后，采集模块向被动声学监测控制器发出信号，告知其缓冲可用，并向另一个替补缓冲中继续"注入"数据。处理模块和所有其他模块仅仅允许访问未被采集模块使用的缓冲。为保持功能的实时可用性，所有读取"采集缓冲"的模块必须在采集模块需要对该缓冲进行写入操作之前完成处理。在任一时间内，采集缓冲必须始终处于单独使用中，要么是被采集模块使用，要么是被处理模块使用，不能被两者同时使用。

要使用两个"采集缓存"，则要求"使用者"处理数据的速度始终比"产生者""注"满缓冲的速度要快。通用计算机可能无法保证这点，这是因为那些与被动声学监测软件无关的活动可能会不时地严重延迟数据的处理。为克服这一时延问题，双缓冲概念被扩展到多循环缓冲系统。采集模块将缓冲区一个接一个装满，然后向被动声学监测控制模块发送信号，告知它已装满哪个缓冲区，并且实际上正在写入哪个缓冲区。

　　理想条件下，数据采集模块与被动声学监测软件的余下部分并行运行，因此模块间的通信非常重要。有两种类型的信息和被动声学监测系统的功能十分相关：第一类信息是采集模块正在写入缓冲的识别信息，以防止其他被动声学监测的模块访问；另一类信息则指对于采集模块来说特定的数据，但是与其他被动声学监测模块也是相关的，如获取的时间戳或实际获得的样本数量。这一附加信息可作为输入数据的数据头或当作消息放入消息列表中。

10.2.2　数据存储模块

　　数据采集模块直接采集数据，因此是任何被动声学监测系统的核心。而数据存储模块确保数据在内存中不会丢失以及被动声学监测系统结束工作后做进一步的数据分析。数据存储的质量和数量随被动声学监测活动的类型和目的以及被动声学监测系统的性能而变化。

　　最简单的被动声学监测系统可以存档所有的原始输入数据。这样的系统可以完全自主独立的运行，并且不用实时对信号进行处理和显示。信号检测和数据分析则将在取回这一自主被动声学监测系统后的第二阶段完成。这一方法虽易于实现，但在可用存储能力方面也显现出其局限性。然而，随着存储器容量的不断增长，可以对原始输入数据进行越来越多的存储。

　　所需存储器的存储容量主要取决于水听器的容量、采样频率以及 ADC 的字长。4 个采样频率为 192kHz 且具有 24 位 ADC 分辨率的水听器，能产生 2.3Mbit/s 的连续数据流，每天则需要有 200GB 的存储器。连续为期一个月的被动声学监测活动则要求总共 6TB 的存储能力。目前，实现该指标并不困难，但对于要求低能耗长续航的自主系统，这依旧是个挑战。

　　以前，数据是存储在磁带及其他磁性媒介上的。最近几年，硬盘充当了存储数据的角色。它允许随机存取，因而比磁带更容易读取存储数据。但是，传统硬盘对工作环境要求较高：它们对振动敏感，需要细致保存。固态硬盘是个很好的选择，因为它不存在可拆卸的部件，但是固态硬盘缺少传统硬盘所具有的巨大容量。

　　数据存储模块不仅需要处理来自数据采集模块的数据，还要处理来自信息处理模块的数据。因此，要存储的数据和处理后的数据可采用与数据采集模块类似的方式进行缓存。这可以弥补因硬盘暂时不可用造成的不便。

　　在对数据存储模块进行编程时，应该实现重放功能，这样能在后期处理时快速访问已存储的数据。将数据源从采集模式切换到重放模式不仅属于软件开发过程中的一项便利功能，而且还有助于对被动声学监测系统进行结果分析和性能评估。

10.2.3　信号处理模块

虽然一些应用并不要求做复杂的信号处理，但如本书第 2 章所述，目前所有的被动声学监测系统均要求能完成一些复杂的信号处理工作，可以根据所使用的算法对信号处理方法进行划分。例如，频谱估计这种用途非常普遍的算法，基本包含在所有声学软件包中。而一些针对性更强的算法，如嘀嗒声检测器或哨声检测器，则更适合鲸类研究。一些特定的技术，如定位及追踪算法专用于特定要求的被动声学监测，同时还要求特定的硬件支持。

所有信号处理模块的共同点是它们可将一个数据集从一种形式转变为另外一种形式。通过正确设计的接口，可以将不同的信号处理模块连接在一起来执行不同的任务。这种串行操作模式在计算机系统中很常见，但有着严格的线性要求。例如，以串行方式实施完整的检测、分类、定位和跟踪算法，则不允许使用多路径进行检测或分类，因为此信息属于定位模块，因此仅在检测或分类后可用。

总之，信号处理模块的编程方式不能阻碍被动声学监测操作，应在被分配的时间段内执行信号处理。这基本等同于所有软件模块必须具备足够的错误处理能力以便及时避免不希望的情况出现。例如，如果嘀嗒声检测器的检测阈值太低，产生太多的错误警报，分类器或跟踪器的处理时间将超出分配的处理时间，那么跳过此数据集或调整检测阈值可能能更好地及时分类或追踪。因此，分类模块必须处理错误情况(超时运行)，并向被动声学监测控制器发送信号以处理丢失的分类结果，并在必要时增加检测阈值。

同时使用多个 CPU 进行信号处理非常有用，特别是当需要同步不同的活动或过程时，一个过程要等待另一并行过程产生的相关数据变得可用。在大型计算机的并行处理过程中，进程间沟通始终是十分重要的，而且对于现在在多核计算机上运行的被动声学监测软件，过程间沟通也是非常值得关注的。

显而易见，在被动声学监测系统中实施复杂的信号处理算法要求非常苛刻，并且大多数现有的被动声学监测软件运作都倾向于服务特定开发人员的应用或研究偏向。随着越来越多的软件出现，需要对信号处理技术做规划性整合。

10.2.4　显示模块

显示既是一门艺术，也是以用户为本的被动声学监测软件成功的关键，它需要呈现被动声学监测结果的图像，只有满足操作人员的需求，被动声学监测系统才是可用的。总体来说，界面要直观，并且能显示出被动声学监测研究者所需要的信息。然而，需要显示的信息取决于信号处理模块的功能、复杂度以及在被动声学监测处理过程中与操作者之间的交互。

大多数的被动声学监测显示模块具有一个或多个水听器的频谱显示，有两种显示模式：一种是时间轴始终位于屏幕的同一位置，并根据时间轴的方向水平或垂直滚动历史记录；另一种是所有数据显示在屏幕的固定位置，最新的数据始终覆盖屏幕上旧的数据。经验说明假如操作者需要仔细查看频谱特征，则最好固定频谱图的位置，更新最新的信息。此外，滚动频谱要求相当高的更新率，以避免整个频谱图产生延迟。

虽然显示模块通常输出信号处理模块的结果，但某些功能仍需要操作员参与。台式计算机共有两种输入模式：使用鼠标指针输入和通过键盘输入。与所有人机界面一样，显示模块应该具备一定的人机交互的灵活性，同时尽量避免混乱。从这个角度上讲，遵循成功商业软件的人机界面理念，使用相似的菜单设置、按键和鼠标操作是很有意义的。

成功的界面为最重要的图形窗口提供最大的空间，而不常用的信息则交给辅助界面，辅助界面通常是隐藏的，只有需要时才显示。尽管如此，被动声学监测系统界面不同于一般声学分析软件，只要数据持续采集，就存在重要事件被错过的风险，因此就不允许操作者用辅助图形完全隐藏被动声学监测的显示。假如尝试在频谱图上检测罕见的喙鲸叫声，然后用一张地图或地理信息系统界面遮盖频谱图界面，这种情况下，仅仅观察当前位置是无法实现想要的监测的。一个简单解决方法是给一台计算机配备多个屏幕以满足复杂被动声学监测软件显示空间的需求。

10.2.5　监测模块

尽管处理声音数据并显示信号处理模块的结果是被动声学监测系统的主要任务，但是监测模块通过将声音采集系统与目标(鲸类和海豚的监测)相关联，增加了一个额外的信息。因此，会很自然地想到为基本采集、处理和显示系统添加一个解决监测目标需要的特殊模块。监测是指对鲸类动物的定位和追踪，即为已检测动物分配时间-空间属性。

处理监测环节工作的一个简便方式就是使用一个通用的数据层，这既满足了监测要求，同时对于被动声学监测系统来说也切实可行。实现该方法的一种方案就是给被动声学监测观测值做地理参照，使之适合用于标准地理信息系统。除了数据的处理，地理参照还要求获取被动声学监测系统的位置。所采用的方法是使用全球定位系统判定被动声学监测系统的位置，同时使用不同的定位技巧(第6章所示)去判定研究物种的绝对位置。该方法类似于在目视监测中所运用的监测方法。唯一不同的是，并非所有被动声学监测模块均有能力去判定处于声活跃期的动物的绝对位置，这使得利用被动声学监测信息监测鲸类这一问题变得困难。

作为最低要求，被动声学监测系统应提供操作员手动记录声音事件的功能。信号处理模块可通过执行例行计算(可以是按需的，也可以是自动的)，为该任务提供支持。在这种情况下，需要较小的地理显示屏，该显示屏自动显示可能的位置，从而使操作员做出最合理的判断。

在被动声学监测应用中，检测函数扮演了一个非常重要的角色。因此，对于改进被动声学监测系统，收集和呈现环境数据及可视化声传播条件是非常有用的。因此，一个简单易用的传播模型和环境参数的相关数据库应是被动声学监测系统的一部分。

最后，目前最先进的被动声学学监测系统仍然需要操作员的参与。然而，被动声学监测系统总体开发目标是不断发展不同的信号处理组件，使之不仅能够提供稳健的检测、分类、定位及追踪功能，还能提供可靠的监测能力。只有在最小化操作员干预的情况下，自主被动声学监测系统才能成为最先进的技术。目前，这种不需要操作者的系统依旧是大多数被动声学监测开发的目标。

10.2.6　被动声学监测控制模块

被动声学监测控制模块是整个被动声学监测的主干，控制模块一般是一个高效编码的任务控制器，确保整体系统能够平稳运行，并正确评估和处理错误情况。控制模块进一步处理所有进程间通信，而且应该是启动、停止不同被动声学监测模块的唯一接口。如果可选，控制模块的实行可使用现有操作系统的功能。

10.3　被动声学监测系统实现

被动声学监测可以在不同复杂程度的系统中执行，系统的设计要根据操作者的情况进行调整，当然，系统也可设计成完全自主运行。

10.3.1　吊放水听器

最为简单的被动声学监测系统是一个单一的水听器，可将其从船上吊放到水中，从而去监听鲸类及海豚的声音。该领域的科学家均曾至少一次采用这种方法进行研究。该方法很容易实施，要求最低数量的硬件，几乎不要求任何软件。水听器搭配电子放大器，能够使声音传到耳朵中，有了这些就可以开展研究工作。这往往也是个体研究者能够用到的全部设备。

若系统只为人耳设计，则只能检测到人耳可听范围内的声音。假如想要扩展检测的频率范围，把超声和次声也纳入进来，以频谱图形式将声音的频谱视觉化呈现或者将超声和次声转换到可听的频率范围，那么计算机是一种理想工具。蝙蝠检测器就是这种电子设备，它能够让蝙蝠的超声嘀嗒声变得清晰可听，研究者也构思过类似可检测海豚存在与否的装置(Thomsen et al.，2015)。

单个水听器入水后，在某些情况下能判定处于声活跃期鲸类的距离，即当有大量的多路径抵达声波被检测时，测距是有可能的。假如有多个水听器被从船上吊放到水里，如以垂直阵列或体积阵列的方式布置，如第 6 章所述，那么测距会变得更加容易。深度传感器的存在是水听器阵列的重要特征。

10.3.2 拖曳阵列

吊放水听器对整个系统外部结构的设计要求甚少，但拖曳水听器阵列则需要水动力学方面的考量。大体积水听器将产生明显的拖曳阻力，很难在想要的深度布置，而且需要配置强度更大的拖曳缆绳以承受拖曳力。

通常，拖曳阵列是线性阵列，其中水听器是串联放置在注油塑料管(一般是由聚氨酯制成的)中的。拖曳阵列的长度以及水听器的数量与实际应用有关。为低频应用而优化的阵列可能会很长，而一般生物声学研究者所使用的典型阵列则相对较短。阵列长度是按照声音的最短波长或最高频率衡量的。这主要是因为线阵的角分辨率是由信号波长和阵列长度之比所决定的。阵列相对于波长越长，就可以越精确地确定声音到达的方向。以最高频率达 15kHz 的声音为例，一个 9m 长度的阵列可形成约 $0.6°(53° \lambda / L)$ 的角分辨率(3dB 波束宽)。当声音垂直到达线阵的舷侧时，可以获得此频率下最大的角度分辨率。角分辨率并不取决于水听器的数量，而仅取决于垂直于声音传播方向的整体阵列长度，因此仅两个水听器也可以实现阵列的最大角分辨率。在拖曳阵列中使用多个水听器的目的主要是波束形成(6.9 节)，从空间上过滤环境噪声。

一个拖曳阵列不仅包括水听器，还包括把水听器连接到船上的拖缆绳。为了将水听器下放到想要的操作深度，拖缆绳要比水听器部分长得多。拖缆绳的长度是由阵列想要到达的深度以及拖曳船的速度决定的，阵列被拖曳得越快，拖缆绳就要越长，这样才能保持同样的操作深度。较长的拖缆绳容易振动，因此将拖缆绳从声学测量部分分离出来十分重要。通常是通过在拖缆绳和水听器之间插入隔振模块(vibration isolation module，VIM)来完成。典型的 VIM 与水听器部分很相似，但没有任何声音传感器，其唯一目的是将所有的电缆或光纤，从拖缆绳处连接到水听器部分，并吸收所有可能来自拖缆绳的振动。为对阵列进行加固，常见的做法是在声学部分的末端安装一个浮标。最后，拖曳阵列要设计成能够悬浮，并在大多数操作速度下保持水平。

目前，大多数的拖曳阵列均为模拟式阵列，即每个水听器的输入均被前置放大，并作为独立数据通过一个多线拖缆绳传递到达拖船，在那里，所有的水听器通道均与一个模拟采集系统对接。这仅对于含有较少数量水听器的拖曳阵列是经济的，因为多通道拖缆绳和水下连接器相当昂贵。另外一个解决方案是为每个水听器添加一个模数转换器，将已经存在于阵列中的模拟信号转换成数字数据流。这些数字数据流很容易多路复用，并通过一条铜线或光纤传递给拖船。然而，这种成本缩减的代价是失去在选择均衡及抗混叠滤波器方面的灵活性。虽然使用模拟阵列在生物声学研究领域有着许多便利的特性，但被动声学监测应用方面对这些特性并不看重，因此允许数字式阵列的使用。

具有至少两个水听器的拖曳阵列能够测向。因此，拖曳阵列中有深度传感器，还有方向传感器。在深度传感器和方向传感器内配置模数转换器可获得想要的参数，当将其添加到模拟阵列中时，必须注意标准的高压数字电线不会对低压模拟信号产生电干扰(通常为 10^{-3}V 左右)。可使用全数字的方法，以避免拖缆绳中的电串扰现象。

10.3.3　声学浮标和自主被动声学监测系统

虽然拖曳阵列只适用于使用船只的被动声学监测系统，但声学浮标和自主系统正越来越为被动声学监测应用所关注。与光学系统相比，被动声学监测系统是一个低数据率的系统，因而适合无人值守操作。此外，大多数的光学系统需要光亮，而声学系统则可以夜以继日地工作，即便是与基于弱光放大或者红外线技术的光学系统相比，被动声学监测系统在技术上的需求更为简单。自主被动声学监测系统尚处于萌芽时期，但对于鲸类和海豚的大规模监测需求将推动自主被动声学监测系统的发展，其中声呐浮标是一个值得研究的工具。

声呐浮标已经被军方使用了相当长时间，其概念很简单：声呐浮标从单个水听器处接收声音，通过无线电中继给附近的一个接收器，然后以传统方式处理模拟信号。在电源电量耗尽时，声呐浮标会沉入海底。从此种意义上说，声呐浮标是一次性无线水听器。因为是军需生产，声呐浮标并未广泛使用，甚至在民用被动声学监测应用中没有详细说明。

近年来，微电子技术的发展有助于实现具有内置信号处理功能的多用途声浮标。这些系统可以通过编程来执行既定的标准检测、分类、定位及追踪任务，也可用于支持被动声学监测应用的目标监测。板载数字信号处理器可以容纳被动声学监测系统中的所有模块，在自主被动声学监测系统中，显示模块不是必需的。

自主系统的开发还面临一些其他限制，如处理能力和数据存储容量受到限制，这主要是由空间的限制、能源供给减少以及不利环境条件所致。

在 100m 甚至是 1000m 的深度下使用被动声学监测系统，要求配备一个能够抵抗 10 个或 100 个大气压的耐压壳或者注油。注油是一种方便的缓解水下压力问题的方法，但它需要精心筛选原配件，如注油系统不能包括硬盘和仅可在空气中工作的装置。

声学浮标有多种形式，它可以自由漂浮在洋面上或者完全位于水下，与洋面再无任何连接，也可以固定于洋底。位于水面以下的浮标可被设计停留在预定深度或者在一定深度上下移动。

将浮标置于水面来探测水下的声音有以下原因：①这样能够通过无线电或电话的形式将数据传输给使用者；②收集能量(如太阳能或波能)，从而延长板载电池的寿命。然而，将浮标置于洋面将冒着系统被损坏的风险，浮标不仅会被经过洋面的舰艇碾过，还会被大浪损坏。

声学浮标非常适合那些固定的被动声学监测系统或能允许被动声学监测系统随洋流漂移的应用环境。如果有一大片海洋需要被监测，假设动物在调查时间内始终停留在指定的区域，则可以将被动声学监测系统放置在移动缓慢并且功耗极低的平台上。例如，水下滑翔机是一种具有成本效益的水下航行器，它可以以滑翔的方式垂直移动，同时也可以水平移动。一些洋面系统，如波滑翔机，它利用波能在一个小的区域移动或停留，与此同时，它还向被动声学监测的有效载荷提供太阳能。这种平台由于是始终停留在洋面上的，所以它提供了一个可以利用全球定位系统对平台做精准定位的机会，通过无线电传送声学及被动声学监测方面的相关信息。

与基于船舶的应用场景相比，所有这些自主被动声学监测平台仅提供有限空间及能量。然而，它们提供了一个可以长期在不易访问的环境下进行被动声学监测操作的条件。尽管自主被动声学监测系统不是一次性消耗品，但它们是基于船只的被动声学监测系统的一种低成本替代品，后者成本非常昂贵，特别是对于为期数周或数月的监测活动。位于洋面的自主被动声学监测系统的一个缺点是它易受到船舶的损坏，这就要求自主被动声学监测系统要么价格低廉，要么配备雷达反射器，或者最好配备一个船舶自动识别系统，只要船只靠近，就能进行识别并预警。将船舶自动识别系统与自主被动声学监测系统结合使用，可以在必要时实现鲸类动物警告系统，发出鲸类动物存在的信号。

10.4　被动声学监测展望

最近几年，对鲸类、海豚以及鼠海豚的被动声学监测受到了来自各个领域专家的关注，他们关注于海洋鲸豚类生物利用声音生活这一现象。被动声学监测系统是监测鲸豚类生物及其行为的合适工具。被动声学监测系统完全自主化运行既降低了成本又克服了需要人参与的限制，引起了研究者极大的兴趣。

虽然被动声学监测在科研领域有着广泛应用，但其监测环节，特别是涉及海洋鲸豚生物的研究，发展得并不成熟，所以将其称为"被动声探测"更加贴切。通过被动声探测进行鲸豚生物研究时，科学家通常使用水听器和拖曳阵来记录海洋鲸豚动物的声学特征和具体方位。虽然被动声学监测中的监测环节和探测过程有相似之处，但它在分类、定位及跟踪方面有着更高的要求。被动声学监测是一个长期的研究工作，可以通过人工操作完成，但最好实现系统的自主化运行，从而降低成本，简化流程。

电子工程及信号处理领域的发展，使得被动声学监测系统能够采集并存储数据，从而对鲸豚类生物的行为做出分析(档案浮标和吸附式记录器)，同时它也能对采集到的数据进行实时传输。未来，将研制完全智能化、自主化的被动声学监测系统，将各种研究方法整合到一起，不仅可以检测，还能对鲸豚类生物进行分类、定位以及对其行为进行跟踪，甚至还可以调整它的操作模式，使之适应所监测物种的行为活动。

智能化、自主化的被动声学监测系统能长时间地工作运行(至少是 1 年)，定期报告其监测信息，检测并分类多个物种种群，通过定位追踪它们的活动，对它们的行为进行评估，利用现代化的通信工具报告重要信息，以便在必要时进行人为干预。系统的成本将会降低，从而促进其广泛、长期、网络化使用，并能自主应对一些系统故障的情况。未来的被动声学监测系统将达到与现代高科技计算机和手机设备相同的技术水平，它们将能自主完成海洋鲸豚信息的搜集和中继任务。

参 考 文 献

Abbot, T. A., Premus, V. E., and Abbot, P. A. (2010). A real-time method for autonomous passive acoustic detection-classification of humpback whales. J. Acoust. Soc. Am. 127: 2894–2903.

Adam, O. (2006a). The use of the Hilbert-Huang transform to analyze transient signals emitted by sperm whales. Appl. Acoust. 67: 1134–43.

Adam, O. (2006b). Advantages of the Hilbert-Huang transform for marine mammals signals analysis. J. Acoust. Soc. Am. 120: 2965–73.

Adler-Fenchel, H. S. (1980). Acoustically derived estimate of the size distribution for a sample of sperm whales (*Physeter catodon*) in the Western North Atlantic. Can. J. Fish. Aquat. Sci. 37: 2358–61.

Akamatsu, T., Wang, D., Nakamura, K., and Wang, K. (1998). Echolocation range of captive and free-ranging baiji (*Lipotes vexillifer*), finless porpoise (*Neophocaena phocaenoides*), and bottlenose dolphin (*Tursiops truncatus*). J. Acoust. Soc. Am. 104: 2511–16.

Akamatsu, T., Wang, D., Wang, K., and Naito, Y. (2005). Biosonar behaviour of free-ranging porpoises. Proc. Roy. Soc. Lond. B. 272: 797–801.

Alling, A., Dorsey, E. M., and Gordon, J. C. D. (1991). Blue whales *Balaenoptera musculus* off the northeast coast of Sri Lanka: distribution, feeding and individual identification. UNEP Mar. Mamm. Tech. Rep. 3: 247–58.

Altes, R. A. (1980). Detection, estimation, and classification with spectrograms. J. Acoust. Soc. Am. 67: 1232–46.

Amano, M., and Yoshioka, M. (2003). Sperm whale diving behavior monitored using a suction-cupattached TDR tag. Mar. Ecol. Prog. Ser. 258: 291–5.

Amundin, M. (1991). Click repetition rate patterns in communicative sounds from the harbor porpoise, *Phocoena phocoena*. In Sound Production in Odontocetes with Emphasis on the Harbour Porpoise, *Phocoena phocoena*. Stockholm: Swede Publishing AB. 91–111.

Anderson, R. C., Clark, R., Madsen, P. T. et al. (2006). Observation of Longman's beaked whale (*Indopacetus pacificus*) in the western Indean ocean. Aquat. Mamm. 32: 223–34.

Andrew, R. K., Howe, B. M., Mercer, J. A., and Dzieciuch, M. A. (2002). Ocean ambient sound: comparing the 1960s with the 1990s for a receiver off the California coast. ARLO. 3: 65–70.

Antunes, R., Rendell, L., and Gordon, J. (2010). Measuring inter-pulse intervals in sperm whale clicks: consistency of automatic estimation methods. J. Acoust. Soc. Am. 127: 3239–47.

Arnason, U., Gullberg, A., and Janke, A. (2004). Mitogenomic analyses provide new insights into cetacean origin and evolution. Gene. 333: 27–34.

Au, W.W. L. (1993). The Sonar of Dolphins. New York: Springer.

Au, W.W. L. (1997). Echolocation in dolphins with a dolphin-bat comparison. Bioacoustics. 8: 137–62.

Au, W.W. L., and Benoit-Bird, K. J. (2003). Automatic gain control in the echolocation system of dolphins. Nature. 423: 861–3.

Au, W.W. L., and Herzing, D. L. (2003). Echolocation signals of wild Atlantic spotted dolphin (*Stenella frontalis*). J. Acoust. Soc. Am. 113: 598–604.

Au,W.W. L., and Hastings, M. C. (2008). Principles of Marine Bioacoustics. New York: Springer.

Au,W.W. L., Floyd, R.W., Penner, R. J., and Murchison, E. (1974). Measurements of echolocation signals of the Atlantic bottlenose dolphin, *Tursiops truncatus* Montagu, in open waters. J. Acoust. Soc. Am. 56: 1280–90.

Au, W.W. L., Penner, R. H., and Kadane, J. (1982). Acoustic behavior of echolocating Atlantic Bottlenose Dolphins. J. Acoust. Soc. Am. 71: 1269–75.

Au,W.W. L., Carder, D. A., Penner, R. H., and Scronce, B. L. (1985). Demonstration of adaptation in Beluga whale echolocation signals. J. Acoust. Soc. Am. 77: 726–30.

Au, W.W. L., Moore, P.W., and Pawloski, D. (1986). Echolocation transmitting beam of the Atlantic bottlenose dolphin. J. Acoust. Soc. Am. 80: 688–91.

Au, W.W. L., Penner, R. H., and Turl, C.W. (1987). Propagation of beluga echolocation signals. J. Acoust. Soc. Am. 82: 807–13.

Au, W.W. L., Pawloski, J. L., Nachtigall, P. E., Blonz, M., and Gisner, R.C. (1995). Echolocation signals and transmission beam pattern of a false killer whale (*Pseudorca crassidens*). J. Acoust. Soc. Am. 98: 51–9.

Au, W.W. L., Kastelein, R. A., Rippe, T., and Schooneman, N. M. (1999). Transmission beam pattern and echolocation signals of a harbor porpoise (*Phocoena phocoena*). J. Acoust. Soc. Am. 106: 3699–705.

Au,W.W. L., Ford, J. K. B., Horne, J. K., and Newman Allman, K. A. (2004). Echolocation signals of free-ranging killer whales (*Orcinus orca*) and modelling of foraging for Chinook salmon (*Oncorhynchus tshawytscha*). J. Acoust. Soc. Am. 115: 901–9.

Au, W.W. L., Pack, A. A., Lammers, M. O. et al. (2006). Acoustic properties of humpback whale songs. J. Acoust. Soc. Am. 120: 1103–10.

Backus, R. H., and Schevill, W. E. (1966). Physeter clicks. In Whales, Dolphins and Porpoises, edited by K. Norris. Berkeley, CA: University of California Press, pp. 510–27.

Baggenstoss, P. M. (2008). Joint localization and separation of sperm whale clicks. Can. Acoust. 36: 125–31.

Baggeroer, A. B., Kuperman, W. A., and Schmidt, H. (1988). Matched field processing: source localization in correlated noise as an optimum parameter estimation problem. J. Acoust. Soc. Am. 83: 571–87.

Baggeroer, A. B., Kuperman,W. A., and Mikhalevsky, P.N. (1993). An overview of matched field methods in ocean acoustics. IEEE J. Ocean Eng. 18: 401–24.

Baird, R.W., Borsani, J. F., Bradley Hanson, M., and Tyack, P. L. (2002). Diving behavior of longfinned pilot whales in the Ligurian Sea. Mar. Ecol. Prog. Ser. 237: 301–5.

Baird, R.W., Ligon, A. D., Hooker, S. K., and Gorgone, A. M. (2001). Subsurface and nighttime behaviour of pantropical spotted dolphins in Hawai'i. Can. J. Zool. 79: 988–96.

Baker, C. S., Herman, L. M., Perry, A. et al. (1985). Population characteristics and migration of summer and late-season humpback whales (*Megaptera novaeangliae*) in southeastern Alaska. Mar. Mamm. Sci. 1: 304–23.

Baraff, L. S., Clapham, P. J., and Mattila, D. K. (1991). Feeding behavior of a humpback whale in low-latitude waters. Mar. Mamm. Sci. 7: 197–202.

Barbarossa, S., Scaglione, A., and Giannakis, G. (1998). Product high-order ambiguity function for multicomponent polynomial-phase signal modeling. IEEE Trans. Sig. Proc. 46: 691–708.

Barlow, J. (1994). Abundance of large whales in California coastal waters: a comparison of ship surveys in 1979/80 and in 1991. Rep. Int. Whal. Comm. 44: 399–406.

Barlow, J. (1995). The abundance of cetaceans in California waters. Part I: Ship surveys in summer and fall of 1991. Fish. Bull. 93: 1–14.

Barlow, J. (1999). Trackline detection probability for long-diving whales. In Marine Mammal Survey and Assessment Methods, edited by G.W. Garner et al. Rotterdam: A.A. Balkema, pp. 209–24.

Barlow, J., and Taylor, B. L. (2005). Estimates of sperm whale abundance in the northeastern temperate Pacific from combined acoustic and visual survey. Mar. Mamm. Sci. 21: 429–45.

Barlow, J., and Gisiner, R. (2006). Mitigating, monitoring and assessing the effects of anthropogenic sound on beaked whales. J. Cetacean Res. Manage. 7: 239–49.

Barlow, J., Ferguson, M. C., Perrin, W. F. et al. (2006). Abundance and densities of beaked and bottlenose whales (family Ziphiidae). J. Cetacean Res. Manage. 7: 263–70.

Baumgartner, M. F., and Fratantoni, D. M. (2008). Diel periodicity in both sei whale vocalization rates and the vertical migration of their copepod prey observed from ocean gliders. Limnol. Oceanogr. 53: 2197–209.

Baumgartner, M. F., and Mate, B. R. (2003). Summertime foraging ecology of North Atlantic right whales. Mar. Ecol. Prog. Ser. 264: 123–35.

Bazúan-Durán, C., and Au, W.W. L. (2004). Geographic variations in the whistles of spinner dolphins (*Stenella longirostris*) of the main Hawai'ian islands. J. Acoust. Soc. Am. 116: 3757–69.

Bedholm, K., and Møhl, B. (2006). Directionality of sperm whale sonar clicks and its relation to piston radiation theory. J. Acoust. Soc. Am. 119: 14–19.

Belikov, R. A., and Bel'kovich, V. M. (2003). Underwater vocalization of the white whales (*Delphinapterus leucas*) in a reproductive gathering during different behavioral situations. Okeanologiya 43: 118–26.

Benson, S. R., Croll, D. A., Marinovic, B. B., Chavez, F. P., and Harvey, J. T. (2002). Changes in the cetacean assemblage of a coastal upwelling ecosystem during El Niño 1997–98 and La Niña 1999. Progr. Oceanog. 54: 279–91.

Bernal, R., Olavarría, C., and Moraga, R. (2003). Occurrence and long-term residency of two longbeaked common dolphins, *Delphinus capensis* (Gray 1828), in adjacent small bays on the Chilean central coast. Aquat. Mamm. 29: 396–9.

Blackwell, S. B., Richardson, W. J., Greene, C. R. Jr., and Streever, B. (2007). Bowhead whale (*Balaena mysticetus*) migration and calling behavior in the Alaskan Beaufort Sea, autumn 2001–04: an acoustic localization study. Arctic 60: 255–70.

Boisseau, O. (2005). Quantifying the acoustic repertoire of a population: the vocalizations of freeranging bottlenose dolphins in Fiordland, New Zealand. J. Acoust. Soc. Am. 117: 2318–29.

Booth, N. O., Baxley, P. A., Rice, J. A. et al. (1996). Source localization with broad-band matched-field processing in shallow water. IEEE J. Ocean Eng. 21: 402–12.

Bowen, W. D. (1997). Role of marine mammals in acquatic ecosystems. Mar. Ecol. Prog. Ser. 158: 267–74.

Bowen, W. D., Tully, D., Boness, D. J., Bulheier, B. M., and Marshall, G. J. (2002). Preydependent foraging tactics and prey profitability in a marine mammal. Mar. Ecol. Prog. Ser. 244: 235–45.

Bradbury, J.W., and Vehrencamp, S. L. (1998). Principles of Animal Communication. Sunderland, MA: Sinauer.

Brickley, P. J., and Thomas, A. C. (2004). Satellite-measured seasonal and interannual chlorophyll variability in the Northeast Pacific and Coastal Gulf of Alaska. Deep-Sea Res. II 51: 229–45.

Brigham, E. O. (1974). The Fast Fourier Transform. Englewood Cliffs, NJ: Prentice-Hall.

Brown, J. C., and Smaragdis, P. (2009). Hidden Markov and Gaussian mixture models for automatic call classification. J. Acoust. Soc. Am. 125: EL 221–4.

Brown, J. C., Hodgind-Davis, A., and Miller, P. J.O. (2006). Classification of vocalizations of killer whales using dynamic time warping. J. Acoust. Soc. Am. 119: EL 34–40.

Brownell, R. L., Clapham, P. J., Miyashita, T., Kasuya, T. (2001). Conservation status of North Pacific right whales. J. Cetacean Res. Manage. 2: 269–86.

Brueggeman, J. J., Newby, T. C., and Grotefendt, R. A. (1985). Seasonal abundance, distribution and population characteristics of blue whales reported in the 1917 to 1939 catch records of two Alaska whaling stations. Rep. Int. Whal. Comm. 35: 405–11.

Buck, J. R., and Tyack, P. L. (1993). A quantitative measure of similarity for *Tursiops truncatus* signature whistles. J. Acoust. Soc. Am. 94: 2497–506.

Buck, J. R., Morgenbesser, H. B., and Tyack, P. L. (2000). Synthesis and modification of the whistles of the bottlenose dolphin, *Tursiops truncatus*. J. Acoust. Soc. Am. 108: 407–16.

Buckland, S. T., and Garthwaite, P. H. (1991). Quantifying precision of mark–recapture estimates using the bootstrap and related methods. Biometrics 47: 255–68.

Buckland, S. T., Anderson, D. R., Burnham, K. P. et al. (2001). Introduction to Distance Sampling: Estimating Abundance of Biological Populations. Oxford: Oxford University Press.

Buckland, S. T., Anderson, D. R., Burnham, K. P. et al. (2004). Advanced Distance Sampling. Estimating Abundance of Biological Populations. Oxford: Oxford University Press.

Burdic, W. S. (1984). Underwater Acoustic System Analysis. Englewood Cliffs, NJ: Prentice-Hall.

Burgess, W. C., Tyack, P. L., Le Boeuf, B. J., and Costa, D. P. (1998). A programmable acoustic recording tag and first results from free-ranging northern elephant seals. Deep-Sea Res. II 45: 1327–51.

Calambokidis, J., and Barlow, J. (2004). Abundance of blue and humpback whales in the Eastern North Pacific estimated by capture–recapture and line-transect methods. Mar. Mamm. Sci. 20: 63–85.

Calambokidis, J., Steiger, G. H., Cubbage, J. C. et al. (1990). Sightings and movements of blue whales off central California 1986–88 from photo-identification of individuals. Rep. Int. Whal. Comm. (special issue) 12: 343–48.

Calambokidis, J., Steiger, G. H., Evenson, J. R. et al. (1996). Interchange and isolation of humpback whales off California and other North Pacific feeding grounds. Mar. Mamm. Sci. 12: 215–26.

Caldwell, D. K., and Caldwell, M. C. (1971). Sounds produced by two rare cetaceans stranded in Florida. Cetology 4: 1–6.

Caldwell, M. C., Caldwell, D. K., and Tyack, P. L. (1990). Review of the signature-whistle hypothesis for the Atlantic bottlenose dolphin. In The Bottlenose Dolphin, edited by S. Leatherwood and R. R. Reeves. New York: Academic Press, pp. 199–234.

Cañadas, A., and Sagarminaga, R. (2000). The northeastern Alboran Sea, an important breeding and feeding ground for the long-finned pilot whale (Globicaephala melas) in the Mediterranean Sea. Mar. Mamm. Sci. 13: 513–29.

Cañadas, A., Sagarminaga, R., and García-Tiscar, S. (2002). Cetacean distribution related with depth and slope in the Mediterranean waters off south Spain. Deep-Sea Res. I 49: 2053–73.

Carlström, J. (2005). Diel variation in echolocation behavior of wild harbor porpoises. Mar. Mamm. Sci. 21: 1–12.

Cato, D. (1991). Songs of humpback whales: the Australian perspective. Mem. Queensl. Mus. 30: 277–90.

Cato, D. H., and McCauley R. D. (2002). Australian research in ambient sea noise. Acoust. Australia 30: 13–20.

Cato, D. H., Paterson, R. A., and Paterson, P. (2001). Vocalization rates of migrating humpback whales over 14 years. Mem. Queensl. Mus. 47: 481–9.

Cerchio, S., and Dahlheim, M. (2001). Variation in feeding vocalizations of humpback whales Megaptera novaeangliae from southeast Alaska. Bioacoustics 11: 277–95.

Cerchio, S., Jacobsen, J. K., and Norris, T. F. (2001). Temporal and geographical variation in songs of humpback whales, Megaptera novaeangliae: synchronous change in Hawaiian and Mexican breeding assemblages. Anim. Behav. 62: 313–29.

Chabot, D. (1988). A quantitative technique to compare and classify humpback whale (Megaptera novaeangliae) sounds. Ethology 77: 89–102.

Chan, Y. T., and Ho, K. C. (1994). A simple and efficient estimator for hyperbolic location. IEEE Trans. Sig. Proc. 42: 1905–15.

Charif, R. A., Clapham, P. J., and Clark, C.W. (2001). Acoustic detections of singing humpback whales in deep waters off the British Isles. Mar. Mamm. Sci. 17: 751–68.

Charif, R. A., Mellinger, D. K., Dunsmore, K. J., Fristrup, K. M., and Clark, C.W. (2002). Estimated source levels of fin whale (Balaenoptera physalus) vocalizations: adjustments for surface interference. Mar. Mamm. Sci. 18: 81–98.

Chow, R. K., and Turner, R.G. (1982). Attenuation of low-frequency sound in the Northeast Pacific Ocean. J. Acoust. Soc. Am. 72: 888–91.

Chow, R. K., and Browning, D. G. (1983). Low-frequency attenuation in the Northeast Pacific Subarctic transition zone. J. Acoust. Soc. Am. 74: 1635–8.

Clapham, P. J., and Mattila, D. K. (1990). Humpback whale songs as indicators of migration routes. Mar. Mamm. Sci. 6: 155–60.

Clark, C.W. (1982). The acoustic repertoire of the southern right whale, a quantitative analysis. Anim. Behav. 30: 1060–71.

Clark, C.W. (1983). Acoustic communication and behavior of the Southern Right Whale (*Eubalaena australis*). In Communication and Behavior of Whales, edited by R. Payne. Boulder, CO: Westview, pp. 163–98.

Clark, C.W. (1989). Call tracks of bowhead whales based on call characteristics as an independent means of determining tracking parameters. Rep. Intl. Whal. Comm. 39: 111–2.

Clark, C.W. (1990). Acoustic behavior of mysticete whales. In Sensory Abilities of Cetaceans, edited by J. A. Thomas and R. A. Kastelein. New York: Plenum, pp. 571–83.

Clark, C.W., and Fristrup, K. M. (1997). Whales '95: a combined visual and acoustic survey of blue and fin whales off Southern California. Rep. Intl. Whal. Comm. 47: 583–600.

Clark, C.W., and Johnson, J. H. (1984). The sounds of the bowhead whale, *Balaena mysticetus*, during the spring migrations of 1979 and 1980. Can. J. Zool. 62: 1436–41.

Clark, C.W., and Ellison, W. T. (2000). Calibration and comparison of the acoustic location methods used during the spring migration of the bowhead whale, *Balaena mysticetus*, off Pt. Barrow, Alaska, 1984–1993. J. Acoust. Soc. Am. 107: 3509–17.

Clark, C.W., and Clapham, P. J. (2004). Acoustic monitoring on a humpback whale (*Megaptera novaeangliae*) feeding ground shows continual singing into late spring. Proc. R. Soc. Lond. B 271: 1051–7.

Clark, C.W., and Ellison, W. T. (2004). Potential use of low-frequency sounds by baleen whales for probing the environment: evidence from models and empirical measurements. In Advances in the Study of Echolocation in Bats and Dolphins, edited by J. A. Thomas and R. A. Kastelein. New York: Plenum, pp. 564–89.

Clark, C.W., Ellison, W. T., and Beeman, K. (1986). Acoustic tracking of migrating bowhead whales. In Proc. IEEE Oceans '86. New York: IEEE, pp. 341–6.

Clark, C.W., Bower, J. B., and Ellison, W. T. (1991). Acoustic tracks of migrating bowhead whales, *Balaena mysticetus*, off Point Barrow, Alaska, based on vocal characteristics. Rep. Intl. Whal. Comm. 40: 596–7.

Clark, C.W., Borsani, F., and Notarbartolo-di-Sciara, G. (2002). Vocal activity of fin whales, *Balaenoptera physalus*, in the Ligurian Sea. Mar. Mamm. Sci. 18: 286–95.

Clarke, M. R., Matins, H. R., and Pascoe, P. (1993). The diet of sperm whales (*Physeter macrocephalus* Linnaeus 1758) off the Azores. Phil. Trans. R. Soc. Lond. B 339: 67–82.

Cosens, S. E., and Blouw, A. (2003). Size- and age-class segregation of bowhead whales summering in northern Foxe Basin: A photogrammetric analysis. Mar. Mamm. Sci. 19: 284–96.

Crane, N. L., and Lashkari, K. (1996). Sound production of gray whales, *Eschrichtius robustus*, along their migration route: a new approach to signal analysis. J. Acoust. Soc. Am. 100: 1878–86.

Cranford, T.W. (1999). The sperm whale's nose: sexual selection on a grand scale? Mar. Mamm. Sci. 15: 1133–57.

Cranford, T.W., and Amundin, M. (2004). Biosonar pulse production in Odontocetes: the state of our knowledge. In Echolocation in Bats and Dolphins, edited by J. A. Thomas, C. F. Moss, and M.

Vater. Chicago, IL: University of Chicago Press, pp. 27–35.

Cranford, T.W., Amundin, M., and Norris, K. S. (1996). Functional morphology and homology in the odontocete nasal complex: implications for sound generation. J. Morphol. 228: 223–85.

Crease, R. P. (2008). The Great Equations. New York: W.W. Norton & Company.

Croll, D. A. et al. (2002). Only male fin whales sing loud songs. Nature 417: 809.

Cummings, W. C., and Thompson, P. O. (1971). Underwater sounds from the blue whale, *Balaenoptera musculus*. J. Acoust. Soc. Am. 50: 1193–8.

Cummings,W. C., and Holliday, D.V. (1987). Sounds and source levels from bowhead whales off Pt. Barrow, Alaska. J. Acoust. Soc. Am. 82: 814–21.

Cummings, W. C., Thompson, P. O., and Cook, R. (1968). Underwater sounds of migrating gray whales, *Eschrichtius glaucus* (Cope). J. Acoust. Soc. Am. 44: 1278–81.

Curtis, K. R., Howe, B. M., and Mercer, J.A. (1999). Low-frequency ambient sound in the North Pacific: long time series observations. J. Acoust. Soc. Am. 106: 3189–200.

D'Amico, A., Bergamasco, A., Zanasca, P. et al. (2003). Qualitative correlation of marine mammals with physical and biological parameters in the Ligurian Sea. IEEE J. Ocean. Eng. 28: 29–43.

Dalebout, M. L., Hooker, S. K., and Christensen, I. (2001). Genetic diversity and population structure among northern bottlenose whales, *Hyperoodon ampullatus*, in the western North Atlantic. Can. J. Zool. 79: 478–84.

Datta, S., and Sturtivant, C. (2002). Dolphin whistle classification for determining group identities. Signal Proc. 82: 251–8.

Dawbin, W. H. (1966). The seasonal migratory cycle of humpback whales. In Whales, Dolphins and Porpoises, edited by K. S. Norris. Berkeley CA: University of California Press, pp. 145–70.

Dawbin,W. H., and Cato, D. H. (1992). Sounds of a pygmy right whale (*Caperea marginata*). Mar. Mamm. Sci. 8: 213–9.

Dawson, S. M. (1991). Clicks and communication: the behavioural and social contexts of Hector's dolphin vocalizations. Ethology 88: 265–76.

Dawson, S. M., and Thorpe, C.W. (1990). A quantitative analysis of the sounds of Hector's dolphin. Ethology 86: 131–45.

Dawson, S. M., Barlow, J., and Ljungblad, D. (1998). Sounds recorded from Baird's beaked whale, *Berardius bairdii*. Mar. Mamm. Sci. 14: 335–44.

Deecke, V. B., and Janik, V. M. (2006). Automated categorization of bioacoustic signals: avoiding perceptual pitfalls. J. Acoust. Soc. Am. 119: 645–53.

Deecke, V. B., Ford, J. K. B., and Spong, P. (1999). Quantifying complex patterns of bioacoustics variation: use of a neural network to compare killer whale (*Orcinus orca*) dialects. J. Acoust. Soc. Am. 105: 2499–507.

Deecke, V. B., Ford, J. K. B., and Slater, P. J. B. (2005). The vocal behaviour of mammal-eating killer whales: communicating with costly calls. Anim. Behav. 69: 395–405.

Dolphin,W. F. (1987). Ventilation and dive pattern of humpback whales, *Megaptera novaeangliae*, on their Alaskan feeding grounds. Can. J. Zool. 65: 83–90.

Douglas, L. A., Dawson, S. M., and Jaquet, N. (2005). Click rates and silences of sperm whales at

Kaikoura, New Zealand. J. Acoust. Soc. Am. 118: 523–9.

Drouot, V., Gannier, A., and Goold, J. C. (2004a). Diving and feeding behavior of sperm whales (*Physeter macrocephalus*) in the northwestern Mediterranean Sea. Aquat. Mamm. 30: 419–26.

Drouot, V., Gannier, A., and Goold, J. C. (2004b). Summer social distribution of sperm whales (*Physeter macrocephalus*) in the Mediterranean Sea. J. Mar. Biol. Assoc. U.K. 84: 675–80.

Dunphy-Daly, M. M., Heithaus, M. R., and Claridge, D. E. (2008). Temporal variation in dwarf sperm whale (*Kogia sima*) habitat use and group size off Great Abaco Island, Bahamas. Mar. Mamm. Sci. 24: 171–82.

Edds, P. L. (1982). Vocalisations of the blue whale, *Balaenoptera musculus* in the St. Lawrence River. J. Mammal. 63: 345–7.

Erbe, C. (2000). Detection of whale calls in noise: performance comparison between a beluga whale, human listeners, and a neural network. J. Acoust. Soc. Am. 108: 297–303.

Erbe, C., and Farmer, D.M. (1998). Masked hearing thresholds of a beluga whale (*Delphinapterus leucas*) in icebreaker noise. Deep-Sea Res. II 45: 1373–88.

Erbe, C., and King, A. R. (2008). Automatic detection of marine mammals using information entropy. J. Acoust. Soc. Am. 124: 2833–40.

Esch, H. C., Sayigh, L. S., and Wells, R. S. (2009). Quantifying parameters of bottlenose dolphin signature whistles. Mar. Mamm. Sci. 25: 976–86.

Evans, W. E. (1967). Vocalizations among marine mammals. In Marine Bioacoustics, edited by W. N. Tavolga, Vol. 2. New York: Pergamon Press, pp. 159–86.

Evans,W. E., and Awbrey, F. T. (1984). High frequency pulses of Commerson's dolphin and Dall's porpoise. Am. Zool. 24, 2A.

Fertl, D., Jefferson, T. A., Moreno, I. B., Zerbini, A. N., and Mullin, K. D. (2003). Distribution of the Clymene dolphin *Stenella clymene*. Mamm. Rev. 33: 253–71.

Fiedler, P. C., Reilly, S. B., Hewitt, R. P. et al. (1998). Blue whale habitat and prey in the California Channel Islands. Deep-Sea Res. II 45: 1781–801.

Fish, M. P. and Mowbray, W.H. (1962). Production of underwater sound by the white whale or beluga, *Delphinapterus leucas*. J. Mar. Res. 20: 149–62.

Fish, J. F., Sumich, J. L., and Lingle, G. L. (1974). Sounds produced by the gray whale, *Eschrichtius robustus*. Mar. Fish. Rev. 36: 38–45.

Fisher, N. I. (1993). Statistical Analysis of Circular Data. Cambridge, UK: Cambridge University Press.

Flandrin, P., Rilling, G., and Gonçalvés, P. (2004). Empirical mode decomposition as a filter bank. IEEE Signal Process. Lett. 11: 112–4.

Folse, L. J., Packard, J. M., and Grant, W. E. (1989). AI modelling of animal movements in a heterogeneous habitat. Ecol. Model. 46: 57–72.

Ford, J. K. B., and Fisher, H. D. (1978). Underwater acoustic signals of the narwhal *Monodon monoceros*. Can. J. Zool. 56: 552–60.

Ford, J. K. B., and Fisher, H. D. (1982). Killer whale (*Orcinus orca*) dialects as an indicator of stocks in British Columbia. Rep. Int. Whal. Comm. 32: 671–9.

Forney, K.A. (2000). Environmental models of cetacean abundance: reducing uncertainty in population trends. Conserv. Biol. 14: 1271–86.

Forney, K. A., and Barlow, J. (1998). Seasonal patterns in the abundance and distribution of California cetaceans, 1991–1992. Mar. Mamm. Sci. 14: 460–89.

Forney, K. A., Hanan, D. A., and Barlow, J. (1991). Detecting trends in harbor porpoise abundance from aerial surveys using analysis of covariance. Fish. Bull. 89: 367–77.

Fox, C. G., Matsumoto, H., and Lau, T. K. A. (2001). Monitoring Pacific Ocean seismicity from an autonomous hydrophone array. J. Geophys. Res. 106: 4183–206.

François, R. E., and Garrison, G. R. (1982a). Sound absorption based on ocean measurements: Part I: Pure water and magnesium sulfate contribution. J. Acoust. Soc. Am. 72: 896–907.

François, R. E., and Garrison, G. R. (1982b). Sound absorption based on ocean measurements: Part II: Boric acid contribution and equation for total absorption. J. Acoust. Soc. Am. 72: 1879–90.

Franke, A., Caelli T., and Hudson, R. J. (2004). Analysis of movements and behavior of caribou (Rangifer tarandus) using hidden Markov models. Ecol. Model. 173: 259–70.

Frankel, A. S., and Yin, S. (2010). A description of sounds recorded from melon-headed whales (Peponocephala electra) off Hawai'i. J. Acoust. Soc. Am. 127: 3248–55.

Frankel, A. S., Clark, C.W., Herman, L. M., and Gabriele, C. M. (1995). Spatial distribution, habitat utilization, and social interactions of humpback whales, Megaptera novaeangliae, off Hawai'i, determined using acoustic and visual techniques. Can. J. Zool. 73: 1134–46.

Frantzis, A., and Alexiadou, P. (2008). Male sperm whale (Physeter macrocephalus) coda production and coda-type usage depend on the presence of conspecifics and the behavioural context. Can. J. Zool. 86: 62–75.

Frantzis, A., Goold, J. C., Sharsoulis, E. K., Taroudakis, M. I., and Kandia, V. (2002). Clicks from Cuvier's beaked whales, Ziphius cavirostris (L). J. Acoust. Soc. Am. 112: 34–7.

Freitag, L. E., and Tyack, P. L. (1993). Passive acoustic localization of the Atlantic bottlenose dolphin using whistles and echolocation clicks. J. Acoust. Soc. Am. 93: 2197–205.

Freitas, C., Kovacs, K. M., Lydersen, C., and Ims, R. A. (2008). A novel method for quantifying habitat selection and predictive habitat use. J. Appl. Ecol. 45: 1213–20.

Gabriele, C., and Frankel, A. (2003). The occurrence and significance of humpback whale songs in Glacier Bay, southeast Alaska. Arctic Res. 16: 42–7.

Gaetz, W., Jantzen, K., Weinberg, H., Spong, P., and Symonds, H. (1993). A neural network mechanism for recognition of individual Orcinus orca based on their acoustic bahavior: Phase 1. In Proc. IEEE Oceans '93. New York: IEEE, pp. 455–7.

Gardner, S. C., and Chávez-Rosales, S. (2000). Changes in the relative abundance and distribution of gray whales (Eschrichtius robustus) in Magdalena Bay, Mexico during an El Niño event. Mar. Mamm. Sci. 16: 728–38.

Gedamke, J., Costa, D. P., and Dunstan, A. (2001). Localization and visual verification of acomplex minke whale vocalization. J. Acoust. Soc. Am. 109: 3028–47.

George, J. C., Zeh, J., Suydam, R., and Clark, C.W. (2004). Abundance and population trend (1978–2001) of western Arctic bowhead whales surveyed near Barrow, Alaska. Mar. Mamm. Sci. 20: 755–73.

Gerard, O., Carthel, C., Coraluppi, S., and Willett, P. (2008). Feature-aided tracking for marine mammal detection and classification. Can. Acoust. 36: 13–9.

Ghosh, J., Deuser, L. M., and Beck, S. D. (1992). A neural network-based hybrid system for detection, characterization, and classification of short duration oceanic signals. IEEE J. Ocean Eng. 17: 351–63.

Gillespie, D. (1997). An acoustic survey for sperm whales in the Southern Ocean Sanctuary conducted from RSV Aurora Australis. Rep. Int. Whal. Comm. 47: 897–906.

Gillespie, D. (2004). Detection and classification of right whale calls using an edge detector operating on a smoothed spectrogram. Can. Acoust. 32: 39–47.

Gillespie, D., and Chappell, O. (2002). An automatic system for detecting and classifying thevocalizations of harbour porpoises. Bioacoustics 13: 37–61.

Gillespie, D., and Caillat, M. (2008). Statistical classification of odontocete clicks. Can. Acoust. 36: 20–6.

Gillespie, D., Dunn, C., Gordon, J. et al. (2009). Field recordings of Gervais' beaked whales *Mesoplodon* europaeus from the Bahamas. J. Acoust. Soc. Am. 125: 3428–33.

Gómez de Segure, A., Hammond, P. S., Cañadas, A., and Raga, J. A. (2007). Comparing cetacean abundance estimates derived from spatial models and design-based line transect methods. Mar. Ecol. Prog. Ser. 329: 289–99.

Goodson, A. D., and Sturtivant, C. R. (1996). Sonar characteristics of the harbour porpoise (*Phocoena phocoena*): source levels and spectrum. ICES J. Mar. Sci. 53: 465–72.

Goold, J. C. (1996). Signal processing techniques for acoustic measurement of sperm whale body lengths. J. Acoust. Soc. Am. 100: 3431–41.

Goold, J. C. (2009). Acoustic assessment of populations of Common Dolphin Delphinus delphis in conjunction with seismic surveying. J. Mar. Biol. Ass. U.K. 76: 811–20.

Goold, J. C., and Jones, S. E. (1995). Time and frequency domain characteristics of sperm whale clicks. J. Acoust. Soc. Am. 98: 1279–91.

Goold, J. C., Bennell, J. D., and Jones, S. E. (1996). Sound velocity measurements in spermaceti oil under the combined influences of temperature and pressure. Deep-Sea Res. I 43: 961–9.

Gordon, J. C. D. (1987). The behaviour and ecology of sperm whales off Sri Lanka. Ph.D. thesis, Darwin College, University of Cambridge.

Gordon, J. C. D. (1991). Evaluation of a method for determining the length of sperm whales (*Physeter catodon*) from their vocalizations. J. Zool. Lond. 224: 301–14.

Gordon, J., and Steiner, L. (1992). Ventilation and dive patterns in sperm whales, *Physeter macrocephalus*, in the Azores. Rep. Int. Whal. Comm. 42: 561–5.

Gordon, J., and Tyack P. L. (2001a). Sound and cetaceans. In Marine Mammals. Biology and Conservation, edited by P. G. H. Evans and J. A. Raga. New York: Kluwer Academic, pp. 139–96.

Gordon, J., and Tyack P. L. (2001b). Acoustic techniques studying cetaceans. In Marine Mammals. Biology and Conservation, edited by P. G. H. Evans and J. A. Raga. New York: Kluwer Academic, pp. 293–325.

Gordon, J. C. D., Matthews, J. N., Panigada, S. et al. (2000). Distribution and relative abundance of striped dolphins, and distribution of sperm whales in the Ligurian Sea cetacean sanctuary: results from a collaboration using acoustic techniques. J. Cetacean Res. Manage. 2: 27–36.

Gowans, S., Dalebout, M. L., Hooker, S. K., and Whitehead, H. (2000a). Reliability of photographic and molecular techniques for sexing northern bottlenose whales (*Hyperoodon ampullatus*). Can. J. Zool. 78: 1224–9.

Gowans, S., Whitehead, H., Arch, J. K., and Hooker, S.K. (2000b). Population size and residency patterns of northern bottlenose whales (*Hyperoodon ampullatus*) using the Gully, Nova Scotia. J. Cetacean Res. Manage. 2: 201–10.

Gowans, S., Whitehead, H., and Hooker, S.K. (2001). Social organization in northern bottlenose whales (*Hyperoodon ampullatus*): not driven by deep water foraging? Anim. Behav. 62: 369–77.

Grewal, M. S., and Andrews, A. P. (2008). Kalman Filtering. Theory and Practice using MATLAB®. 3rd edn. Hoboken, NJ: John Wiley & Sons.

Griffin, D. R. (1958). Listening in the Dark: The Acoustic Orientation of Bats and Men. New York: Cornell University Press.

Hamming, R.W. (1977). Digital Filters. Englewood Cliffs, NJ: Prentice-Hall.

Hamming, R.W. (1986). Numerical Methods for Scientists and Engineers. 2nd edn. New York: Dover.

Hammond, P. S. (1986). Estimating the size of naturally marked whale populations using capture–recapture techniques. Rep. Int. Whal. Comm. (Special Issue) 8: 253–82.

Hammond, P. S. (1990). Heterogeneity in the Gulf of Maine? Estimating humpback whale population size when capture probabilities are not equal. Rep. Int. Whal. Comm. (Special Issue) 12: 135–9.

Hansen, M., Wahlberg, M., and Madsen, P. T. (2008). Low-frequency components in harbor porpoise (*Phocoena phocoena*) clicks: communication signal, by-products, or artifacts? J. Acoust. Soc. Am. 124: 4059–68.

Harwood, J., and Wilson, B. (2001). The implications of developments on the Atlantic Frontier for marine mammals. Cont. Shelf Res. 21: 1073–93.

Hastie, T. J., and Tibshirani, R. J. (1990). Generalised Additive Models. London: Chapman and Hall.

Hastie, G. D., Swift, R., Gordon, J. C. D., Slesser, G., and Turrell, W. R. (2003). Sperm whale distribution and seasonal density in the Faroe Shetland Channel. J. Cetacean Res. Manage. 5: 247–52.

Hastie, G. D., Swift, R. J., Slesser, G., Thompson, P. M., and Turrell,W. R. (2005). Environmental models for predicting oceanic dolphin habitat in the Northeast Atlantic. ICES J. Mar. Sci. 62: 760–70.

Hawkins, E. R., and Gartside, D. F. (2009). Patterns of whistles emitted by wild Indo-Pacific bottlenose dolphins (*Tursiops aduncus*) during a provisioning program. Aquat. Mamm. 35: 171–86.

Hawkins, E. R., and Gartside, D. F. (2010). Whistle emissions of Indo-Pacific bottlenose dolphins (*Tursiops aduncus*) differ with group composition and surface behaviors. J. Acoust. Soc. Am. 127: 2652–63.

Hayes, S. A., Mellinger, D. K., Croll, D., Costa, D. P., and Borsani, J. F. (2000). An inexpensive passive acoustic system for recording and localizing wild animal sounds. J. Acoust. Soc. Am. 107: 3552–5.

Heide-Jørgensen, M. P., Bloch, D., Stefansson, E., et al. (2002). Diving behavior of long-finned pilot whales *Globicephala melas* around the Faroe Islands. Wildl. Biol. 8: 307–13.

Heide-Jørgensen, M. P., Laidre, K. L., Wiig, O. et al. (2003). From Greenland to Canada in two weeks: movements of bowhead whales, *Balaena mysticetus*, in Baffin Bay. Arctic 56: 21–31.

Heide-Jørgensen, M. P., Laidre, K. L., Jensen, M.V., Dueck, L., and Postma, L. D. (2006). Dissolving stock discreteness with satellite tracking: bowhead whales in Baffin Bay. Mar. Mamm. Sci. 22: 34–45.

Heide-Jørgensen, M. P., Laidre, K. L., Borchers, D., and Samarra, F. I. P. (2007). Increasing abundance of bowhead whales in West Greenland. Biol. Lett. 3: 577–80.

Heller, J. R., and Pinezich, J. D. (2008). Automatic recognition of harmonic bird sounds using a frequency track extraction algorithm. J. Acoust. Soc. Am. 124: 1830–7.

Helweg, D. A., Herman, L. M., Yamamoto, S., and Forestell, P. H. (1990). Comparison of songs of humpback whales (*Megaptera novaeangliae*) recorded in Japan, Hawaii, and Mexico during the winter of 1989. Sci. Rep. Cetacean Res. 1: 1–20.

Henshaw, M. D., LeDuc, R. G., Chivers, S. J., and Dizon, A. E. (1997). Identifying beaked whales (Family Ziphiidae) using mtDNA sequences. Mar. Mamm. Sci. 13: 495–8.

Herman, L. M., and Tavolga, W. N. (1980). The communication systems of cetaceans. In Cetacean Behavior: Mechanism and Function, edited by L. M. Herman. New York: Wiley, pp. 149–209.

Herzing, D. L. (1996). Vocalizations and associated underwater behavior of free-ranging Atlantic spotted dolphins, *Stenella frontalis* and bottlenose dolphins, *Tursiops truncatus*. Aquat. Mamm. 22: 61–79.

Hobson, R. P., and Martin, A. R. (1996). Behaviour and dive times of Arnoux's beaked whales, *Berardius arnuxii*, at narrow leads in fast ice. Can. J. Zool. 74: 388–93.

Hooker, S. K., and Baird, R.W. (1999a). Deep-diving behaviour of the northern bottlenose whale, *Hyperoodon ampullatus* (Cetacea: Ziphiidae). Proc. R. Soc. Lond. B 266: 671–6.

Hooker, S. K., and Baird, R.W. (1999b). Observations of Sowerby's beaked whales, *Mesoplodon bidens*, in The Gullys, Nova Scotia. Can. Field-Nat. 113: 273–7.

Hooker, S. K., and Baird, R.W. (2001). Diving and ranging behaviour of odontocetes: a methodological review and critique. Mamm. Rev. 31: 81–105.

Hooker, S. K., and Whitehead, H. (2002). Click characteristics of northern bottlenose whales (*Hyperoodon ampullatus*). Mar. Mamm. Sci. 18: 69–80.

Horn, J. S., Garton, E. O., and Rachlow, J. L. (2008). A synoptic model of animal space use: simultaneous estimation of home range, habitat selection, and inter/intra-specific relationships. Ecol. Model. 214: 338–48.

Houser, D. S. (2006). A method for modeling marine mammal movement and behavior for environmental impact assessment. IEEE J. Ocean Eng. 31: 76–81.

Houser, D. S., Helweg, D. A., and Moore, P.W. (1999). Classification of dolphin echolocation clicks by energy and frequency distributions. J. Acoust. Soc. Am. 106: 1579–85.

Huang, N. E., Shen, Z., Long, S. R. et al. (1998). The empirical mode decomposition and the Hilbert transform spectrum for nonlinear and nonstationary time series analysis. Proc. R. Soc. Lond. A 454: 903–95.

Iona, C., and Quinquis, A. (2005). Time-frequency analysis using warped-based high-order phase modeling. EURASIP J. Appl. Signal Proc. 17: 2856–73.

Janik, V. M. (1999). Pitfalls in the categorization of behaviour: a comparison of dolphin whistle classification methods. Anim. Behav. 57: 133–43.

Janik, V. M. (2000). Source levels and estimated active space of bottlenose dolphin (*Tursiops truncatus*) whistles in the Moray Firth, Scotland. J. Comp. Physiol. A 186: 673–80.

Janik, V. M., Dehnhardt, G., and Todt, D. (1994). Signature whistle variations in a bottlenose dolphin, *Tursiops truncatus*. Behav. Ecol. Sociobiol. 35: 243–8.

Jaquet, N., and Whitehead, H. (1999). Movements, distribution and feeding success of sperm whales in the Pacific Ocean, over scales of days and tens of kilometers. Aquat. Mamm. 25: 1–13.

Jaquet, N., Dawson, S., and Douglas, L. (2001). Vocal behavior of male sperm whales: why do they click? J. Acoust. Soc. Am. 109: 2254–9.

Jaquet, N., Gendron, D., and Coakes, A. (2003). Sperm whales in the Gulf of California: residency, movements, behavior, and the possible influence of variation in food supply. Mar. Mamm. Sci. 19: 545–62.

Jefferson, T. A., Leatherwood, S., and Webber, M.A. (1993). Marine Mammals of the World. Rome: FAO.

Jefferson, T. A., Newcomer, M.W., Leatherwood, S., and van Waerebeek, K. (1994). Right whale dolphins *Lissodelphis borealis* (Peale, 1848) and *Lissodelphis peronii* (Lacépède, 1804). In Handbook of Marine Mammals, Vol. 5, The First Book of Dolphins, edited by S. H. Ridgway and R. Harrisan. London: Academic Press, pp. 335–62.

Jensen, F. B., and Kuperman, W. A. (1983). Optimum frequency of propagation in shallow water environments. J. Acoust. Soc. Am. 73: 813–9.

Jensen, F. B., Kuperman, W. A., Porter, M. B., and Schmidt, H. (2000). Computational Ocean Acoustics. New York: AIP.

Johnson, M., and Tyack, P. L. (2003). A digital acoustic recording tag for measuring the response of wild marine mammals to sound. IEEE J. Ocean. Eng. 28: 3–12.

Johnson, M., Madsen, P. T., Zimmer, W.M. X., Aguilar de Soto, N., and Tyack, P. L. (2004). Beaked whales echolocate on prey. Proc. R. Soc. Lond. B 271: S383–6.

Johnson, M., Madsen, P. T., Zimmer, W.M. X., Aguilar de Soto, N., and Tyack, P. L. (2006). Foraging Blainville's beaked whales (*Mesoplodon densirostris*) produce distinct click types matched to different phases of echolocation. J. Exp. Biol. 209: 5038–50.

Kaiser, J. F. (1990). On a simple algorithm to calculate the "Energy" of a signal. In Proc. IEEE ICASSP-90. Albuquerque, NM: IEEE, pp. 381–4.

Kandia, V., and Stylianou, Y. (2006). Detection of sperm whale clicks based on the Teager-Kaiser energy operator. Appl. Acoust. 67: 1144–63.

Karlsen, J. D., Bisther, A., Ludersen, D., Haug, T., and Kovacs, K. M. (2002). Summer vocalisations of adult male white whales (*Delphinapterus leucas*) in Svalbard, Norway. Polar Biol. 25: 808–17.

Kasamatsu, F., and Joyce, G. G. (1995). Current status of odontocetes in the Antarctic. Antarctic Sci. 7: 365–79.

Kawamura, A. (1975). A consideration on an available source of energy and its cost for locomotion in fin whales with special reference to the seasonal migrations Sci. Rep. Whales Res. Inst. 27: 61–79.

Kawamura, A. (1980). A review of food of Balaenopterid whales. Sci. Rep. Whales Res. Inst. 32: 155–97.

Kawamura, A. (1982). Food habits and prey distributions of three rorqual species in the North Pacific Ocean. Sci. Rep. Whales Res. Inst. 34: 59–91.

Kemper C. M. (2002). Distribution of the pygmy right whale, *Caperea marginata*, in the Australasian region. Mar. Mamm. Sci. 18: 99–111.

Kibblewhite, A. C., Denham, R. N., and Barnes, D. J. (1967). Unusual low frequency signals observed in New Zealand waters. J. Acoust. Soc. Am. 41: 644–55.

Kibblewhite, A. C., Bedfordand, N. R., and Mitchell, S. K. (1977). Regional dependence of low-frequency attenuation in the North Pacific Ocean. J. Acoust. Soc. Am. 61: 1169–77.

Kinsler, L. E., Frey, A. R., Coppens, A. B., and Sanders, J.V. (2000). Fundamentals of Acoustics. New York: Wiley.

Knudsen, V. O., Alford, R. S., and Emling, J.W. (1948). Underwater ambient noise. J. Mar. Res. 7: 410–29.

Kraus, S. D., Prescott, J. H., Knowlton, A. R., and Stone, G. S. (1986). Migration and calving of right whales (*Eubalaena glacialis*) in the western North Atlantic. Rep. Int. Whal. Comm. (Special Issue) 10: 139–44.

Kyhn, L. A., Jensen, F. H., Beedholm, K. et al. (2010). Echolocation in sympatric Peale's dolphins (*Lagenorhynchus australis*) and Commerson's dolphins (*Cephalorhynchus commersonii*) producing narrow-band high-frequency clicks. J. Exp. Biol. 213: 1940–9.

Laidre, K. L., Heide-Jørgensen, M. P., and Nielsen, T. G. (2007). The role of the bowhead whale as a predator in West Greenland. Mar. Ecol. Prog. Ser. 346: 285–97.

Lammers, M. O., and Au, W.W. L. (2003). Directionality in the whistles of Hawaiian spinner dolphins (*Stenella longirostris*): a signal feature to cue direction of movement? Mar. Mamm. Sci. 19: 249–64.

Lammers, M. O., Au, W.W. L., Aubauer, R., and Nachtigall, P. E. (2004). A comparative analysis of echolocation and burst-pulse click trains in *Stenella longirostris*. In Echolocation in Bats and Dolphins, edited by J. A. Thomas, C. F. Moss, and M. M. Vater. Chicago, IL: University of Chicago Press, pp. 414–9.

Lammers, M. O., Schotten, M., and Au, W.W. L. (2006). The spatial context of free-ranging Hawaiian spinner dolphins (*Stenella longirostris*) producing acoustic signals. J. Acoust. Soc.Am. 119: 1244–50.

Lammers, M. O., Brainard, R. E., Au, W.W. L., Mooney, T. A., and Wong, K. B. (2008). An ecological acoustic recorder (EAR) for long-term monitoring of biological and anthropogenic sounds on coral reefs and other marine habitats. J. Acoust. Soc. Am. 123: 1720–8.

Leaper, R., Chappell, O., and Gordon, J. (1992). The development of practical techniques for surveying sperm whale populations acoustically. Rep. Intl. Whal. Comm. 42: 549–60.

Leaper, R., Gillespie, D., and Papastavrou, V. (2000). Results of passive acoustic surveys for odontocetes in the Southern Ocean. J. Cetacean Res. Manage. 2: 187–96.

Leroy, C., Robinson, S. P., and Goldsmith, M. J. (2008). A new equation for the accurate calculation of sound speed in all oceans. J. Acoust. Soc. Am. 124: 2774–83.

Leroy, C., Robinson, S. P., and Goldsmith, M. J. (2009). Erratum: A new equation for the accurate calculation of sound speed in all oceans. J. Acoust. Soc. Am. 126: 2117.

Ljungblad, D. K., Leatherwood, S., and Dahlheim, M. E. (1980). Sounds recorded in the presence of an adult and calf bowhead whales. Mar. Fish. Rev. 42: 86–7.

Ljungblad, D. K., Thompson, P. O., and Moore, S. E. (1982). Underwater sounds recorded from migrating bowhead whales, *Balaena mysticetus*, in 1979. J. Acoust. Soc. Am. 71: 477–82.

Ljungblad, D. K., Moore, S. E., and VanSchoik, D. R. (1986). Seasonal patterns of distribution, abundance, migration and behavior of the western Arctic stock of bowhead whales, *Balaena mysticetus*, in Alaskan Seas. Rep. Int. Whal. Comm. 8: 177–205.

Lopatka, M., Adam, O., Laplanche, C., Zarzycki, J., and Motsch, J.F. (2005). An attractive alternative for sperm whale click detection using the wavelet transform in comparison to the Fourier spectrogram. Aquat. Mamm. 31: 463–7.

Lucifredi, I., and Stein, P. J. (2007). Gray whale target strength measurements and the analysis of the backscattered response. J. Acoust. Soc. Am. 121: 1383–91.

Lucke, K., and Goodson, A. D. (1997). Characterising wild dolphins echolocation behaviour: off line analysis. Proc. Inst. Acoust. 19: 179–83.

Lurton, X. (2002). An Introduction to Underwater Acoustics. London: Springer.

Lynn, S. K., and Reiss, D. L. (1992). Pulse sequence and whistle production by two captive beaked whales, Mesoplodon species. Mar. Mamm. Sci. 8: 299–305.

Madsen, P. T. (2002a). Sperm whale sound production — in the acoustic realm of the biggest nose on record. In Sperm whale sound production, Ph.D. dissertation, University of Aarhus, Denmark.

Madsen, P. T. (2002b). Morphology of the sperm whale head: a review and some new findings. In Sperm whale sound production, Ph.D. dissertation, University of Aarhus, Denmark.

Madsen, P. T., and Wahlberg, M. (2007). Recording and quantitative analysis of clicks from echolocating toothed whales in the wild. Deep-Sea Res. II 54: 1421–44.

Madsen, P. T., Payne, R., Kristiansen, N. U. et al. (2002a). Sperm whale sound production studied with ultrasound time/depth-recording tags. J. Exp. Biol. 205: 1899–906.

Madsen, P. T., Wahlberg, M., and Møhl, B. (2002b). Male sperm whale (*Physeter macrocephalus*) acoustics in a high latitude habitat: implications for echolocation and communication. Behav. Ecol. Sociobiol. 53: 31–41.

Madsen, P. T., Carder, D. A., Au,W.W. et al. (2003). Sound production in neonate sperm whales .J. Acoust. Soc. Am. 113: 2988–91.

Madsen, P. T., Kerr, I., and Payne, R. (2004a). Source parameter estimates of echolocation clicks from wild pygmy killer whales (*Feresa attenuata*). J. Acoust. Soc. Am. 116: 1909–12.

Madsen, P. T., Kerr, I., and Payne, R. (2004b). Echolocation clicks of two free-ranging delphinids with different food preferences: false killer whales (*Pseudorca crassidens*) and Risso's dolphin(*Grampus griseus*). J. Exp. Biol. 207: 1811–23.

Madsen, P. T., Carder, D. A., Bedholm, K., and Ridgway, S.H. (2005a). Porpoise clicks from a sperm whale nose – convergent evolution of 130 kHz pulses in toothed whale sonars? Bioacoustics 15: 195–206.

Madsen, P. T., Johnson, M., Aguilar de Soto, N., Zimmer, W.M.X. and Tyack, P. L. (2005b). Biosonar performance of foraging beaked whales (*Mesoplodon densirostris*). J. Exp. Biol. 208: 181–94.

Mann, J. (1999). Behavioral sampling methods for cetaceans: a review and critique. Mar. Mamm. Sci. 15: 102–22.

Marques, T. A., Thomas, L.,Ward., J., DiMarzio, N., and Tyack, P. L. (2009). Estimating cetacean population density using fixed passive acoustic sensors: an example with Blainville's beaked whales. J. Acoust. Soc. Am. 125: 1982–94.

Marten, K. (2000). Ultrasonic analysis of pygmy sperm whale (*Kogia breviceps*) and Hubb's beaked whale (*Mesoplodon carlhubbsi*) clicks. Aquat. Mamm. 1: 45–8.

Martin, A. R., Katona, S. K., Matilla, D., Hembree, D., and Waters, T. D. (1984). Migration of humpback whales between the Caribbean and Iceland. J. Mammal. 65: 330–33.

Martin, J., Calenge, C., Quenette, P.Y., and Allainé, D. (2008). Importance of movement constraints in habitat selection studies. Ecol. Model. 213: 257–62.

Mate, B. R., Gisiner, R., and Mobley, J. (1998). Local and migratory movements of Hawaiian humpback whales tracked by satellite telemetry. Can. J. Zool. 76: 863–8.

Mate, B. R., Lagerquist, B. A., and Calambokidis, J. (1999). Movements of North Pacific blue whales during the feeding season off Southern California and their southern fall migration. Mar. Mamm. Sci. 15: 1246–57.

Matthews, J. (2004). Detection of frequency-modulated calls using a chirp model. Can. Acoust. 32: 66–75.

Matthews, J. N., Brown, S., Gillespie, D. et al. (2001). Vocalization rates of the North Atlantic right whale (Eubalena glacialis). J. Cet. Res. Manage. 3: 271–82.

May-Collado, L. J., and Wartzok, D. (2007). The Freshwater dolphin *Inia geoffrensis* geoffrensis produces high frequency whistles. J. Acoust. Soc. Am. 121: 1203–12.

McDonald, M. A., and Fox, C. G. (1999). Passive acoustic methods applied to fin whale population density estimation. J. Acoust. Soc. Am. 105: 2643–51.

McDonald, M. A., and Moore, S. E. (2002). Calls recorded from North Pacific right whales (*Eubalaena japonica*) in the eastern Bering Sea. J. Cetacean Res. Manage. 4: 261–6.

McDonald, M. A., Hildebrand, J. A., and Webb, S. C. (1995). Blue and fin whales observed on seafloor array in the northeast Pacific. J. Acoust. Soc. Am. 98: 712–21.

McDonald, M. A., Hildebrand, J. A., and Wiggins, S. (2006). Increases in deep ocean ambient noise in the Northeast Pacific west of San Nicolas Island, California. J. Acoust. Soc. Am. 120: 711–8.

McGregor, P. K., Dabelsteen, T., Clark, C.W. et al. (1997). Accuracy of a passive acoustic location system: empirical studies in terrestrial habitats. Ethol. Ecol. Evol. 9: 269–86.

McSweeney, D. J., Chu, K. C., Dolphin, W. F., and Guinee, L. N. (1989). North Pacific humpback whale songs: a comparison of southeast Alaskan feeding ground songs with Hawaiian wintering ground songs. Mar. Mamm. Sci. 5: 139–48.

Mead, J. G. (1989). Beaked whales of the genus Mesoplodon. In Handbook of Marine Mammals, Vol. 4, River Dolphins and the Large Toothed Whales, edited by S. Ridgway and R. Harrison. London: Academic Press, pp. 349–64.

Medwin, H. (1975). Speed of sound in water: a simple equation for realistic parameters J. Acoust. Soc. Am. 58: 1318–9.

Medwin, H. and Clay, C. S. (1998). Fundamentals of Acoustical Oceanography. Boston, MA: Academic Press.

Medwin, H., et al. (2005). Sound in the Sea. From Ocean Acoustics to Acoustical Oceanography. Cambridge: Cambridge University Press.

Mellen, R. H. (1952). The thermal-noise limit in the detection of underwater acoustic signals. J. Acoust. Soc. Am. 24: 478–80.

Mellinger, D.K. (1993). Handling time variability in bioacoustic transient detection. In Proc. IEEE Oceans '93. New York: IEEE, pp. 116–21.

Mellinger, D.K. (2004). A comparison of methods for detecting right whale calls. Can. Acoust. 32: 55–65.

Mellinger, D. K., and Clark, C.W. (1993). A method for filtering bioacoustic transients by spectrogram image convolution. In Proc. IEEE Oceans'93. New York: IEEE, pp. 122–7.

Mellinger, D. K., and Clark, C.W. (1997). Methods for automatic detection of mysticete sounds. Mar. Freshw. Behav. Physiol. 29: 163–81.

Mellinger, D. K., and Clark, C.W. (2000). Recognizing transient low-frequency whale sounds by spectrogram correlation. J. Acoust. Soc. Am. 107: 3518–29.

Mellinger, D. K., and Clark, C.W. (2003). Blue whale (*Balaenoptera musculus*) sounds from the North Atlantic. J. Acoust. Soc. Am. 114: 1108–19.

Mellinger, D. K., Stafford, K. M., and Fox, C. G. (2004a). Seasonal occurrence of sperm whale (*Physeter macrocephalus*) sounds in the gulf of Alaska, 1999–2001. Mar. Mamm. Sci. 20: 48–62.

Mellinger, D. K., Stafford, K. M., Moore, S. E., Munger, L., and Fox, C. G. (2004b). Detection of North Pacific right whale (*Eubalaena japonica*) calls in the Gulf of Alaska. Mar. Mamm. Sci. 20: 872–9.

Mellinger, D. K., Stafford, K. M., Moore, S. E., Dziak, R. P., and Matsumoto, H. (2007). An overview of fixed passive acoustic observation methods for cetaceans. Oceanography 20: 36–45.

Mignerey, P. C., and Finette, S. (1992). Multichannel deconvolution of an acoustic transient in an oceanic waveguide. J. Acoust. Soc. Am. 92: 351–64.

Miller, P. J.O. (2002). Mixed-directionality of killer whale stereotyped calls: a direction of movement cue? Behav. Ecol. Sociobiol. 52: 262–70.

Miller, P. J. O., and Tyack, P. L. (1998). A small towed beamforming array to identify vocalizing resident killer whales (*Orcinus orca*) concurrent with focal behavioral observations. Deep-Sea Res. II 45: 1389–405.

Miller, B., and Dawson, S. (2009). A large-aperture low-cost hydrophone array for tracking whales from small boats. J. Acoust. Soc. Am. 126: 2248–56.

Miller, L. A., Pristed, J., Møhl, B., and Surlykke, A. (1995). Click sounds from narwhals (*Monodon monoceros*) in Inglefield Bay, Northwest Greenland. Mar. Mamm. Sci. 11: 491–502.

Miller, P. J. O., Johnson, M., and Tyack, P. L. (2004a). Sperm whale behaviour indicates the use of echolocation click buzzes "creaks" in prey capture. Proc. R. Soc. Lond. B 271: 2239–47.

Miller, P. J. O., Johnson, M. P., Tyack, P. L., and Terray, E.A. (2004b). Swimming gaits, passive drag and buoyancy of diving sperm whales *Physeter macrocephalus*. J. Exp. Biol. 207: 1953–67.

Minkler, G., and Minkler, J. (1993). Theory and Application of Kalman Filtering. Palm Bay, FL: Magellan Book Company.

Møhl, B. (2001). Sound transmission in the nose of the sperm whale *Physeter catodon*. A post mortem study. J. Comp. Physiol. (A) 187: 335–40.

Møhl, B., and Andersen, S. (1973). Echolocation: high-frequency component in the click of the Harbour Porpoise (Phocoena ph. L.). J. Acoust. Soc. Am. 54: 1369–72.

Møhl, B., Surlykke, A., and Miller, L.A. (1990). High intensity narwhal click. In Sensory Abilities of Cetaceans, edited by J. Thomas and R. Kastelein. New York: Plenum Press, pp. 295–304.

Møhl, B.,Wahlberg, M., Madsen, P. T., Miller, L. A., and Surlykke, A. (2000). Sperm whale clicks: directionality and source level revisited. J. Acoust. Soc. Am. 107: 638–48.

Møhl, B., Madsen, P. T.,Wahlberg, M. et al. (2002). Sound transmission in the spermaceti complex of a recently expired sperm whale calf. ARLO 4: 19–24.

Møhl, B., Wahlberg, M., Madsen, P. T., Heerfordt, A., and Lund, A. (2003). The monopulsed nature of sperm whale clicks. J. Acoust. Soc. Am. 114: 1143–54.

Monestiez, P., Dubroca, L., Bonnin, E., Durbec, J.P., and Guinet, C. (2006). Geostatistical modelling of spatial distribution of *Balaenoptera physalus* in the Northwestern Mediterranean Sea from sparse count data and heterogeneous observation efforts. Ecol. Model. 193: 615–28.

Moore, S. E., and Ljungblad, D. K. (1984). Gray whales in the Beaufort, Chukchi and Bering Seas: distribution and sound production. In The Gray Whale, *Eschrichtius robustus*, edited by M. L. Jones, S. L. Swartz, and S. Leatherwood. New York: Academic Press, pp. 543–59.

Moore, P.W. B., Roitblat, H. L., Penner, R. H., and Nachtigall, P. E. (1991). Recognizing successive dolphin echoes with an integrator gateway network. Neural Networks 4: 701–9.

Moore, K. E., Watkins, W. A., and Tyack, P. L. (1993). Pattern similarity in shared codas from sperm whales (*Physeter catodon*). Mar. Mamm. Sci. 9: 1–9.

Moore, S. E., Stafford, K. M., Dahlheim, M. E. et al. (1998). Seasonal variation in reception of fin whale calls at five geographic areas in the North Pacific. Mar. Mamm. Sci. 14: 617–627.

Moore, S. E., Watkins, W. A., Daher, M. A., and Davis, J. R. (2002). Blue whale habitat associations in the northwest Pacific: analysis of remotely sensed data using a geographic information system. Oceanography 15: 20–5.

Moore, S. E., Stafford, K. M., Mellinger, D. K., and Hildebrand, J. A. (2006). Listening for large whales in the offshore waters of Alaska. BioScience 56: 49–55.

Morisaka, T., and Connor, R.C. (2007). Predation by killer whales (*Orcinus orca*) and the evolution of whistle loss and narrow-band high frequency clicks in odontocetes. J. Evol. Biol. 20: 1439–58.

Moulins, A., Rosso, M., Nani, B., and Würtz, M. (2006). Aspects of distribution of Cuvier's beaked whale (*Ziphius cavirostris*) in relation to topographic features in the Pelagos Sanctuary (northwestern Mediterranean Sea). J. Mar. Biol. Ass. U.K. 86: 1–10.

Mullins, J., Whitehead, H., and Weilgart, L. S. (1988). Behaviour and vocalizations of two single sperm whales, *Physeter macrocephalus*, off Nova Scotia. Can. J. Fish. Aquat. Sci. 45: 1736–43.

Munger, L. M., Mellinger, D. K., Wiggins, S. M., Moore, S. E., and Hildebrand, J. A. (2005). Performance of spectrogram cross-correlation in detecting right whale calls in long-term recordings from the Bering Sea. Can. Acoust. 33: 25–34.

Murchison, A. E. (1980). Maximum detection range and range resolution in echolocating bottlenose porpoise (*Tursiops truncatus*). In Animal Sonar Systems, edited by R. G. Busnel and J. F. Fish. New York: Plenum Press, pp. 43–70.

Murison, L. D., and Gaskin, D. E. (1989). The distribution of right whales and zooplankton in the Bay of Fundy, Canada. Can. J. Zool. 67: 1411–20.

Niemann, H. (1974). Methoden der Mustererkennung. Frankfurt am Main: Akademische Verlagsanstalt.

Nieukirk, S. L., Stafford, K. M., Mellinger, D. K., and Fox, C. G. (2004). Low-frequency whale sounds recorded from the mid-Atlantic Ocean. J. Acoust. Soc. Am. 115: 1832–43.

Nishiwaki, M. (1966). Distribution and migration of the larger cetaceans in the North Pacific as shown by Japanese whaling results. In Whales, Dolphins and Porpoises, edited by K. S. Norris. Berkeley, CA: University of California Press, pp. 171–91.

Nores, C., and Pérez, C. (1988). Overlapping range between *Globicephala macrorhynchus* and *Globicephala melaena* in the northeastern Atlantic. Mammalia 52: 51–6.

Norris, K. S., and Harvey, G.W. (1972). A theory for the function of the spermaceti organ of the sperm whale (Physter catodon L.). In Animal Orientation and Navigation, edited by S. R. Galler, K. Schmidt-Koenig, G. J. Jacobs, and R. E. Belleville, SP-262. Washington, DC: NASA, pp. 397–417.

Norris, K. S., and Harvey, G.W. (1974). Sound transmission in the porpoise head. J. Acoust. Soc. Am. 56: 659–64.

Norris, K. S., Prescott, J. H., Asa-Dorian, P.V., and Perkins, P. (1961). An experimental demonstration of echolocation behavior in the porpoise, *Tursiops truncatus* (Montagu). Biol. Bull. 120: 163–76.

Norris, T. F., McDonald, M. A., and Barlow, J. (1999). Acoustic detections of singing humpback whales (*Megaptera novaeangliae*) in the eastern North Pacific during their northbound migration. J. Acoust. Soc. Am. 106: 506–14.

Northrop, J., Cummings, W. C., and Thompson, P. O. (1968). 20-Hz signals observed in the central Pacific. J. Acoust. Soc. Am. 43: 383–4.

Northrup, J., Cummings, W. C., and Morrison, M. F. (1971). Underwater 20-Hz signals recorded near Midway Island. J. Acoust. Soc. Am. 49: 1909–10.

Nosal, E. M., and Frazer, L.N. (2006). Track of a sperm whale from delays between direct and surface-reflected clicks. Appl. Acoust. 67: 1187–201.

Nosal, E. M., and Frazer, L.N. (2007). Sperm whale three-dimensional track, swim orientation, beam pattern, and click levels observed on bottom-mounted hydrophones. J. Acoust. Soc. Am. 122: 1969–78.

Oppenheim, A.V., and Schafer, R.W. (1975). Digital Signal Processing. Englewood Cliffs, NJ: Prentice-Hall.

Oswald, J. N., Barlow, J., and Norris, T. F. (2003). Acoustic identification of nine delphinid species in the eastern tropical Pacific Ocean. Mar. Mamm. Sci. 19: 20–37.

Oswald, J. N., Rankin, S., and Barlow, J. (2004). The effect of recording and analysis bandwidth on acoustic identification of delphinid species. J. Acoust. Soc. Am. 116: 3178–85.

Oswald, J. N., Rankin, S., Barlow, J., and Lammers, M. O. (2007). A tool for real-time acoustic species identification of delphinid whistles. J. Acoust. Soc. Am. 122: 587–95.

Page, S. E. (1954). Continuous inspection schemes. Biometrika 41: 100–15.

Palka, D. L., and Hammond, P. S. (2001). Accounting for responsive movement in line transect estimates of abundance. Can. J. Fish. Aquat. Sci. 58: 777–87.

Panigada, S., Zanardelli, M., MacKenzie, M. et al. (2008). Modelling habitat preferences for fin whales and striped dolphins in the Pelagos Sanctuary (Western Mediterranean Sea) with physiographic and remote sensing variables. Rem. Sens. Environ. 112: 3400–12.

Papastavrou, V., Smith, S. C., and Whitehead, H. (1989). Diving behaviour of the sperm whale, *Physeter macrocephalus*, off the Galapagos Islands. Can. J. Zool. 67: 839–46.

Papoulis, A. (1962). The Fourier Integral and Its Applications. New York, NY: McGraw-Hill.

Parks, S. E., and Tyack, P. L. (2005). Sound production by North Atlantic right whales (*Eubalaena glacialis*) in surface active groups. J. Acoust. Soc. Am. 117: 3297–306.

Parra, G. J., Schick R., and Corkeron, P. J. (2006). Spatial distribution and environmental correlates of Australian snubfin and Indo-Pacific humpback dolphins. Ecography 29: 1–11.

Parsons, S., and Jones, G. (2000). Acoustic identification of twelve species of echolocating bat by discriminant function analysis and artificial neural networks. J. Exp. Biol. 203: 2641–56.

Payne, R. S., and McVay, S. (1971). Songs of humpback whales. Science 173: 585–97.

Payne, R. S., and Payne, K. B. (1971). Underwater sounds of southern right whales. Zoologica 58: 159–65.

Payne, R. S., and Guinee, L. N. (1983). Humpback whale (*Megaptera novaeangliae*) songs as an indicator of stocks. In Communication and Behavior of Whales, edited by R. S. Payne. Boulder, CO: Westview, pp. 333–58.

Payne, K., Tyack, P., and Payne, R. (1983). Progressive changes in the songs of humpback whales (*Megaptera novaeangliae*): a detailed analysis of two seasons in Hawaii. In Communication and Behavior of Whales, edited by R. S. Payne. Boulder, CO: Westview, pp. 9–57.

Pavan, G., Priano, M., Manghi, M., and Fossati, C. (1997). Software tools for real-time IPI measurements on sperm whale sounds. Proc. Institute Acoust. 19: 157–64.

Pavan, G., Hayward, T. J., Borsani, J. F. et al. (2000). Time patterns of sperm whale codas recorded in the Mediterranean Sea 1985–1996. J. Acoust. Soc. Am. 107: 3487–95.

Pearce, J., and Freeier, S. (2000). Evaluating the predictive performance of habitat models developed using logistic regression. Ecol. Model. 133: 225–45.

Perrin, W. F., Best, P. B., Dawbin, W. H. et al. (1973). Rediscovery of Fraser's Dolphin *Lagenodelphis hosei*. Nature 241: 345–50.

Peterson, J. T., and Bayley, P. B. (2004). A Bayesian approach to estimating presence when a species is undetected. In Sampling Rare or Elusive Species. Concepts, Designs, and Techniques for

Estimating Population Parameters, edited by W. L. Thompson. Washington D.C.: Island Press, pp. 173–88.

Pledger, S., Pollock, K. H., and Norris, J. L. (2003). Open capture–recapture models with heterogeneity: I. Cormack-Jolly-Seber model. Biometrics 59: 786–94.

Podos, J., da Silva, V. M. F., and Rossi-Santos, M. R. (2002). Vocalizations of Amazon river dolphins, *Inia geoffrensis*: insights into the evolutionary origins of delphinid whistles. Ethology 108: 601–12.

Pollock, K. H. (1982). A capture–recapture design robust to unequal probability of capture. J. Wildl. Manage. 46: 752–7.

Pollock, K. H. (2000). Capture-recapture models. J. Am. Stat. Ass. 95: 293–6.

Porter,M. B., and Bucker, H. P. (1987). Gaussian beam tracing for computing ocean acoustic fields. J. Acoust. Soc. Am. 82: 1349–59.

Potter, J. R., Mellinger, D. K., and Clark, C.W. (1994). Marine mammal call discrimination using artificial neural networks. J. Acoust. Soc. Am. 96: 1255–62.

Raftery, A. E., and Zeh, J. E. (1998). Estimating bowhead whale population size and rate of increase from the 1993 census. J. Am. Stat. Ass. 93: 451–63.

Randall, R. H. (1951). An Introduction to Acoustics. Cambridge, MA: Addison-Wesley Press. Republication 2005, Mineola, NY: Dover.

Rankin, S., and Barlow, J. (2007). Sounds recorded in the presence of Blainville's beaked whales, *Mesoplodon densirostris*, near Hawai'i (L). J. Acoust. Soc. Am. 122: 42–5.

Rankin S., Oswald, J., Barlow, J., and Lammers, M. (2007). Patterned burst-pulse vocalizations of the northern right whale dolphin, *Lissodelphis borealis*. J. Acoust. Soc. Am. 121: 1213–8.

Rasmussen, M. H., Miller, L. A., and Au,W.W. L. (2002). Source levels of clicks from free-ranging white-beaked dolphins (*Lagenorhynchus albirostris* Gray 1846) recorded in Icelandic waters. J. Acoust. Soc. Am. 111: 1122–5.

Rasmussen, M. H.,Wahlberg, M., and Miller, L.A. (2004). Estimated transmission beam pattern of clicks recorded from free-ranging white-beaked dolphins (*Lagenorhynchus albirostris*). J. Acoust. Soc. Am. 116: 1826–31.

Rasmussen, M. H., Lammers, M., Beedholm, K., and Miller, L.A. (2006). Source levels and harmonic content of whistles in white-beaked dolphins (*Lagenorhynchus albirostris*). J. Acoust. Soc. Am. 120: 510–7.

Rauch, H. E., Tung,. F., and Striebel, C. T. (1965). Maximum likelihood estimates of linear dynamic systems. AIAA Journal 3: 1445–50.

Rebull, O. G., Cusí, J. D., Fernández, M. R., and Muset, J. G. (2006). Tracking fin whale calls offshore the Galicia Margin, North East Atlantic Ocean. J. Acoust. Soc. Am. 120: 2077–85.

Redfern, J.V., Ferguson, M. C., Becker, E.A. et al. (2006). Techniques for cetacean-habitat modeling. Mar. Ecol. Prog. Ser. 310: 271–95.

Reeves, R. R., Smith, T. D., Josephson, E. A., Clapham, P. J., and Woolmer, G. (2004). Historical observations of humpback and blue whales in the North Atlantic Ocean: clues to migratory routes and possibly additional feeding grounds. Mar. Mamm. Sci. 20: 774–86.

Ren, Y., Johnson, M. T., Clemins, P. J. et al. (2009). A framework for bioacoustic vocalization analysis using hidden Markov models. Algorithms 2: 1410–28.

Renaud, D., and Popper, A.N. (1975). Sound localization by the bottlenose porpoise *Tursiops truncatus*. J. Exp. Biol. 63: 569–85.

Rendell, L., and Whitehead, H. (2004). Do sperm whales share coda vocalizations? Insights into coda usage from acoustic size measurements. Anim. Behav. 67: 865–74.

Reysenbach de Haan, F.W. (1966). Listening underwater: thoughts on sound and cetacean hearing. In Whales, Dolphins, and Porpoises, edited by K. S. Norris. Berkeley, CA: University of California Press, pp. 583–96.

Rhinelander,M. Q., and Dawson, S. M. (2004). Measuring sperm whales from their clicks: stability of interpulse intervals and validation that they indicate whale length. J. Acoust. Soc. Am. 115: 1826–31.

Ribeiro, S., Viddi, F. A., Cordeiro, J. L., and Freitas, T. R. O. (2007). Fine-scale habitat selection of Chilean dolphins (*Cephalorhynchus eutropia*): interaction with aquaculture activities in southern Chiloé Island, Chile. J. Mar. Biol. Ass. U.K. 87: 119–28.

Rice, D.W. (1974). Whales and whale research in the eastern North Pacific. In The Whale Problem: a Status Report, edited by W. E. Schevill. Cambridge, MA: Harvard University Press, pp. 170–95.

Rice, D.W. (1998). Marine Mammals of the World: Systematics and Distribution. Lawrence, KS: Allen Press.

Rice, D.W., and Wolman, A. A. (1982). Whale census in the Gulf of Alaska, June to August 1980. Rep. Int. Whal. Comm. 32: 491–7.

Richardson,W. J., Greene, C. R. Jr., Malme, C. I., and Thomson, D. H. (1995a). Marine Mammals and Noise. San Diego, CA: Academic Press.

Richardson, W. J., Finley, K. J., Miller, G.W., Davis, R. A., and Koski, W. R. (1995b). Feeding, social and migration behavior of bowhead whales, *Balaena mysticetus*, in Baffin Bay vs the Beaufort Sea–regions with different amounts of human activity. Mar. Mamm. Sci. 11: 1–45.

Rivers, J. (1997). Blue whale, *Balaenoptera musculus*, vocalizations from the waters off central California. Mar. Mamm. Sci. 13: 186–95.

Roch, M. A., Soldevilla, M. S., Burtenshaw, J. C., Henderson, E. E., and Hildebrand, J. A. (2007). Gaussian mixture model classification of odontocetes in the Southern California Bight and the Gulf of California. J. Acoust. Soc. Am. 121: 1737–48.

Rogers, T. L. (1999). Acoustic observations of Arnoux's beaked whale (*Berardius arnuxii*) off Kemp Land, Antarctica. Mar. Mamm. Sci. 15: 198–204.

Ross, D. (2005). Ship sources of ambient noise. IEEE J. Ocean. Eng. 30: 257–61.

Rossi-Santos, M. R., Wedekin, L. L., and Monteiro-Filho, E. L. A. (2007). Residence and site fidelity of *Sotalia guianensis* in the Caravelas river estuary, eastern Brazil. J. Mar. Biol. Ass. U. K. 87: 207–12.

Sánchez-García, A., Bueno-Crespo, A., and Sancho-Gómez, J. L. (2010). An efficient statistics based method for the automated detection of sperm whale clicks. Appl. Acoust. 71: 451–9.

Santos, M. C. de O., Rosso, S., Siciliano, S. et al. (2000). Behavioral observations of the marine tucuxi dolphin (*Sotalia fluviatilis*) in Sao Paulo estuarine waters, Southeastern Brazil. Aquat. Mamm. 26:

260–7.

Santos, M. B., Martín, V., Arbelo, M., Fernández, A., and Pierce, G. J. (2007). Insights into the diet of beaked whales from the atypical mass stranding in Canary Islands in September 2002. J. Mar. Biol. Ass. U.K. 87: 243–51.

Sayigh, L. S., Tyack, P. L., Wells, R. S., Scott, M. D., and Irvine, A. B. (1975). Sex difference in signature whistle production of free-ranging bottlenose dolphins, *Tursiops truncatus*. Behav. Ecol. Sociobiol. 36: 171–7.

Sayigh, L. S., Tyack, P. L., and Wells, R. S. (1993). Recording underwater sound of free-ranging dolphins while underway in a small boat. Mar. Mamm. Sci. 9: 209–13.

Sayigh, L. S., Esch, H. C., Wells, R. S., and Janik, V. M. (2007). Facts about signature whistles of bottlenose dolphins, *Tursiops truncatus*. Anim. Behav. 74: 1631–42.

Schau, H. C., and Robinson, A. Z. (1987). Passive source localization intersecting spherical surfaces from Time-of-Arrival differences. IEEE Trans. ASSP 35: 1223–5.

Schevill, W. E. (1964). Underwater sounds of cetaceans. In Marine Bioacoustics, edited by W. N. Tavolga. New York: Pergamon, pp. 307–16.

Schevill, W. E., and Lawrence, B. (1949). Underwater listening to the white porpoise (*Delphinapterus leucas*). Science 109: 143–4.

Schevill, W. E., and Watkins, W. A. (1966). Sound structure and directionality in Orcinus (killer whale). Zoologica (N.Y.) 51: 70–6.

Schevill, W. E., Watkins, W.A., and Backus, R.H. (1964). The 20-cycle signals and Balaenoptera (fin whales). In Marine Bioacoustics, edited by W.N. Tavolga. New York: Pergamon, pp. 147–52.

Schmidt, R. O. (1972). A new approach to geometry of range difference location. IEEE Trans. AES 8: 821–35.

Schorr, G. S., Baird, R.W., Hansen, M. B. et al. (2009). Movements of satellite-tagged Blainville's beaked whales off the island of Hawai'i. Endang. Species Res. 10: 203–13.

Schotten, M., Au,W.W. L., Lammers, M. O., and Aubauer, R. (2003). Echolocation recordings and localization of wild spinner dolphins (*Stenella longirostris*) and pantropical spotted dolphins (*Stenella attenuata*) using a four-hydrophone array. In Echolocation in Bats and Dolphins, edited by J. Thomas, C. F. Moss, and M. Vater. Chicago, IL: University of Chicago Press, pp. 383–400.

Schulz, T. M., Whitehead, H., and Rendell, L. (2009). Off-axis effects on the multi-pulse structure of sperm whale coda clicks. J. Acoust. Soc. Am. 125: 1768–73.

Schwager, M., Anderson, D. M., Butler, Z., and Rus, D. (2007). Robust classification of animal tracking data. Comp. Electron. Agricult. 56: 46–59.

Schwarz, C. J., and Seber, G.A. F. (1999). Estimating animal abundance: review III. Stat. Sci. 14: 427–56.

Seber, G.A. F. (1982). The Estimation of Animal Abundance and Related Parameters, 2nd edn. London: Griffin.

Seber, G.A. F. (1992). A review of estimating animal abundance II. Int. Stat. Rev. 60: 129–66.

Secchi, E. R., Ott, P. H., and Danilewicz, D. (2002). Report on the fourth workshop for the coordinated research and conservation of the Franciscana dolphin (*Pontoporia blainvillei*) in the western south

Atlantic. LAJAM 1: 11–20.

Selzer, L. A., and Payne, P. M. (1988). The distribution of white-sided (*Lagenorhynchus acutus*) and common dolphins (Delphinus delphis) vs. environmental features of the continental shelf of the Northeastern United States. Mar. Mamm. Sci. 4: 141–53.

Shapiro, A. D. (2006). Preliminary evidence for signature vocalizations among free-ranging narwhals (*Monodon monoceros*). J. Acoust. Soc. Am. 120: 1695–705.

Shapiro, A. D., and Wang, C. (2009). A versatile pitch tracking algorithm: from human speech to killer whale vocalizations. J. Acoust. Soc. Am. 126: 451–9.

Shelden, K. E.W., Moore, S. E., Waite, J. M., Wade, P. R., and Rugh, D. J. (2005). Historic and current habitat use by North Pacific right whales *Eubalaena japonica* in the Bering Sea and Gulf of Alaska. Mamm. Rev. 35: 129–55.

Shinha, R. K., and Sharma, G. (2003). Current status of the Ganges river dolphin, *Platanista gangetica* in the rivers Kosi and Son, Bihar, India. J. Bombay Nat. Hist. Soc. 100: 27–37.

Silber, G. K. (1986). The relationship of social vocalizations to surface behavior and aggression in the Hawaiian humpback whale *Megaptera novaeangliae*. Can. J. Zool. 64: 2075–80.

Silber, G. K. (1991). Acoustic signals of the Vaquita (*Phocoena sinus*). Aquat. Mamm. 17: 130–3.

Simar, P., Hibbard, A. L., McCallister, K.A. et al. (2010). Depth dependent variation of the echolocation pulse rate of bottlenose dolphins (*Tursiops truncatus*). J. Acoust. Soc. Am. 127: 568–78.

Simon, M., Wahlberg, M., and Miller, L.A. (2007). Echolocation clicks from killer whales (*Orcinus orca*) feeding on herring (Clupea harengus) (L). J. Acoust. Soc. Am. 121: 749–52.

Širović, A., Hildebrand, J. A., Wiggins, S. M. et al. (2004). Seasonality of blue and fin whale calls and the influence of sea ice in the Western Antarctic Peninsula. Deep-Sea Res. II 51: 2327–44.

Širović, A., Hildebrand, J. A., and Wiggins, S. M. (2007). Blue and fin whale call source levels and propagation range in the Southern Ocean. J. Acoust. Soc. Am. 122: 1208–15.

Sjare, B. L., and Smith., T. G. (1986). The vocal repertoire of white whales, *Delphinapterus leucas*, summering in Cunningham Inlet, Northwest Territories. Can. J. Zool. 64: 407–15.

Sjare, B. L., Stirling, I., and Spencer, C. (2003). Structural variation in the songs of Atlantic walruses breeding in the Canadian High Arctic. Aquat. Mamm. 29: 297–318.

Skarsoulis, E. K., and Kalogerakis, M. A. (2005). Ray-theoretic localization of an impulsive source in a stratified ocean using two hydrophones. J. Acoust. Soc. Am. 118: 2934–43.

Skarsoulis, E. K., and Piperakis, G. S. (2009). Use of acoustic navigation signals for simultaneous localization and sound-speed estimation. J. Acoust. Soc. Am. 125: 1384–93.

Smeek, C., Addink, M. J., van den Berg, A. B., Bosman, C. A.W., and Cadée, G. C. (1996). Sightings of Delphinus cf. tropicalis Van Bree, 1971 in the Red Sea. Bonn. Zool. Beitr. 46: 389–98.

Smith, J. O., and Bell, J. S. (1987). Closed form least-squares source location estimation from range-difference measurements. IEEE Proc. ASSP 35: 1661–9.

Soldevilla, M. S., Henderson, E. E., Campbell, G. S. et al. (2008). Classification of Risso's and Pacific white-sided dolphins using spectral properties of echolocation clicks. J. Acoust. Soc. Am. 124: 609–24.

Soldevilla, M. S., Wiggins, S. M., and Hildebrand, J. A.(2010). Spatio-temporal comparison of Pacific white-sided dolphin echolocation click types. Aquat. Biol. 9: 49–62.

Southwood, T. R. E., and Henderson, P. A. (2006). Ecological Methods. 3rd edn. Malden, MA: Blackwell.

Spencer, S. J. (2007). The two-dimensional source location problem for time differences of arrival at minimal element monitoring arrays. J. Acoust. Soc. Am. 121: 3579–94.

Spiesberger, J. L. (1998). Linking auto- and cross-correlation functions with correlation equations: application to estimating the relative travel times and amplitudes of multipath. J. Acoust. Soc. Am. 104: 300–12.

Spiesberger, J. L. (1999). Locating animals from their sounds and tomography of the atmosphere: experimental demonstration. J. Acoust. Soc. Am. 106: 837–46.

Spiesberger, J. L. (2000). Finding the right cross-correlation peak for locating sounds in multipath environments with a fourth-moment function. J. Acoust. Soc. Am. 108: 1349–52.

Spiesberger, J. L. (2001). Hyperbolic location errors due to insufficient numbers of receivers. J. Acoust. Soc. Am. 109: 3076–9.

Spiesberger, J., and Fristrup, K. (1990). Passive localization of calling animals and sensing of their acoustic environment using acoustic tomography. Am. Nat. 125: 107–53.

Stafford, K. M. (2003). Two types of blue whale calls recorded in the Gulf of Alaska. Mar. Mamm. Sci. 19: 682–3.

Stafford, K. M., Fox, C. G., and Clark, D. S. (1998). Long-range acoustic detection and localization of blue whale calls in the Northeast Pacific Ocean. J. Acoust. Soc. Am. 104: 3616–25.

Stafford, K. M., Nieukirk, S. L., and Fox, C. G. (1999a). An acoustic link between blue whales in the eastern tropical Pacific and the northeast Pacific. J. Acoust. Soc. Am. 15: 1258–68.

Stafford, K. M., Nieukirk, S. L., and Fox, C. G. (1999b). Low-frequency whale sounds recorded on hydrophones moored in the eastern tropical Pacific. J. Acoust. Soc. Am. 106: 3687–98.

Stafford, K. M., Nieukirk, S. L., and Fox, C. G. (2001). Geographic and seasonal variation of blue whale calls in the North Pacific. J. Cetacean Res. Manage. 3: 65–76.

Stafford, K.M., Bohnenstiehl,D.R., Tolstoy, M. et al. (2004).Antarctic-type blue whale calls recorded at low latitudes in the Indian and the eastern Pacific Oceans. Deep-Sea Res. I 51: 1337–46.

Stafford, K. M., Mellinger, D.K. Moore, S. E., and Fox, C. G. (2007a). Seasonal variability and detection range modeling of baleen whale calls in the Gulf of Alaska, 1999–2002. J. Acoust. Soc. Am. 122: 3378–90.

Stafford, K. M., Moore, S. E., Spillane, M., and Wiggins, S. (2007b). Gray whale calls recorded near Barrow, Alaska, throughout the winter of 2003–04. Arctic 60: 167–72.

Stafford, K. M., Moore, S. E., Laidre, K. L., and Heide-Jørgensen, M. P. (2008). Bowhead whale springtime song off West Greenland. J. Acoust. Soc. Am. 124: 3315–23.

Stearns, S. D., and David, R. A. (1988). Signal Processing Algorithms. Englewood Cliffs, NJ: Prentice-Hall.

Steinhausen, D., and Langer, K. (1977). Clusteranalyse. Einführung in Methoden und Verfahren der automatischen Klassifikation. Berlin: Walter de Gruyter.

Stewart, B. S., Karl, S. A., Yochem, P. K., Leatherwood, S., and Laake, J. L. (1987). Aerial surveys for cetaceans in the former Akutan, Alaska, whaling grounds. Arctic 40: 33–42.

Stimpert, A. K., Wiley, D. N., Au, W.W. L., Johnson, M. P., and Arsenault, R. (2007). "Megapclicks": acoustic click trains and buzzes produced during night-time foraging of humpback whales (*Megaptera novaeangliae*). Biol. Lett. 3: 467–70.

Store, R., and Jokimäki, J. (2003). A GIS-based multi-scale approach to habitat suitability modeling. Ecol. Model. 169: 1–15.

Strindberg, S., and Bickland, S. (2004). ZigZag survey design in line transect sampling. J. Agric. Biol. Environ. Stat. 9: 443–61.

Sturtivant, C., and Datta, S. (1997). Automatic dolphin whistle detection, extraction, encoding, and classification. Proc. Inst. Acoust. 19: 259–66.

Teloni, V. (2005). Patterns of sound production in diving sperm whales in the northwestern Mediterranean. Mar. Mamm. Sci. 21: 446–57.

Teloni, V., Zimmer, W.M. X., and Tyack P. L. (2005). Sperm whale trumpet sounds. Bioacoustics 15: 163–74.

Teloni, V., Zimmer, W.M. X., Wahlberg, M., and Madsen, P. T. (2007). Consistent acoustic size estimation of sperm whales using clicks recorded from unknown aspects. J. Cetacean Res. Manage. 9: 127–36.

Teranishi, A. M., Hildebrand, J. A., McDonald, M. A., Moore, S. E., and Stafford, K. M. (1997). Acoustic and visual studies of blue whales near the California Channel Islands. J. Acoust. Soc. Am. 102: 3121.

Thode, A. (2004). Tracking sperm whale (*Physeter macrocephalus*) dive profiles using a towed passive acoustic array. J. Acoust. Soc. Am. 116: 245–53.

Thode, A. M., D'Spain, G. L., and Kuperman,W. A. (2000). Matched-field processing, geoacoustic inversion, and source signature recovery of blue whale vocalizations. J. Acoust. Soc. Am. 107: 1286–300.

Thomas, J. A., Fisher, S. R., and Awbrey, F.A. (1986). Acoustic techniques in studying whale behavior. Rep. Int. Whal. Comm. 8: 121–38.

Thomas, R. E., Fristrup, K. M., and Tyack, P. L. (2002). Linking the sounds of dolphins to their locations and behavior using video and multichannel acoustic recordings. J. Acoust. Soc. Am. 112: 1692–901.

Thompson, P. O. (1992). 20-Hz pulses and other vocalizations of fin whales, *Balaenoptera physalus*, in the Gulf of California, Mexico. J. Acoust. Soc. Am. 92: 3051–7.

Thompson, W. L. (ed.) (2004). Sampling Rare or Elusive Species. Concepts, Designs, and Techniques for Estimating Population Parameters. Washington, D.C.: Island Press.

Thompson, P. O., and Friedl, W. A. (1982). A long-term study of low frequency sound from several species of whales off Oahu, Hawaii. Cetology 45: 1–19.

Thompson, T. J.,Winn, H. E., and Perkins, P. J. (1979). Mysticete sounds. In Behavior of Marine Mammals: Current Perspectives in Research, edited by H. E. Winn and B. L. Olla. New York: Plenum, pp. 403–31.

Thompson, P. O., Cummings, W. C., and Ha, S. J. (1986). Sounds, source levels and associated behavior of humpback whales, southeast Alaska. J. Acoust. Soc. Am. 80: 735–40.

Thompson, P. O., Findley, L. T., Vidal, O., and Cummings, W. C. (1996). Underwater sounds of blue whales, *Balaenoptera musculus*, in the Gulf of California, Mexico. Mar. Mamm. Sci. 12: 288–93.

Thomsen, F., van Elk, N., Brock, V., and Piper, W. (2005). On the performance of automated porpoise-click-detectors in experiments with captive harbor porpoises (*Phocoena phocoena*) (L). J. Acoust. Soc. Am. 118: 37–40.

Thorp, W. H. (1965). Deep-ocean sound attenuation in the sub and low-kilocycle-per-second range. J. Acoust. Soc. Am. 38: 648–54.

Tiemann, C. O. (2008). Three-dimensional single-hydrophone tracking of a sperm whale demonstrated using workshop data from the Bahamas. Can. Acoustics 36: 67–73.

Tiemann, C. O., and Porter,M. (2003). Automated model-based localization of sperm whale clicks. In IEEE Proc. Oceans'03. New York: IEEE, pp. 821–7.

Tiemann, C. O., Thode, A. M., Straley, J., O'Connell, V., and Folkert, K. (2006). Three dimensional localization of sperm whales using a single hydrophone. J. Acoust. Soc. Am. 120: 2355–65.

Tokuda, I., Riede, T., Neubauer, J., Owren, M. J., and Herzel, H. (2002). Nonlinear analysis of irregular animal vocalizations. J. Acoust. Soc. Am. 111: 2908–19.

Trifa, V. M., Kirschel, A. N. G., Taylor, C. E., and Vallejo, E. E., (2008). Automated species recognition of antbirds in a Mexican rainforest using hidden Markov models. J. Acoust. Soc. Am. 123: 2424–31.

Tyack, P. L. (1986). Population biology, social behavior, and communication in whales and dolphins. Trends Ecol. Evol. 1: 144–50.

Tyack, P. (1998). Acoustic communication under the sea. In Animal Acoustic Communication. Sound Analysis and Research Methods, edited by S. L. Hopp, M. J. Owren, and C. S. Evans. New York: Springer, pp. 163–220.

Tyack, P. (1999). Communication and cognition. In Biology of Marine Mammals, edited by J. E. Reynolds II and S. A. Rommel. Washington, D.C.: Smithsonian Institution Press, pp. 287–323.

Tyack, P. L., and Clark, C.W. (2000). Communication and acoustic behavior of dolphins and whales. In Hearing by Whales and Dolphins, edited by W.W. L. Au, A. N. Popper, and R. R. Fay. New York: Springer-Verlag, pp. 156–224.

Tyack, P. L., Johnson, M., Soto, N. A., Sturlese, A., and Madsen, P. T. (2006). Extreme diving of beaked whales. J. Exp. Biol. 209: 4238–53.

Urazghildiiev, I. R., and Clark, C.W. (2006). Acoustic detection of North Atlantic right whale contact calls using the generalized likelihood ratio test. J. Acoust. Soc. Am. 120: 1956–63.

Urazghildiiev, I. R., and Clark, C.W. (2007a). Detection performances of experienced human operators compared to a likelihood ratio based detector. J. Acoust. Soc. Am. 122: 200–4.

Urazghildiiev, I. R., and Clark, C.W. (2007b). Acoustic detection of North Atlantic right whale contact calls using spectrogram-based statistics. J. Acoust. Soc. Am. 122: 769–76.

Urban, H. G. (2002). Handbook of Underwater Acoustic Engineering. Bremen: STN Atlas.

Urick, R. J. (1962). Generalized form of the sonar equations. J. Acoust. Soc. Am. 34: 547–50.

Urick, R. J. (1983). Principles of Underwater Sound, 3rd edn. New York: McGraw-Hill.

van der Schaar, M., Delory, E., and André, M. (2009). Classification of sperm whale clicks (*Physeter macrocephalus*) with Gaussian-kernel-based networks. Algorithms 2: 1232–47.

van der Schaar, M., Delory, E., Català, A., and André, M. (2007). Neural network-based sperm whale click classification. J. Mar. Biol. Ass. U.K. 87: 35–8.

van Parijs, S. M., Parra, G., and Corkeron, P. J. (2000). Sounds produced by Australian Irrawaddy dolphins *Orcaella brevirostris*. J. Acoust. Soc. Am. 108: 1938–40.

van Parijs, S. M., Smith, J., and Corkeron, P. J. (2002). Using calls to estimate the abundance of inshore dolphins: a case study with Pacific humpback dolphins *Sousa chinensis*. J. Appl. Ecol. 39: 853–64.

van Parijs, S.M., Lydersen, C., and Kovacs, K.M. (2003). Sounds produced by individual white whales, *Delphinapterus leucas*, from Svalbard during capture. J. Acoust. Soc. Am. 113: 57–60.

van Waerebeek, K., Barnett, L., Camara, A. et al. (2004). Distribution, status, and biology of the Atlantic humpback dolphin, *Sousa teuszii* (Kükenthal, 1892). Aquat. Mamm. 30: 56–83.

Verfuss, U. K., Miller, L. A., and Schnitzler, H.U. (2005). Spatial orientation in echolocating harbour porpoises (*Phocoena phocoena*) J. Exp. Biol. 208: 3385–94.

Wagstaff, R. A. (2005). An ambient noise model for the Northeast Pacific ocean basin. IEEE J. Ocean. Eng. 30: 286–94.

Wahlberg, M. (2002). The acoustic behaviour of diving sperm whales observed with a hydrophone array. J. Exp. Mar. Biol. Ecol. 281: 53–62.

Wahlberg, M., Møhl, B., and Madsen, P. T. (2001). Estimating source position accuracy of a larger-aperture hydrophone array for bioacoustics. J. Acoust. Soc. Am. 109: 397–406.

Waite, A. D. (2002). Sonar for Practising Engineers, 3rd edn. Chichester: Wiley.

Waite, J. M., Wynne, K., and Mellinger, D.K. (2003). Documented sighting of a North Pacific right whale in the Gulf of Alaska and post-sighting acoustic monitoring. Northwestern Naturalist 84: 38–43.

Wald, A. (1947). Sequential Analysis. New York: Wiley.

Wang, K., Wang, D., Akamatsu, T., Li, S., and Xiao, J. (2005). A passive acoustic monitoring method applied to observation and group size estimation of finless porpoises. J. Acoust. Soc. Am. 118: 1180–5.

Wang, K.,Wang, D., Akamatsu, T., Fujita, K., and Shiraki, R. (2006). Estimated detection distance of a baiji's (Chinese river dolphin, *Lipotes vexillifer*) whistles using a passive acoustic survey method. J. Acoust. Soc. Am. 120: 1361–5.

Ward, J., Morrissey, R., Moretti, D. et al. (2008). Passive acoustic detection and localization of *Mesoplodon densirostris* (Blainville's beaked whale) vocalizations using distributed bottom-mounted hydrophones in conjunction with a digital tag (DTAG) recording. Can. Acoust. 36: 60–6.

Waring, G. T., Hamazaki, T., Sheehan, D., Wood, G., and Baker, S. (2001). Characterization of beaked whale (Ziphiidae) and sperm whale (*Physeter macrocephalus*) summer habitat in shelfedge and deeper waters off the Northeast U.S. Mar. Mamm. Sci. 17: 703–17.

Watkins, W. A. (1967). The harmonic interval: fact or artifact in spectral analysis of pulse trains? Mar. Bioacoust. 2: 15–43.

Watkins, W. A. (1980). Acoustics and the behavior of sperm whales. In Animal Sonar Systems, edited by R. Busnel and J. F. Fish. New York: Plenum, pp. 291–7.

Watkins,W. A., and Schevill,W. E. (1972). Sound source location by arrival times on a non-rigid three-dimensional hydrophone array. Deep-Sea Res. 19: 691–706.

Watkins, W. A. (1981). Activities and underwater sounds of fin whales. Sci. Rep. Whal. Res. Inst. 33: 83–117.

Watkins, W. A., and Schevill, W. E. (1977). Sperm whale codas. J. Acoust. Soc. Am. 62: 1485–90.

Watkins, W. A., and Moore, K. E. (1982). An underwater acoustic survey for sperm whales (*Physeter catodon*) and other cetaceans in the southeast Caribbean. Cetology 46: 1–7.

Watkins, W. A., and Daher, M.A. (2004). Variable spectra and nondirectional characteristics of clicks from near-surface sperm whales (*Physeter catodon*). In Echolocation in Bats and Dolphins, edited by J. A. Thomas, C. F. Moss, and M. Vater. Chicago, IL: The University of Chicago Press, pp. 410–3.

Watkins, W. A., Schevill, W. E., and Ray, C. (1971). Underwater sounds of Monodon (Narwhal). J. Acoust. Soc. Am. 49: 595–9.

Watkins, W. A., Schevill, W. E., and Best, P. B. (1977) Underwater sound of *Cephalorhynchus heavisidii* (Mammalia: Cetacea). J. Mamm. 58: 316–20.

Watkins, W. A., Tyack, P., Moore, K. E., and Bird, J. E. (1987a). The 20-Hz signals of finback whales (*Balaenoptera physalus*). J. Acoust. Soc. Am. 82: 1901–12.

Watkins,W. A., Tyack, P., Moore, K. E., and Notarbartolo di Sciara, G. (1987b). *Steno bredanensis* in the Mediterranean Sea. Mar. Mamm. Sci. 3: 78–82.

Watkins,W. A., Daher,M. A., Fristrup, K. M., Howald, T. J., and Notarbartolo di Sciara, G. (1993). Sperm whales tagged with transponders and tracked underwater by sonar. Mar. Mamm. Sci. 9: 55–67.

Watkins W. A., Daher, M. A., DiMarzio, N. A. et al. (1999). Sperm whale surface activity from tracking by radio and satellite tags. Mar. Mamm. Sci. 15: 1158–80.

Watkins,W. A., Daher,M. A., Reppucci, G. M. et al. (2000). Seasonality and distribution of whale calls in the North Pacific. Oceanography 13: 62–7.

Watkins, W. A., Daher, M. A., DiMarzio, N. A. et al. (2002). Sperm whale dives tracked by radio tag telemetry. Mar. Mamm. Sci. 18: 55–68.

Watkins, W. A., Daher, M. A., George, J. E., and Rodriguez, D. (2004). Twelve years of tracking 52-Hz whale calls from a unique source in the North Pacific. Deep-Sea Res. I 51: 1889–901.

Watwood, S. L., Miller, P. J. O., Johnson, M., Madsen, P. T., and Tyack, P. L. (2006). Deep-diving foraging behavior of sperm whales (*Physeter macrocephalus*). J. Anim. Ecol. 75: 814–25.

Weilgart, L., and Whitehead, H. (1997). Group-specific dialects and geographical variation in coda repertoire in South Pacific sperm whales. Behav. Ecol. Sociobiol. 40: 277–85.

Weinrich, M. A., Martin, M., Griffiths, R., Bove, J., and Schilling, M. (1997). A shift in distribution of humpback whales, *Megaptera novaeangliae*, in response to prey in the southern Gulf of Maine. Fish. Bull. 95: 826–36.

Weir, C. R., Pollok, C., Cronin, C., and Taylor, S. (2001). Cetaceans of the Atlantic Frontier, north and west of Scotland. Cont. Shelf. Res. 21: 1047–71.

Wenz, G. M. (1962). Acoustic ambient noise in the ocean: spectra and sources. J. Acoust. Soc. Am. 34:

1936–56.

White, P. R., Leighton, T. G., Finfer, D. C., Powles, C., and Baumann, O. N. (2006). Localisation of sperm whales using bottom-mounted sensors. Appl. Acoust. 67: 1074–90.

Whitehead, H. (1990). Mark-recapture estimates with emigration and re-immigration. Biometrics 46: 473–9.

Whitehead, H. (2009). Estimating abundance from one-dimensional passive acoustic surveys. J. Wildl. Manage. 73: 1000–9.

Whitehead, H., and Weilgart, L. (1990). Click rates from sperm whales. J. Acoust. Soc. Am. 87: 1798–806.

Whitehead, H., and Weilgart, L. (1991). Patterns of visually observable behaviour and vocalizations in group of female sperm whales. Behaviour 118: 275–96.

Whitehead, H., and Wimmer, T. (2005). Heterogeneity and the mark-recapture assessment of the Scotian Shelf population of northern bottlenose whales (Hyperoodon ampullatus). Can. J. Fish. Aquat. Sci. 62: 2573–85.

Whitehead, H.,Weilgart, L., and Waters, S. (1989). Seasonality of sperm whales off the Galapagos Islands, Ecuador. Rep. Int. Whal. Commn. 39: 207–10.

Whitehead, H., Faucher, A., Gowans, S., and McCarrey, S. (1997a). Status of the Northern Bottlenose Whale, Hyperoodon ampullatus, in the Gully, Nova Scotia. Can. Field-Nat. 111: 287–92.

Whitehead, H., Gowans, S., Faucher, A., and McCarrey, S.W. (1997b). Population analysis of northern bottlenose whale in the Gully, Nova Scotia. Mar. Mamm. Sci. 13: 173–85.

Wille, P. C., and Geyer, D. (1984). Measurements on the origin of the wind-dependent ambient noise variability in shallow water. J. Acoust. Soc. Am. 75: 173–85.

Wilson, B., Hammond, P. S., and Thompson, P. M. (1999). Estimating size and assessing trends in coastal bottlenose dolphin populations. Ecol. Applic. 9: 288–300.

Wilson, R. P., Grant, S., and Duffy, D. C. (1986). Recording devices on free-ranging marine mammals: does measurement affect foraging performance? Ecology 67: 1091–3.

Wilson, R. P., Liebsch, N., Davies, I. M. et al. (2006). All at sea with animal tracks; methodological and analytical solutions for the resolution of movement. Deep-Sea Res. II 54: 193–210.

Wimmer, T., and Whitehead, H. (2004). Movements and distribution of northern bottlenose whales, Hyperoodon ampullatus, on the Scotian Slope and in adjacent waters. Can. J. Zool. 82: 1782–94.

Winkler, G. (1977). Stochastische Systeme. Analyse und Synthese. Wiesbaden: Akademische Verlagsgesellschaft.

Winn, H. E., and Perkins, P. J. (1976). Distribution and sounds of the minke whale, with a review of mysticete sounds. Cetology 19: 1–12.

Winn, H. E., Thompson, T. J., Cummings,W. C., Hain, J., Hudnall, J., Hays, H., and Steiner,W.W. (1981). Song of the humpback whale – population comparisons. Behav. Ecol. 8: 41–6.

Witteveen, B. H., Straley, J. M., von Ziegesar, O., Steel, D., and Baker, C. S. (2004). Abundance and mtDNA differentiation of humpback whales (Megaptera novaeangliae) in the Shumagin Islands, Alaska. Can. J. Zool. 82: 1352–9.

Wu, H., Li, B. L., Springer, T. A., and Neill, W. H. (2000). Modelling animal movement as a persistent random walk in two dimensions: expected magnitude of net displacement. Ecol. Model. 132: 115–24.

Würsig, B., and Clark, C.W. (1993). Behavior. In The Bowhead Whale, edited by J. J. Burns, J. J. Montague, and C. J. Cowles. Lawrence, KS: Allen, pp. 157–199.

Würsig, B., and Würsig, M. (1980). Behavior and ecology of the Dusky dolphin, *Langenorhynchus obscurus*, in the south Atlantic. Fish. Bull. 77: 871–90.

Würsig, B., Dorsey, E. M., Fraker, M. A., Payne, R. S., and Richardson, W. J. (1985). Behavior of bowhead whales, *Balaena mysticetus*, summering in the Beaufort Sea: a description. Fish. Bull. 83: 357–77.

Yochem, P. K., and Leatherwood, S. (1985). Blue whale – *Balaenoptera musculus* (Linnaeus, 1758). In Handbook of Marine Mammals, Vol. 3, The Sirenians and Baleen Whales, edited by S. H. Ridgway and R. Harrison. London and Orlando, FL: Academic Press, pp. 193–240.

Zeh, J. E., Clark, C.W., George, J. C. et al. (1993). Current population size and dynamics. In The Bowhead Whale, edited by J. J. Burns, J. J. Montague, and C. J. Cowles. Lawrence, KS: Allen, pp. 409–89.

Zerbini, A. N., Waite, J. M., Laake, J. L., and Wade, P. R. (2006). Abundance, trends and distribution of baleen whales in western Alaska and the central Aleutian Islands. Deep-Sea Res. I 53: 1772–90.

Zimmer, W. M. X., Johnson, M. P., D'Amico, A., and Tyack, P. L. (2003). Combining data from a multisensor tag and passive sonar to determine the diving behavior of a sperm whale (*Physeter macrocephalus*). IEEE J. Ocean. Eng. 28: 13–28.

Zimmer, W. M. X., Johnson, M. P., Madsen, P. T., and Tyack, P. L. (2005a). Echolocation clicks of free-ranging Cuvier's beaked whales (*Ziphius cavirostris*). J. Acoust. Soc. Am. 117: 3919–27.

Zimmer, W. M. X., Madsen, P. T., Teloni, V., Johnson, M. P., and Tyack, P. L. (2005b). Off-axis effects on the multipulse structure of sperm whale usual clicks with implications for sound production. J. Acoust. Soc. Am. 118: 3337–45.

Zimmer, W. M. X., Tyack, P. L., Johnson, M. P., and Madsen, P. T. (2005c). Three-dimensional beam pattern of regular sperm whale clicks confirms bent-horn hypothesis. J. Acoust. Soc. Am. 117: 1473–85.

Zimmer, W. M. X., Harwood, J., Tyack, P. L., Johnson, M. P., and Madsen, P. T. (2008). Passive acoustic detection of deep diving beaked whales. J. Acoust. Soc. Am. 124: 2823–32.

索　引